化学工业出版社"十四五"普通高等教育规划教材

综合化学实验

Comprehensive Chemistry Experiments

丁益民　王玉芹　刘婉君　主编

化学工业出版社

·北京·

内 容 简 介

《综合化学实验》共四章，分别为实验须知、基础综合性实验、研究性实验和创新设计性实验，共计收录了六十二个实验项目。基础综合性实验以化学制备、结构表征与性能测试以及基本化学理论模型为主线，通过实验训练，学生可以学习不同条件下化合物的合成制备与分离提纯、深入了解和研究各类化学反应以及实验参数的研究和测定方法、掌握多种仪器的操作并学会谱图数据分析；研究性实验主要来源于上海大学化学学科教师的科研成果，选取了具有代表性的实验项目，将科学研究成果转化导入综合化学实验教学中；创新设计性实验具有极强的综合性和应用性，主要是由科研成果转化所形成的科研示范性实验项目，强调以学生为主体，以兴趣为驱动，注重研究过程，因此实验内容集成度较高，实验训练范围广。实验中涉及的常用数据、具体知识点的参考数据等一并作为附录，编于教材的最后，供学习者参阅。

《综合化学实验》可用作高等学校化学、应用化学、高分子材料、生物工程、环境工程等专业的实验教材，也可供其他专业和相关实验人员参考。

图书在版编目（CIP）数据

综合化学实验 / 丁益民，王玉芹，刘婉君主编.
北京：化学工业出版社，2025.3. --（化学工业出版社
"十四五"普通高等教育规划教材）. -- ISBN 978-7
-122-47591-6

Ⅰ. O6-3

中国国家版本馆 CIP 数据核字第 20253YH637 号

责任编辑：汪　靓　刘俊之
文字编辑：杨玉倩　葛文文
责任校对：李雨晴
装帧设计：史利平

出版发行：化学工业出版社
　　　　　（北京市东城区青年湖南街 13 号　邮政编码 100011）
印　　装：北京天宇星印刷厂
787mm×1092mm　1/16　印张 $14\frac{1}{4}$　字数 334 千字
2025 年 3 月北京第 1 版第 1 次印刷

购书咨询：010-64518888　　　　售后服务：010-64518899
网　　址：http://www.cip.com.cn
凡购买本书，如有缺损质量问题，本社销售中心负责调换。

定　　价：39.80 元　　　　　　　　　版权所有　违者必究

随着社会发展对人才质量要求的不断提高，大学生创新意识和能力的培养已成为高等院校教育教学改革的重要方向。为适应现代科学技术的飞速发展以及实验实践类课程创新教育改革的新形势，《综合化学实验》在实验教学中不仅要体现与理论课的关联性，更要注重在化学一级学科层面上融合"四大化学"二级学科方向，将知识体系与前沿创新接轨、教学内容与实际应用接轨；教学内容体现前沿性与时代性，具有厚基础、宽专业、大综合等特点，并引入现代分析仪器及化学实验技术；实验设计中突出创新性、增加挑战性、提升高阶性，教学中要结合课程思政，以项目驱动学生自主探究。实验教学项目体现出化学学科的前沿性和时代性，可以让学生接触到学科最前沿的研究热点和实验技术，并能将所学的专业知识综合运用到生产实践中，培养学生自主学习、自主分析、质疑思辨、创新实践应用的能力。通过课程的学习，有利于学生对化学学科知识的融合，并以现代实验技术赋能，增强学生知行合一意识，提高学生的创新思辨能力，培养优良的科学研究素质。

自 2006 年始，综合化学实验作为上海大学应用化学专业本科生的重点课程得到大力推进建设，经过十余年的教学实践和教研改革发展，在教学内容、教学方法、教学手段等方面开展了富有成效的工作，不仅实验内容得到不断检验、改进、提升和完善，实验项目类型的组合和编排也更趋于科学合理。本教材是在长期教学使用的自编综合化学实验讲义的基础上，参考和汲取国内外出版的相关优秀教材、文献，以科研成果转化为主，以大型精密科学仪器功能的开发和改进为辅，融合课程思政育人理念，适用于应用化学及近化学类专业高年级学生的综合提升型化学实验训练需求。

本教材共分为三个部分，即实验须知、实验内容和附录。有关综合化学实验室的规则及安全要求和实验教学要求编写在第一章实验须知中。第二部分的实验内容主要分为基础综合性实验、研究性实验和创新设计性实验三个章节，共计收录了六十二个实验项目。其中基础综合性实验以化学制备、结构表征与性能测试以及基本化学理论模型为主线，通过实验训练，使学生可以学习不同条件下化合物的合成制备与分离提纯，深入了解和研究各类化学反应以及实验参数的研究和测定方法，掌握多种仪器的操作并学会图谱数据分析；研究性实验主要来源于上海大学化学学科教师的科研成果，选取了具有代表性的实验项目，如具有用于海水淡化前景的"聚电解质复合纳滤膜的制备及性能研究"等，将科学研究成果转化导入综合化学实验教学中；创新设计性实验具有极强的综合性和应用性，主要是由科研成果转化所形成的科研示范性实验项目，如具有国际前瞻性的有机小分子催化药物合成中间体实验"有机催化手性氮杂多醇的合成研究"等，强调以学生为主体，以兴趣为驱动，注重研究过程，因此实验内容集成度较高，实验训练范围更广，实验周期需要规划定制，学生需要提交科研小论文和 PPT 进行答辩考核，因此对学生的文献检索、实验技能、科研能力和论文撰写有一定要求。实验中涉及的常用数据、具体知识点的参考数据等一并作为附录，编于教材的最后部分，供学习者参阅。

本书由丁益民、王玉芹、刘婉君负责编辑统稿。参加本书实验项目编写的有曹卫国、李明星、宋力平、罗立强、林海霞、李春举、吴小余、雷川虎、谭启涛、张慧、童玮琦、邢菲菲、洪玲、霍胜娟、向群、袁安保、曹为民、张敏、董俊萍、何海波、岳宝华、赵永梅、陈杰、冯利、曹志源、彭燕、韩靖、曹绍梅等老师，特别感谢李明星、董晓雯、贾学顺、吴小余、方建慧等课题组为创新设计性实验提供了科研资料。

由于本书内容涉及知识面较广、知识背景丰富、专业性较强，书中难免有不妥之处，殷切希望同行与广大读者批评指正。

编著者
2024 年 3 月于上海

附录　　　　　　　　　　　　　　　　　　　　　　　　　　　　214

参考文献　　　　　　　　　　　　　　　　　　　　　　　　　　219

第一章

实验须知

第一节　实验室规则及安全要求

（1）学生须根据化学实验室的安全要求，穿戴好实验服及其他相关实验防护装备；在实验指导教师带领下，进入实验室熟悉实验环境、学习实验室的规章制度及安全预案、了解各种安全设施的位置并学习使用方法、了解紧急疏散逃生路线等；按指导教师指定的位置接收各种实验仪器及材料等，提前做好实验准备。

（2）实验中要注重培养自己的科学素养，爱护仪器、节约试剂药品、保持实验室的整洁和安静。严禁在实验室吸烟、饮食、嬉笑打闹和串岗；实验间隙离岗或离开实验室要经指导教师同意。如需暂时离开，每组两名同学中必须有一名留在实验台位观察实验进展。未经指导教师的许可不得将任何实验物品带出实验室。

（3）实验中，须将使用过的玻璃仪器及时清洁与归位。完成全部实验后，应将仪器和各种药品及时归位，摆放整齐，清点数量，交指导教师验收。

（4）实验所产生的化学废弃物须按照指导教师的要求和方法进行回收，不得随意倒入下水道污染环境；所有合成产物均需根据指导教师的要求存放或销毁，特别是硝化产物。

（5）洗液、强酸、强碱等具有强烈的腐蚀性，应特别注意使用方法和程序；稀释硫酸时严禁将试管口对着自己或他人。如若不慎将腐蚀性液体溅到身上，应尽快用大量自来水冲洗；如若溅到眼睛里，应立即开启洗眼器，对准溅射到的位置冲洗，并报告指导教师，启用急救药箱中的药品及时处理。

（6）严禁俯视正在加热的液体，以免液体溅出使自己受到伤害；进行有挥发或易燃物质的实验必须远离火源。

（7）禁止随意混合各种试剂药品，以免发生意外事故；实验中产生的废液和其他物质要分类，按要求倒入指定的废液桶或收集容器。

（8）硝化反应须严格控制加酸速度，密切注意反应溶液温度，防止出现意外事故。

（9）经烘箱和马弗炉烘干的仪器或药品要等冷却后或使用专门工具才能取出，以免烫伤。

（10）实验结束后，须将实验台面整理干净，清洁双手。值日同学负责打扫实验室卫生，以保持实验室的干净整洁。离开实验室前，必须注意关闭水、电、气等阀门，在确认无误后方可离开实验室。

（11）脱下实验服，放入自备的单独包装袋中，再次清洁双手。

第二节　实验教学要求

（1）实验前应认真预习实验，查阅与本实验相关的参考资料，将实验内容看懂、看通；不懂或需要深究的地方要及时在实验教材上做好标记，或在预习报告中记录下来，在老师讲解实验时请教老师；预习之后应写出预习报告，预习报告需详尽具体，并体现自己的实验思路。

（2）进入实验室，首先清点实验所需的实验仪器，仔细检查实验仪器的完好程度，如有破损或数量不足，及时向指导教师提出；接收实验仪器时，要做到熟悉实验仪器的外形和名称，了解仪器的功能和用途；实验结束后，要将仪器复原归位，清点清楚，摆放整齐，并请指导教师核查。

（3）课堂上，指导教师会对实验做全面的讲解，包括项目背景资料等；听课时应注意力集中，了解实验原理，做好相关记录，特别要记清实验流程、实验操作步骤及注意事项，保证有条不紊地开展实验。

（4）实验过程中应认真观察实验现象，详细记录实验数据，对实验过程中出现的非预期现象要如实记录，并报告指导教师；实验中出现的任何问题，应及时与指导教师沟通，以免影响实验的下一步进行；实验起止时间以及实验过程中各实验阶段所占用的时间，都应反映在实验记录上，以便核实和校验。

（5）使用贵重仪器进行实验时，力求加深对各种不同仪器分析原理的理解，熟悉仪器的分析方法，掌握仪器的操作规程；表征实验要在指导教师的指导下进行。

（6）实验结束要及时进行数据的整理，认真完成实验报告。同组同学应对实验过程和实验结果展开讨论，以加深对实验的理解；实验过程和实验报告是指导教师考核教学效果的重要依据。

（7）综合化学实验不仅是对基础化学实验技能的一次综合再实践，更是接下来开展科学研究和工程实践在知识和技能上的重要训练储备；实验项目全部结束后应对自己的学习效果和实验实践技能掌握程度作一个全面的评估，形成文字材料；完成综合化学实验室的调查问卷，对课程安排和建设提出评价与建议。

第二章
基础综合性实验

实验一

一锅法多组分反应合成含三氟甲基的苯并吡喃酮衍生物

一、实验目的

1. 了解一锅法多组分反应的概念及其在有机合成中的应用。
2. 掌握用红外光谱、$^1H/^{19}F$ 核磁共振谱、熔点测定、质谱、元素分析等方法确定产物结构。
3. 利用一锅法多组分反应合成目标产物，并学会用薄层色谱监测反应进程。

二、实验原理

杂环化合物在自然界中分布广泛，大多是生命系统的构成基础。这类物质在生命过程中起着关键作用。

从有机氟化学角度看，氟元素与其他卤素相比，具有更为独特的电子结构，它的原子半径与氢原子相近，因此，分子中氟原子的引入往往不会使其原本的立体构型、构象和体积发生显著改变。但氟原子的电负性极强，因此，即使少量氟原子被引入有机物中也会导致有机分子的化学、物理和生物特性发生显著变化。例如，相邻基团的酸性或碱性、偶极矩、亲脂性、代谢稳定性和生物利用度等。在这一发现的基础上，氟化材料在医药、农业化学和材料科学等多个不同领域，都获得了广泛的应用。目前，氟被认为是药物设计中仅次于氮的第二大杂原子，在市场上超过四分之一的药物，包括用于治疗癌症、获得性免疫缺陷综合征（艾滋病）的药物和近半数的现代农用化学品，如除草剂、杀虫剂和杀真菌剂等，其有效成分的结构中都至少含有一个氟原子。

从绿色化学的角度出发设计开发合成路线一直是有机化学家面临的主要挑战，而多组分反应（MCRs）因其绿色环保的特点已经成为构建复杂和新颖分子结构的有效工具。它们与传统的多步合成法相比，具有原子经济性高、反应步骤少、不需要复杂催化剂等明显优点。

多组分反应是指三个或三个以上组分以一锅的方式一起反应，形成所需产品的反应。1850 年，第一个多组分反应是由醛、氰化氢和氨合成 α-氨基酸的三组分反应，该反应称为 Strecker 反应。到目前为止，多组分反应的开发已经取得了不少的成果，许多都是以人名命名的，其中，Mannich 反应、Biginelli 反应、Huisgen 反应、Hantzsch 反应、

Pictet-Spengler 反应、Ugi 反应等都是著名的多组分反应（图 1-1）。同时，针对多组分反应开发的催化剂，例如，过渡金属催化剂，包括 Pd、Cu、Fe 等在多组分反应中都显示出了良好的应用前景。

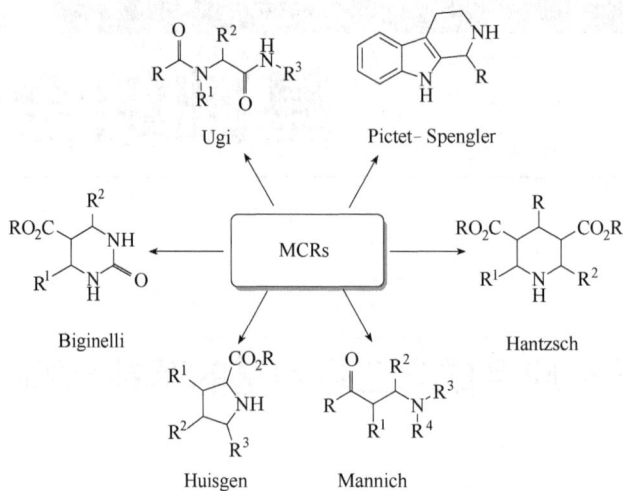

图 1-1　多组分反应

因此，利用多组分反应并结合含氟砌块法构筑含三氟甲基的苯并吡喃酮衍生物符合当今绿色化学和可持续发展的趋势。

本实验（图 1-2）在较温和的条件下，将等物质的量的苯甲醛、1,3-环己二酮和 4，4,4-三氟-1-（2-噻吩基）-1,3-丁二酮依次加入无水乙醇中，再加入 2 滴三乙胺（Et_3N 摩尔分数 25%）作为催化剂，搅拌下加热回流 2h，冷却混合物抽滤即可得到粗产品。粗产品用乙醇重结晶即可得到目标产物，产率为 85%~90%。该反应具有条件温和、操作简便、产率高的特点。

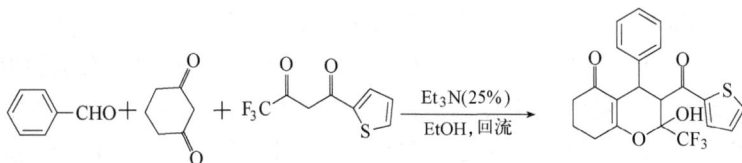

图 1-2　反应路线

三、实验仪器与试剂

1. 仪器

磁力加热搅拌器，三口烧瓶（100mL），茄形瓶（150mL），干燥器，旋转蒸发仪，抽滤装置，重结晶装置，热过滤装置，傅里叶变换红外光谱仪，质谱仪，核磁共振波谱仪，元素分析仪等。见图 1-3。

2. 试剂

苯甲醛，1,3-环己二酮，4,4,4-三氟-1-（2-噻吩基）-1,3-丁二酮，三乙胺（Et_3N），无水乙醇，丙酮，乙酸乙酯，石油醚（60~90℃）等。所有试剂均为分析纯。

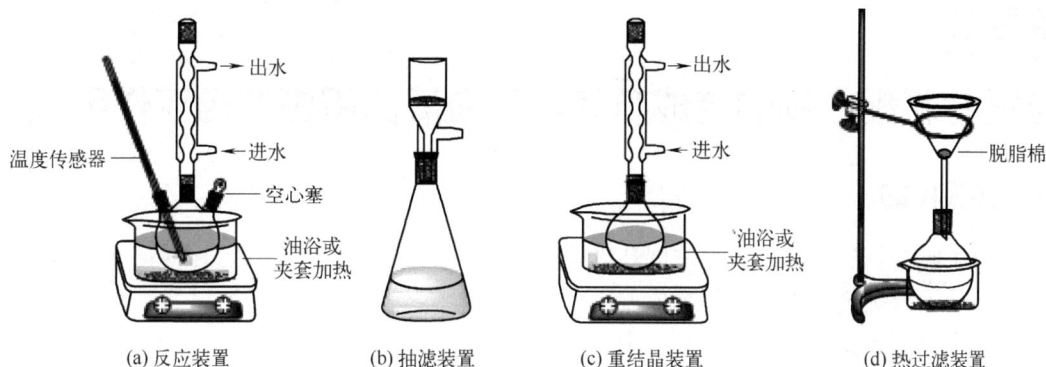

(a) 反应装置   (b) 抽滤装置   (c) 重结晶装置   (d) 热过滤装置

图 1-3　仪器装置图

四、实验步骤

1. 三氟甲基苯并吡喃酮的合成

（1）多组分合成反应

在室温条件下，将苯甲醛（1.5mmol，160.0mg）、1,3-环己二酮（1.5mmol，170.0mg）和4,4,4-三氟-1-（2-噻吩基）-1,3-丁二酮（1.5mmol，333.0mg）依次加入盛有 12mL 无水乙醇的 100mL 三口烧瓶中，然后加入 2 滴 Et$_3$N 作为催化剂，搅拌下加热回流，约 2h 后反应完全，用旋转蒸发仪除去大部分乙醇后冷却，抽滤，用少量无水乙醇洗涤，得粗产品。

留取少量的固体放在样品管中，加丙酮溶解，与原料苯甲醛、1,3-环己二酮的丙酮溶液进行薄层色谱分析，展开剂为 2:1（体积比）的石油醚-乙酸乙酯，在紫外线灯下观察薄层板上原料反应的情况。

（2）粗产品的纯化

① 将上个步骤得到的固体样品投入 150mL 茄形瓶中，加入 60~70mL 无水乙醇，搅拌加热使其溶解。

② 用填有少量脱脂棉的普通漏斗趁热过滤，母液冷却结晶，至室温后用冰水再冷却 5min，抽滤得固体。

③ 少量乙醇洗涤固体，尽可能抽取溶剂。

④ 样品真空干燥。

⑤ 留取少量固体样品于样品管中，加丙酮溶解，与粗产品进行薄层色谱对照，展开剂为 2:1 的石油醚-乙酸乙酯。

2. ^{1}H/^{19}F 核磁共振谱确定产物结构

取约 20mg 经真空干燥后的样品，装入核磁管，用约 0.5mL 氘代二甲基亚砜（DMSO-d6）溶解样品，用 Spinsolve 80 Carbon 台式核磁仪测样品的 ^{1}H/^{19}F NMR 图谱。

五、思考题

1. 写出本实验的反应机理。

2. 反应时溶剂的用量和重结晶时溶剂的用量相差很大，为何在制备合成后，还要旋去乙醇？对得到的粗产品进行重结晶有无必要？依据是什么？

3. 查阅文献，分别写出 Hantzsch、Mannich 和 Biginelli 反应的机理。

实验二

含铜金属配合物的合成及其与牛血清白蛋白的相互作用

一、实验目的

1. 了解金属配合物的研究进展和应用。
2. 学习含铜金属配合物的合成方法。
3. 学习配合物与蛋白质相互作用的研究方法。

二、实验原理

配位化学是无机化学的一个重要分支学科，它研究的对象为配位化合物（complex，简称配合物）。配合物是由可以给出孤对电子或多个不定域电子的一定数目的离子或分子（称为配体）和具有接受孤对电子或多个不定域电子的空位的原子或离子（统称为中心原子）按一定的组成和空间构型所形成的化合物。1893 年，诺贝尔奖获得者 Werner A 教授发表了第一篇关于配位学说的论文，提出了配位理论，标志着配位化学的创立。此后，配位化学始终处于无机化学的发展前沿，并且在深度和广度上都发生了很大的变化。配位化合物目前已被广泛应用于无机及分析化学、生物化学、药物化学、电化学、染料化学及有机化学等诸多领域。

2,2′-联吡啶及其衍生物是一类在配位化学研究中广泛应用的有机配体，它存在芳香环组成的刚性共轭结构，易于与各种金属离子形成性能新颖、结构稳定的配位化合物。2,2′-联吡啶铜配合物合成方便，实验现象丰富，功能多样，其应用在核酸酶活性模拟、抗癌药物、催化性能、磁性材料等方面均有报道。

本实验设计以 2,2′-联吡啶为配体，通过调控与 $CuCl_2 \cdot 2H_2O$ 的反应比例，制备两个结构不同的 2,2′-联吡啶铜配合物 $[Cu(2,2'\text{-bipy})Cl_2]$（Ⅰ）和 $[Cu(2,2'\text{-bipy})_2Cl]Cl$（Ⅱ），初步探讨两个配合物与牛血清白蛋白的相互作用，并利用晶体学软件观察学习配合物的晶体结构，不仅使学生较全面掌握配合物的研究方法，而且有助于学生了解配合物的研究现状和应用前景。

相关反应式如下：

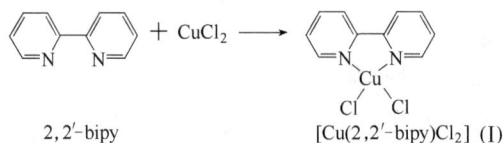

2,2′-bipy　　　　　　　　　$[Cu(2,2'\text{-bipy})Cl_2]$（Ⅰ）

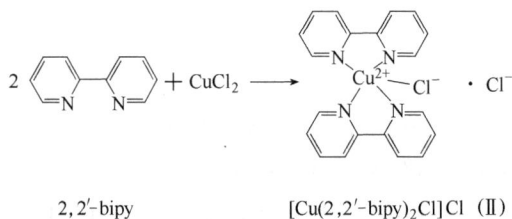

2,2′-bipy　　　　　　　　　$[Cu(2,2'\text{-bipy})_2Cl]Cl$（Ⅱ）

三、实验仪器与试剂

1. 仪器

电子分析天平，磁力搅拌器，高速离心机，紫外-可见分光光度计，布氏漏斗，抽滤瓶，圆底烧瓶（100mL），容量瓶（50mL）等。

2. 试剂

2,2′-联吡啶（2,2′-bipy，AR），二水合氯化铜（$CuCl_2·2H_2O$，AR），牛血清白蛋白（BSA，≥97%），无水乙醇（AR），乙醚（AR），三羟甲基氨基甲烷（tris，AR）。

四、实验步骤

1. [Cu(2,2′-bipy)Cl₂]（Ⅰ）的制备

100mL 圆底烧瓶中放入搅拌子，室温下加入 $CuCl_2·2H_2O$（0.0426g，0.25mmol）和无水乙醇 10mL。搅拌溶解后向该溶液中滴加 2,2′-联吡啶（2,2′-bipy）（0.0390g，0.25mmol）的乙醇溶液 25mL，室温下继续反应 0.5h。减压过滤收集亮绿色的固体产物，用无水乙醇、乙醚洗涤干燥。

2. [Cu(2,2′-bipy)₂Cl]Cl（Ⅱ）的制备

100mL 圆底烧瓶中放入搅拌子，室温下加入 0.0426g $CuCl_2·2H_2O$（0.25mmol）和 15mL 无水乙醇。搅拌溶解后向该溶液中加入 2,2′-联吡啶（2,2′-bipy）（0.0781g，0.5mmol）的乙醇溶液 15mL，室温下继续搅拌反应 0.5h。离心除去不溶固体，滤液放置在乙醚氛围中静置。一个星期后过滤收集亮蓝色的固体产物，用乙醚洗涤干燥。

3. 配合物与牛血清白蛋白（BSA）的相互作用

将牛血清白蛋白溶解在 tris-HCl 缓冲溶液（pH=7.2）中配制成浓度为 20μmol/L 的蛋白溶液，将配合物Ⅰ和Ⅱ用去离子水配制成浓度合适的配合物溶液。用移液器移取 3.0mL 牛血清白蛋白溶液至石英比色皿中，测定蛋白溶液的紫外-可见吸收光谱，再分别用移液器移取配合物Ⅰ或配合物Ⅱ溶液 10μL（三次滴加，工作浓度分别为 4μmol/L、8μmol/L、12μmol/L）加入上述蛋白溶液中，摇匀后测定溶液的紫外-可见吸收光谱。

五、思考题

1. 怎样确定配离子的电荷数？
2. 查阅资料并结合实验介绍二价铜配合物常见的配位数有哪些。

实验三

纳米 TiO_2 的制备及光催化性能表征

一、实验目的

1. 掌握溶胶-凝胶法制备纳米 TiO_2 的方法。
2. 学习光催化的原理。

3. 掌握 TiO_2 的常规结构表征方法及光催化降解有机染料的测试方法。

二、实验原理

纳米材料是纳米颗粒的材料。广义地说，纳米材料是指在三维空间中至少有一维处于纳米尺度范围内的材料。纳米材料的特性与粒子尺寸紧密相关，可表现在表面效应和小尺寸效应（体积效应）两方面。由于粒子分散到一定程度后，分布于粒子表面的原子数与总原子数之比随粒径减小而急剧增加，庞大的比表面积使分子的键态严重失配，表面出现非化学平衡，存在非整数配位的化学价态，因而产生大量活性中心。同时由于表面原子数增加，粒子内包含的原子数减少，能带中能级间隔加大，并影响其电子行为，从而必产生小尺寸效应，影响粒子的熔点、磁性、电性和光学性能。纳米材料的制备方法分为物理法和化学法。物理法有气相沉积法，化学法主要有水热法、沉淀法和溶胶-凝胶法。

溶胶-凝胶法（sol-gel）是一种由金属有机化合物、金属无机化合物或上述两者混合物经过水解缩聚、凝胶化及相应的后处理，而获得氧化物或其他化合物的工艺。与传统的材料制备方法相比较，溶胶-凝胶法具有如下的特点：

① 可制备高纯度高均质的化合物。

② 可以调控凝胶的微观结构。影响溶胶-凝胶材料结构的因素很多，包括前驱体、溶剂、水量、反应条件、后处理条件等。通过对这些因素的调节，可以得到一定微观结构和不同性质的凝胶。

③ 工艺简单，操作方便。

④ 溶胶-凝胶法的缺点是在胶凝阶段和凝胶干燥时发生巨大的收缩导致凝胶骨架的塌陷和颗粒的团聚长大。

溶胶-凝胶法制备 TiO_2 纳米粉体一般采用钛的醇盐（钛酸正丁酯、钛酸乙酯、钛酸异丙酯）或者钛的无机盐（四氯化钛、硫酸氧钛）为原料，其在一定条件下水解缩聚后凝胶化，再经过干燥、焙烧等后处理而制得 TiO_2。

1. 纳米 TiO_2 的制备

（1）以钛的醇盐为原料制备纳米 TiO_2

制备过程中主要发生如下反应：

水解：

$$Ti(OR)_4 + H_2O \longrightarrow Ti(OR)_3(OH) + ROH$$

缩聚：

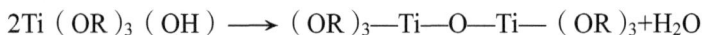
$$2Ti(OR)_3(OH) \longrightarrow (OR)_3—Ti—O—Ti—(OR)_3 + H_2O$$

$$Ti(OR)_4 + Ti(OR)_3(OH) \longrightarrow (OR)_3—Ti—O—Ti—(OR)_3 + ROH$$

形成的凝胶在干燥和热处理过程中可以进一步缩聚。因此，钛醇盐法制备 TiO_2 主要分为以下几个步骤：

步骤 1：混合。一种液态醇盐前驱物通过加入水、醇进行水解和醇解。

步骤 2：胶凝。水解产物随时间逐渐联结成三维网络结构的凝胶。凝胶网络的物理性质主要取决于粒子的大小和胶凝前的交联程度，在胶凝时，体系的黏度迅速增加。在凝胶点的胶凝可以看作是一个快速的固化过程。"凝固"结构随着时间、温度、溶剂和 pH 值等条件的改变而有明显的改变。

步骤3：陈化。将制备好的凝胶在一定时间内保存，让其中的聚合物形成更加致密的网络，提高凝胶的机械性能和稳定性。经过陈化，凝胶的强度增大。

步骤4：干燥。凝胶在干燥时会导致凝胶骨架结构的断裂，最终形成凝胶粉。

步骤5：热处理。将得到的凝胶粉在一定的条件下高温焙烧，有机物挥发、氧化分解，最终得到 TiO_2。

（2）以钛的无机盐为原料制备纳米 TiO_2

溶胶-凝胶法制备纳米 TiO_2 时所采用的无机盐一般为 $TiCl_4$，溶剂常采用乙醇、异丙醇。在 $TiCl_4$ 与醇混合成溶液的过程中，$TiCl_4$ 即与醇及醇中微量的水发生醇解和部分水解，通过脱氯形成钛酸酯。在随后的凝胶化过程中，主要是钛酸酯吸收气氛中的水汽，脱去乙醇基形成 Ti—OH 键并发生脱水缩聚形成无机聚合物凝胶。增加凝胶化时间，可以促进乙醇基的脱去和无机聚合物的形成，将形成的凝胶焙烧即得到 TiO_2 纳米颗粒。

2. 纳米 TiO_2 的光催化性能表征

TiO_2 有三种晶型，即锐钛矿型、金红石型和板钛矿型。锐钛矿型和金红石型属正方晶系，而板钛矿型属斜方晶系。用作光催化剂的主要是锐钛矿型和金红石型，且其中以锐钛矿型的催化活性最高。两种晶型的结构均可看作由相互连接的 TiO_6 八面体构成。二者的差别在于八面体的畸变程度和八面体间的相互连接方式不同，这种差异导致了两种晶型不同的质量密度及电子能带结构。

"光催化"这一术语本身就意味着光化学与催化剂二者的有机结合，因此，光和催化剂是引发和促进光催化氧化反应的必要条件。TiO_2 作为半导体材料之所以能作为光催化剂，是由其自身的光电特性所决定的。半导体粒子含有能带结构，其能带是不连续的，通常由一个充满电子的低能价带（VB）和一个空的高能导带（CB）构成，它们之间由禁带分开。半导体微粒（如 TiO_2、ZnO、Fe_2O_3、ZnS 等）光催化作用的本质是充当氧化还原反应的电子传递体。根据半导体的电子结构，当其吸收一个能量与其带隙能量（E_g）相匹配或超过其带隙能量的光子时，电子会从充满的价带跃迁到空的导带，而在价带留下带正电的空穴。价带空穴是一种强氧化剂，几乎可以氧化所有的有机基团，使其完全分解，成为无害物质。

当 TiO_2 受到一定能量的光照射时，其价带上的电子会被激发，越过禁带进入导带，同时在价带上产生相应的空穴，光生空穴有很强的得电子能力，可夺取 TiO_2 表面吸附的有机物或溶剂中的电子，使这些物质被活化氧化。罗丹明B（RhB）是一种常用碱性染料，在造纸、染色工业中应用广泛，由于罗丹明B溶液色度深、结构稳定、难降解，因此容易引起废水污染。本实验选取罗丹明 B 作为目标降解分子，来考察产物对其的光催化降解能力。

光催化表征采用 JOYN-GHX-DC 光化学反应仪（图 3-1），光源有汞灯（1000W）、氙灯（1000W）、金卤灯（500W）。降解后的有机染料 RhB 溶液的浓度，用 722S 可见分光光度计在波长 554nm 下测其吸光度变化，或采用紫外-可见分光光度计测试降解后的 RhB 溶液的吸光度曲线而得到，测试范围为 200~650nm。

图 3-1　光化学反应仪

三、实验仪器与试剂

1. 仪器

光化学反应仪（JOYH-GHX-DC），电子分析天平，综合热分析仪，X射线衍射仪，可见分光光度计（722S），磁力搅拌器，循环水式真空泵，紫外-可见分光光度计（日本岛津，UV-2501PC），马弗炉，真空干燥箱，超声波清洗器，离心机，药匙，称量纸，滴管，布氏漏斗，抽滤瓶，坩埚，研钵，烧杯，玻璃棒，移液管等。

2. 试剂

钛酸正丁酯，四氯化钛，乙酸，无水乙醇，罗丹明B（RhB），氢氧化钠（5mol/L）。所有试剂均为分析纯。

四、实验步骤

1. 纳米 TiO_2 的制备

（1）以钛酸正丁酯为原料制备纳米 TiO_2

取一定量无水乙醇，加入水和乙酸，搅拌下缓慢向其中滴加钛酸正丁酯，逐渐形成橙黄色溶液，一段时间后成凝胶，凝胶在100℃烘干，得到干凝胶粉，500℃焙烧1h得到 TiO_2 纳米粉体。

（2）以 $TiCl_4$ 为原料制备纳米 TiO_2

以 $TiCl_4$ 为原料，用冰水浴控温，搅拌下向其中滴加水，然后用NaOH（5mol/L）溶液调节pH值，得到胶体，渗析以除去氯离子。凝胶在100℃烘干，得到干凝胶粉，500℃焙烧1h得到 TiO_2 纳米粉体。

2. 纳米 TiO_2 的表征

（1）热重-差热分析（TG-DTA）

为了探明前驱物的热分解过程及 TiO_2 在热处理过程中的晶相转变温度范围，采用综合热分析仪进行TG和DTA分析。升温速度为10℃/min，空气气氛。

（2）XRD表征

用X射线衍射仪测定 TiO_2 的物相，扫描范围为20°~80°。经Scherrer公式计算晶粒尺寸。

$$D = \frac{K\lambda}{\beta \cos\theta}$$

式中，D 为平均粒径；K 为形状因子；λ 为X射线的波长；β 为XRD图谱中最强衍射峰的半高宽；θ 为半衍射角。

（3）紫外-可见吸收光谱（UV-Vis）分析

采用日本岛津（SHIMADZU）UV-2501PC双光束紫外-可见分光光度计，测试范围为200~800nm，对粉体进行吸光度的测试。纳米粉体的吸收阈值 λ_g（nm）与带隙能量 E_g（eV）具有如下关系：

$$\lambda_g / nm = \frac{1240}{E_g / eV}$$

（4）光催化性能表征

先配制 10mg/L RhB 溶液，然后在反应管中，加入一定量光催化剂、20mL 10mg/L RhB 溶液，开气泵通气，达到吸附平衡，测溶液初始吸光度 A_0。设定光源平衡时间、总光照反应时间和间隔时间后，开启光源，光照一定时间后，取样 4mL 于离心试管中，离心后，取澄清液，测定降解后的 RhB 溶液的吸光度 A_i。此外，通过改变 RhB 溶液的初始浓度、光催化剂的用量、光源的功率等条件因素，重复上述实验，评价光催化剂的性能。

式（3-1）可以表示 RhB 溶液的降解效率：

$$\eta = \frac{A_0 - A_i}{A_0} \qquad (3\text{-}1)$$

η 越大表示 RhB 降解得越彻底。

五、实验数据记录与处理

1. 染料的光解曲线（表 3-1）

无催化剂，光源：300W 汞灯（波长 254nm）。

表 3-1　染料的光解曲线的实验数据

t/min	0	10	20	30	40
A_i					
η/%					

2. 染料的吸附平衡（暗反应）（表 3-2）

无光源，0.2g TiO_2，20mL 10mg/L RhB。

表 3-2　染料的吸附平衡的实验数据

t/min	0	10	20	30	40
A_i					
η/%					

3. 光催化剂的降解效率（表 3-3）

0.2g TiO_2，20mL 10mg/L RhB，光源：300W 汞灯（波长 254nm）。

表 3-3　光催化剂的降解效率的实验数据

t/min	0	10	20	30	40
A_i					
η/%					

六、实验结果分析与讨论

1. 利用热分析法确定前驱物的脱水和分解温度及 TiO_2 晶相转变温度。

2. 利用 XRD 图谱表征 TiO_2 的晶相结构，计算平均粒径。

3. 利用 UV-Vis 图谱确定 TiO_2 的吸收光谱。

4. 作 η-t 图，评价不同条件下的光催化性能。

七、思考题

1. 溶胶-凝胶法制备纳米 TiO_2 时有哪些影响因素？
2. TiO_2 的结构表征方法有哪些？
3. 影响光催化性能的因素有哪些？如何提高 TiO_2 的光催化活性？
4. 光化学反应仪工作过程中，用气泵通气的作用是什么？

实验四

差热-热重分析——草酸钙的热分解测定

一、实验目的

1. 掌握差热-热重分析的基本原理，依据草酸钙的差热-热重曲线解析样品在程序升温过程中的成分及其物相结构的转变（例如脱水、分解温度等）。
2. 了解 WCT-1D 微机差热天平的工作原理、基本构造及功能，掌握其基本操作。

二、实验原理

热分析是一种非常重要的分析方法。它是在程序控制温度下，测量物质的物理性质与温度关系的一种技术。

热分析主要用于研究物理变化（晶型转变、熔融、升华和吸附等）和化学变化（脱水、分解、氧化和还原等）。热分析不仅提供热力学参数，而且还可给出有一定参考价值的动力学数据。热分析在固态科学的研究中被大量而广泛地采用，诸如研究固相反应、热分解和相变以及测定相图等。许多固体材料都有这样或那样的"热活性"，因此热分析是一种很重要的研究手段。

1. 差热分析（DTA）

差热分析（differential thermal analysis，DTA）是在程序控制温度下，测量试样和参比物的温度差与温度关系的一种方法。当试样发生任何物理或化学变化时，所释放或吸收的热量使试样温度高于或低于参比物的温度，从而相应地在差热曲线上可得到放热或吸热峰。差热曲线（DTA 曲线）是由差热分析得到的记录曲线。曲线的横坐标为温度或时间，纵坐标为试样与参比物的温度差（ΔT），向上表示放热效应，向下表示吸热效应。差热分析也可测定试样的热容变化，它在差热曲线上反映出基线的偏离。

（1）差热分析的基本原理

图 4-1 是差热分析的原理图。图中两支热电偶反向联结，构成差示热电偶。S 为试样，R 为参比物。在电表 1 处测得的为试样温度 T_S；在电表 2 处测得的为试样温度 T_S 和参比物温度 T_R 之差 ΔT。所谓参比物即是一种热容与试样相近而在所研究的温度范围内没有相变的物质，通常使用的是 α-Al_2O_3、熔融石英粉等。

图 4-2 即为理想的差热曲线图。当试样没有发生变化时，试样与参比物温度相同，二者温度差 ΔT 为零，在差热曲线图上显示水平线段（如图 4-2 中的 ab、de、gh 线段，此线称为基线）。当试样发生变化时，即有吸热或放热效应产生，此热效应就会使试样的温度与参比

物的温度不一致，这时差热曲线图上就会出现峰（图4-2中的 efg）或谷（图4-2中的 bcd），通常规定放热峰 ΔT 为正，吸热峰 ΔT 为负。直到过程变化结束，经热传导，试样与参比物间的温度又趋于一致，复现水平线段（见图4-2中的 de、gh）。

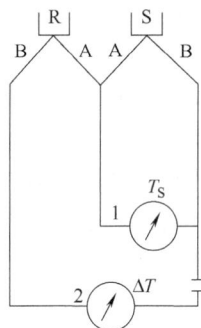

图 4-1　差热分析原理图

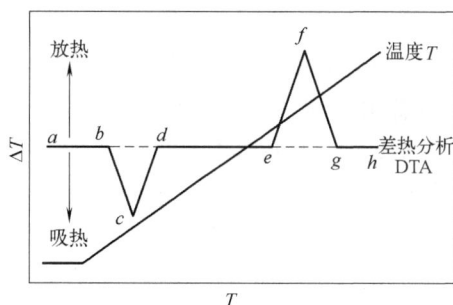

图 4-2　理想的差热曲线图

图 4-2 中的曲线均属理想状态，实际记录的曲线往往与它有差异。例如，过程结束后曲线一般回不到原来的基线，这是因为试样与参比物的比热容、热导率、装填的疏密程度等不可能完全相同，再加上试样在测定过程中可能发生收缩或膨胀，以及两支热电偶的热电势也不一定完全等同，因而基线就会发生漂移，峰（或谷）的前后基线不一定在同一条直线上。此外，实际反应起始和终止往往不是在同一温度，而是在某个温度范围内进行，这就使得差热曲线的各个转折都变得圆滑起来。

图 4-3 为一个实际的放热峰。反应起始点为 A，温度为 T_i；B 为峰顶，温度为 T_m，主要反应结束于此，但反应全部终止的点实际是 C，温度为 T_f。自峰顶向基线方向作垂直线，与 AC 交于 D 点，BD 为峰高，表示试样与参比物之间的最大温差。在峰的前坡（图

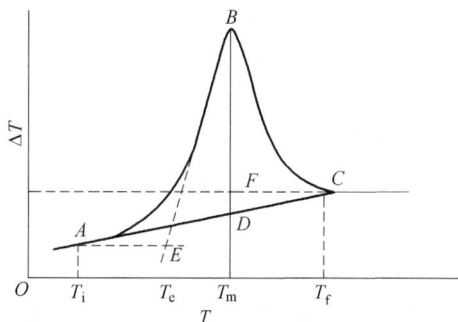

图 4-3　实际的差热曲线

4-3 中 AB 段），取斜率最大一点向基线方向作切线与基线延长线交于 E 点，E 点称为外延起始点，其对应的温度称为外延起始点温度，以 T_e 表示。ABC 所包围的面积称为峰面积。

（2）差热曲线的特性

① 差热峰的尖锐程度反映了反应自由度的大小。自由度为零的反应其差热峰尖锐；自由度愈大，峰越圆滑。它也和反应进行的快慢有关，反应速率愈快，峰愈尖锐，反之圆滑。

② 差热峰包围的面积既和反应热有函数关系，也和试样中反应物的含量有函数关系。据此可进行定量分析。

③ 两种或多种不相互反应的物质的混合物，其差热曲线为各自差热曲线的叠加。利用这一特点可以进行定性分析。

④ A 点温度 T_i 受仪器灵敏度影响，仪器灵敏度越高，在升温差热曲线上测得的值越低且越接近于实际值，反之 T_i 值越高。

⑤ T_m 并无确切的物理意义。体系自由度为零且试样热导率甚大的情况下，T_m 非常接近

反应终止温度。对其他情况来说，T_m 并不是反应终止温度。反应终止温度实际上是 FC 线上的某一点。自由度大于零、热导率甚大时，终止点接近于 C 点。T_m 受实验条件影响很大，作为鉴定物质的特征温度不理想，在实验条件相同时可用来作相对比较。

⑥ T_f 很难被授予确切的物理意义，只是表明经过一次反应之后，温度到达 T_f 时曲线又回到基线。

⑦ T_e 受实验影响较小，重复性好，与其他方法测得的起始温度一致。国际热分析及量热学联合会推荐用 T_e 来表示反应起始温度。

⑧ 差热曲线可以指出相变的发生、相变的温度以及估算相变热，但不能说明相变的种类。在记录加热曲线以后，随即记录冷却曲线，将两曲线进行对比可以判别可逆的和非可逆的过程。这是因为可逆反应无论是在加热曲线还是在冷却曲线上均能反映出相应的峰，而非可逆反应常常只能在加热曲线上表现，而在随后的冷却曲线上却不会再现。

⑨ 差热曲线的温度需要用已知相变点温度的标准物质来标定。

（3）影响差热曲线的因素

影响差热曲线的因素比较多，其主要包括：

① 仪器方面的因素：加热炉的形状和尺寸、坩埚大小、热电偶位置等。

② 实验条件：升温速率、气氛等。

③ 试样的影响：试样用量、粒度等。

2. 热重法（TG）

热重法（thermogravimetry，TG）是在程序控温下，测量物质的质量与温度的关系的方法。

（1）热重曲线

由热重法记录的质量变化对温度的关系曲线称为热重曲线（TG 曲线）。曲线的纵坐标为质量，横坐标为温度。例如固体的热分解反应：

$$A（固）\longrightarrow B（固）+C（气）$$

其热重曲线如图 4-4 所示。

图中 T_i 为起始温度，即试样质量变化或标准物质表观质量变化的起始温度；T_f 为终止温度，即试样质量或标准物质的质量不再变化的温度；$T_f \sim T_i$ 为反应区间，即起始温度与终止温度的温度间隔。TG 曲线上质量基本不变动的部分称为平台，如图 4-4 中的 ab 和 cd。从热重曲线可得到试样组成、热稳定性、热分解温度、热分解产物和热分解动力学等有关数据，同时还可获得试样质量变化率与温度的关系曲线，即微商热重曲线（DTG 曲线）。

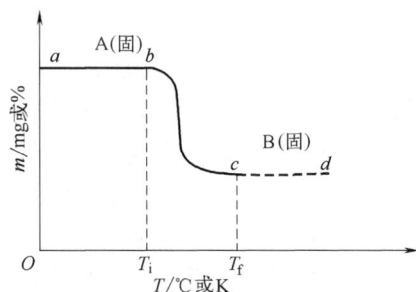

图 4-4　固体热分解反应的典型热重曲线

当温度升至 T_i 才产生失重。失重量为 $W_0 - W_1$，失重率：

$$失重率 = \frac{W_0 - W_1}{W_0} \qquad (4-1)$$

式中，W_0 为试样质量；W_1 为失重后试样的质量。反应终点的温度为 T_f，在 T_f 形成稳定相。若为多步失重，将会出现多个平台。根据热重曲线上各步失重量可以简便地计算出各步的失重率，从而判断试样的热分解机理和各步的分解产物。需要注意的是，如果一个试样有多步反应，在计算各步失重率时，都是以 W_0（试样原始质量）为基础的。

从热重曲线可看出热稳定性温度区、反应区、反应所产生的中间体和最终产物。该曲线也适合于化学量的计算。

在热重曲线中，水平部分表示质量是恒定的，曲线斜率发生变化的部分表示质量的变化，因此从热重曲线可求算出微商热重曲线（DTG 曲线）。

微商热重曲线（DTG 曲线）表示质量随时间的变化率，即失重速率（dW/dt），它是温度或时间的函数：

$$dW/dt = f(T) \text{ 或 } f(t)$$

DTG 曲线的峰顶 $d^2W/dt^2 = 0$，即失重速率的最大值。DTG 曲线上的峰的数目和 TG 曲线的台阶数相等，峰面积与失重量成正比。因此，可从 DTG 的峰面积算出失重量和失重率。

在热重法中，DTG 曲线比 TG 曲线更有用，因为它与 DTA 曲线相类似，可在相同的温度范围进行对比和分析，从而得到有价值的信息。

实际测定的 TG 和 DTG 曲线与实验条件，如加热速率、气氛、试样质量、试样纯度和试样粒度等密切相关。测定 TG 曲线时最主要的是精确测定 TG 曲线开始偏离水平时的温度即反应开始的温度。总之，TG 曲线的形状和正确的解释取决于恒定的实验条件。

（2）热重曲线的影响因素

为了获得精确的实验结果，分析各种因素对 TG 曲线的影响是很重要的。影响 TG 曲线的主要因素基本上包括：

① 仪器因素：浮力、试样盘、挥发物的冷凝等。

② 实验条件：升温速率、气氛等。

③ 试样的影响：试样质量、粒度等。

3. TG-DTA 联用

热重法不容易表明反应开始和终止的温度，也不容易指明有一系列中间产物存在的过程，更不能指示无质量变化的热效应。而 DTA 可以解决以上问题，但不能指示质量变化。为了相互补充，取长补短，近年来出现了将 TG-DTA 集成在同一台仪器上进行同步记录。这样，热效应发生的温度和质量变化就可同时记录下来。本实验用 TG-DTA 联用技术来研究 $CaC_2O_4 \cdot H_2O$ 的脱水分解过程。

三、实验仪器与试剂

1. 仪器

WCT-1D 微机差热天平，电子天平，坩埚，研钵，称量纸，镊子，药匙等。

2. 试剂

α-Al_2O_3（AR），$CaC_2O_4 \cdot H_2O$（AR）等。

四、实验步骤

1. 开机

开启微机差热天平的电源，面板电源指示灯亮，表示电源已接通，预热 20min。

2. 称样

称取约 10mg 的 $CaC_2O_4 \cdot H_2O$ 和适量经高温灼烧的 α-Al_2O_3，分别装入坩埚中，轻轻抖动

使之分布均匀，记录所称取的 $CaC_2O_4 \cdot H_2O$ 的实际质量。

3. 天平操作

抬起炉体，将装有参比样品及试样的坩埚分别置于相应的热电偶板上；放下炉体，开启冷却水（注意：操作时轻抬轻放，冷却水流量不宜太大）。

4. WCT-1D 热分析数据采集分析系统操作

启动微机，双击 WCT 图标，出现"欢迎使用北京光学仪器厂热分析仪器"标志界面，将鼠标移至标志界面上后单击鼠标左键，屏幕右上角会出现软件操作总菜单，如图4-5所示。总菜单会自动隐藏，在鼠标移到电脑屏幕右上方时，总菜单会自动出现。

图 4-5　操作总菜单

5. 数据采集

"新采集"选项用于采集一组新的实验数据。点击"新采集"选项会出现如图 4-6 所示的对话框——采样参数设置对话框。

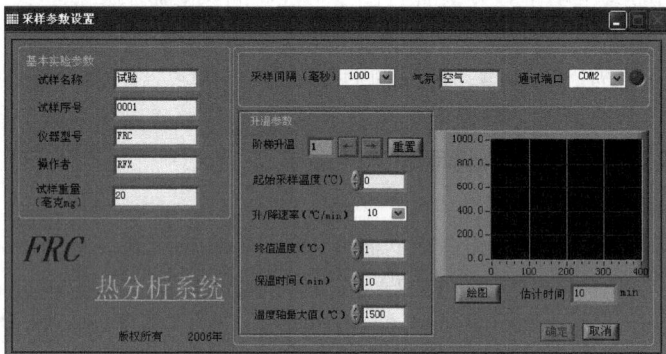

图 4-6　采样参数设置对话框

① 对话框的基本实验参数包括：试样名称、试样序号、仪器型号、操作者、试样重量。在做 TG 实验时，试样质量需精确称量，质量数值输入试样重量一栏中，作为 TG 曲线分析的数据依据（数值不精确，会导致 TG 分析不精确）。

② 采样间隔：1000ms。

③ 气氛名称：空气。

④ 升温参数：一阶升温，升/降速率为 10℃/min，起始采样温度为室温，终值温度为 950℃，保温时间为 0，温度轴最大值为 1200℃。

⑤ 理论温度曲线：在对话框右侧的显示框为实验过程的理论温度曲线，点击"绘图"按钮即可得到理论温度曲线和估计时间，以便在加热过程中实时观察。

采样参数设置完毕后，便可点击"确定"按钮，此时会弹出采集数据存储名称以及路径选择对话框。默认名称为当前时间，根据需要更改名称。点击"存储"按钮后仪器自动进入加热状态，软件自动切换到数据实时采集界面。

点击"STOP"按钮可立即结束数据实时采集。点击"退出"按钮可退出数据实时采集界面，但不会结束数据实时采集。点击总菜单的"实时曲线"可恢复数据实时采集界面。

点击"属性"按钮可以观察到本次实验的设置参数、理论温度曲线（只有在采样参数设置中点击"绘图"按钮后才会出现）、各条曲线的实时采集示意，如图4-7所示。

6. 曲线分析

点击总菜单中"曲线分析"选项即可进入曲线分析窗口。可从窗口右侧的"打开"按钮或从"文件"下拉菜单中"打开历史数据"选项打开实验数据文件，如图4-8为一组草酸钙的实验数据。

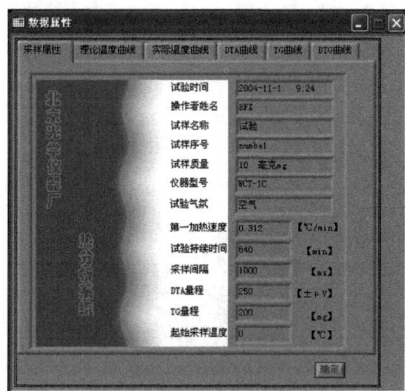

图 4-7　属性窗口

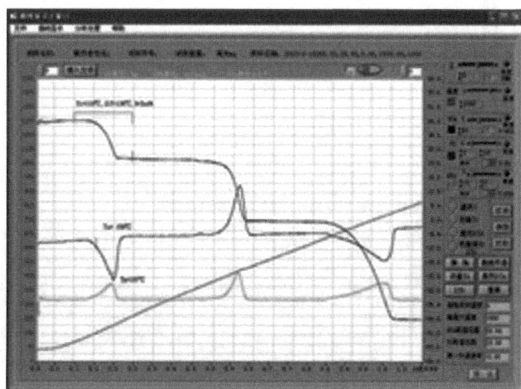

图 4-8　草酸钙曲线

（1）差热（DTA）分析

点击总菜单"差热分析"选项或点击窗口右侧的"差热DTA"按钮都可以进入差热（DTA）分析窗口，如图4-9所示。

出现如图4-9所示差热分析窗口后，用鼠标截取要分析的DTA曲线段，点击右下方的"选定"按钮即可进入DTA分析状态，如图4-10所示。如不满意可点击右下方的"重画"按钮重新截取要分析的DTA曲线段。应注意用鼠标做截取操作时，为方便用户减少错误操作，选取曲线段时应按住鼠标左键持续0.1s以上，当松开鼠标左键时，即可会在手状光标处出现一条黑色竖线，表示选取成功。

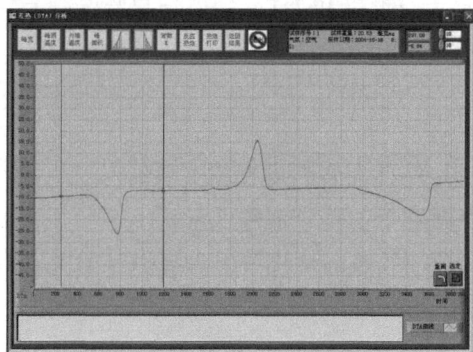

图 4-9　差热（DTA）分析窗口

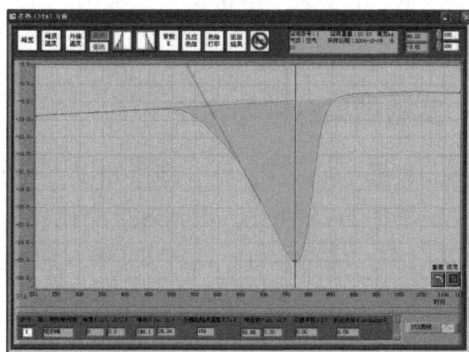

图 4-10　DTA分析状态下的差热分析窗口

DTA分析包括峰宽、峰顶温度、外延起始点温度、峰面积、仪器常数 K、反应热。计算前三者时点击相应的按钮选项即可。

（2）热重（TG）分析

点击总菜单"热重分析"选项或点击窗口右侧的"热重 TG"按钮都可以进入 TG 曲线分析窗口，如图 4-11 所示。

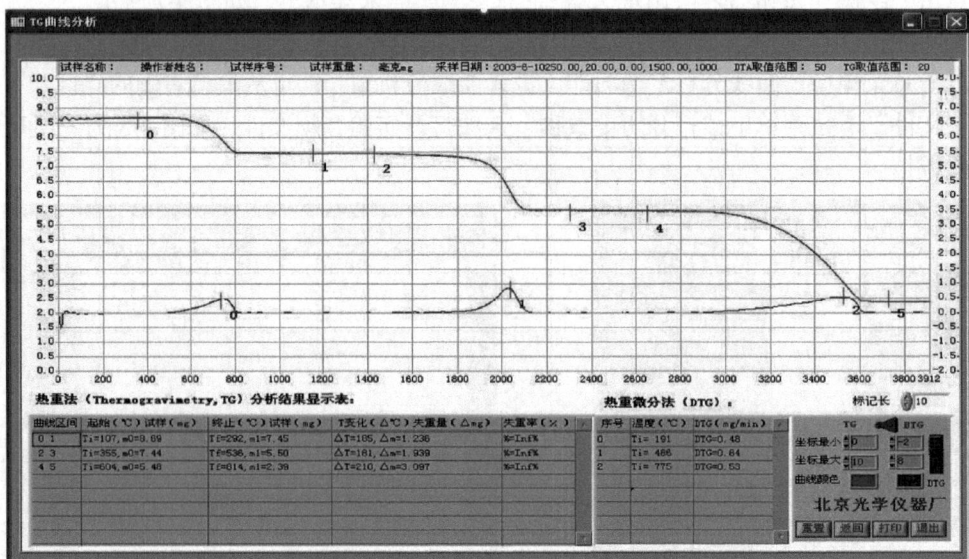

图 4-11　TG 曲线分析窗口

TG 曲线分析：用鼠标点击窗口右下方的"TG\DTG 开关"使其拨至 TG 侧，即进入 TG 分析状态；用鼠标选取 TG 曲线区间，分析计算结果自动在窗口下方左侧表格中显示。

7. 结束实验

实验结束，按仪器说明进行操作，将仪器复原。清理台面，关闭电源与冷却水。

五、实验数据记录与处理

分别做热重数据处理和差热数据处理。选定每个台阶或峰的起止位置，可得到各个反应阶段的 TG 失重率、失重始温与终温、失重速率最大点温度和 DTA 的外延起始点温度、峰顶温度等。

六、实验结果分析与讨论

1. 根据 TG 曲线，结合理论知识，分析 $CaC_2O_4 \cdot H_2O$ 在各温度下的失重情况。

2. 根据 DTA 曲线，得到各反应的外延起始点温度 T_e、峰顶温度 T_m。

3. 结合 TG 和 DTA 曲线，分析 $CaC_2O_4 \cdot H_2O$ 在加热时的变化情况，写出每步反应的化学反应方程式。

七、思考题

影响热重曲线的主要因素有哪些?

实验五

化学镀 Ni-P 合金的热力学研究

一、实验目的

1. 通过实验了解化学镀的基本原理。
2. 学习用物理化学基本原理研究工业生产。

二、实验原理

化学镀 Ni-P 合金层具有优良的物理化学性能，在工业生产上得到广泛的应用。但是人们对化学镀的研究主要集中在镀液配方、工艺、镀层性能上，而对于镀层产生过程的一些物理化学量的研究报道不多。化学镀 Ni-P 合金不仅适用于金属表面的装饰及防护，也适用于非金属材料如塑料、玻璃等的装饰，但是表面必须经过特殊处理。

本实验的内容基于美国电化学家 Bockris 研究固体金属电极与有机化合物水溶液的界面吸附时提出的著名的 Bockris 方程式，从而求得有机物在金属表面吸附的吉布斯自由能 $\Delta G_{\mathrm{ads}}^{\ominus}$，可用来研究 Ni-P 的化学沉积。

Bockris 方程式为

$$\Delta G_{\mathrm{ads}}^{\ominus} = -RT \ln \left\{ \frac{55.4}{c_{\mathrm{A}}} \times \frac{\theta}{(1-\theta)^n} \times \frac{[\theta + n(1-\theta)]^{n-1}}{n^n} \right\} \tag{5-1}$$

式中，c_{A} 为溶液中有机物的物质的量浓度；θ 为有机物 A 在金属表面上的表面覆盖度；n 表示 1mol 有机物吸附在金属表面上时将会排斥掉 n（mol）吸附在金属上的水。

对于化学镀 Ni-P 而言，θ 代表 Ni-P 合金在金属试样上的相对沉积量，随着镀液浓度的改变，可以发现存在一个极限沉积速率：17mg/（cm^2·h）。因此

$$\theta = \frac{沉积速率}{极限沉积速率} \tag{5-2}$$

测定化学镀 Ni-P 合金层时，可得镀层中 P 的质量分数为 10%，镀层密度为 8.0g/cm^3，把质量分数换算成原子百分率，则镀层中 P 的原子百分率为 17.5%，Ni 的原子百分率为82.5%，因此

$$(59 \times 82.5\% + 31 \times 17.5\%)/8 = \left(\frac{n}{\mathrm{mol}} \times 18 \right)/1 \tag{5-3}$$

式中，59、31、18 分别为 Ni 原子、P 原子及水分子的分子量；8、1 分别为镀层和水的密度值。

实践证明，当 Ni^{2+} 与 $H_2PO_2^-$ 的物质的量之比为 0.3~0.4 时，化学镀 Ni-P 的沉积速率最快。

把 c_{A}、T、n、θ 代入式（5-1），则可求得该温度 T 时的 $\Delta G_{\mathrm{dep}}^{\ominus}$。然后根据热力学关系可求得 $\Delta S_{\mathrm{dep}}^{\ominus}$、$\Delta H_{\mathrm{dep}}^{\ominus}$，即

$$\Delta S_{\mathrm{dep}}^{\ominus} = -\frac{\mathrm{d}\Delta G_{\mathrm{dep}}^{\ominus}}{\mathrm{d}T} \tag{5-4}$$

$$\Delta H_{dep}^{\ominus} = \Delta G_{dep}^{\ominus} + T\Delta S_{dep}^{\ominus} \qquad (5\text{-}5)$$

化学镀 Ni-P 合金的反应方程式为

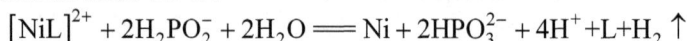

$$[NiL]^{2+} + 2H_2PO_2^- + 2H_2O =\!=\!= Ni + 2HPO_3^{2-} + 4H^+ + L + H_2\uparrow$$

式中，L 代表配体。

化学镀 Ni-P 合金的反应历程可以概括如下：

① 溶液中的次磷酸根在固体催化剂表面上脱氢并生成亚磷酸根。

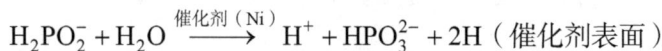

$$H_2PO_2^- + H_2O \xrightarrow{\text{催化剂（Ni）}} H^+ + HPO_3^{2-} + 2H \text{（催化剂表面）}$$

② 吸附在表面的活泼氢原子使镍离子还原成镍金属，而本身则氧化成氢离子。

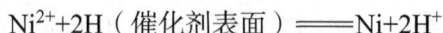

$$Ni^{2+} + 2H \text{（催化剂表面）} =\!=\!= Ni + 2H^+$$

③ 部分的次磷酸根同样地被氢原子还原成单质磷。

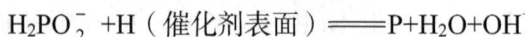

$$H_2PO_2^- + H \text{（催化剂表面）} =\!=\!= P + H_2O + OH^-$$

这个反应是周期性反应，其反应速率取决于固-液界面上的 pH。

化学镀 Ni-P 合金的沉积速率与镀液温度、镍离子浓度、还原剂次磷酸根的浓度等诸多因素有关。

三、实验仪器与试剂

1. 仪器

恒温水浴锅，pH 计，干燥箱，烧杯（500mL、100mL），容量瓶（500mL），普通漏斗，玻璃棒，镊子，棉签，铜箔（厚度为 0.05~0.1mm），细铁丝等。

2. 试剂

$NiSO_4\cdot6H_2O$，$NaH_2PO_2\cdot H_2O$，乙酸钠，二水合柠檬酸钠，丁二酸，硫酸（1∶10），盐酸（1∶1），氨水（1∶3）等。所有试剂均为分析纯。

四、实验步骤

1. 镀液的配制

① 取 10.514g $NiSO_4\cdot6H_2O$ 于 500mL 烧杯中，加入 250mL 热水溶解。

② 用 50mL 60~80℃蒸馏水溶解 7.5g 二水合柠檬酸钠、7.5g 乙酸钠和 5g 丁二酸。

③ 在不断搅拌下把①注入②中，所得混合液澄清后冷却至室温，过滤至 500mL 容量瓶中，待用。

④ 把 12.0g $NaH_2PO_2\cdot H_2O$ 溶解在 50mL 蒸馏水中。

⑤ 把④过滤加入③中，定容至总体积为 500mL，最后用 1∶10 的稀硫酸或 1∶3 的氨水调节镀液的 pH=4.8。

2. 镀片的准备

待镀金属片切成 10mm×25mm 的长条形，背面及四周用清漆涂一薄层，仅留 $2cm^2$ 的铜片待镀，放置自然晾干或在烘箱中烘干。按顺序编号。

3. 镀片的除油、除锈

除油：用有机溶剂（汽油、丙酮、环己烷等）刷洗或用碱溶液除油。

除锈：把镀片浸入 1∶1 盐酸溶液中 1min 后取出，用去离子水冲洗，擦干后放入电子天平中准确称量（至 0.1mg）。

4. 化学镀 Ni-P 合金层

分别取 5 份 50mL 镀液于 100mL 烧杯中，分别放入恒温水浴锅中，温度分别为 80℃、84℃、88℃、92℃、96℃。每个烧杯中放入两片清洗过的铜镀片，用一根细铁丝接触铜表面 1s，移去铁丝，开始计时。镀 0.5h 后取出，洗净、擦干，放入天平中精确称量。准确记录下铜片的镀前及镀后质量，由此可以得出该镀液的相对沉积量（取两片平均值为相对沉积量）。

将 c_A、T、v、θ 等值代入式（5-1）可得 $\Delta G_{dep}^{\ominus}$。

五、实验数据记录与处理

用镀液分别在 5 种温度下施镀，测量沉积速率，求得相对沉积量，分别代入式（5-1）得 $\Delta G_{dep}^{\ominus}$，再根据式（5-5），以 $\Delta G_{dep}^{\ominus}$ 对 T 作图得 $\Delta S_{dep}^{\ominus}$、$\Delta H_{dep}^{\ominus}$，结果记录在表 5-1 中。选取一组数据写出详细的计算过程。

表 5-1　实验数据记录表

项目	353K	357K	361K	365K	369K
镀前质量/mg					
镀后质量/mg					
Δm/mg					
$\Delta m_{平均}$/mg					
v/[mg/（cm²·h）]					
θ					
$\Delta G_{dep}^{\ominus}$/（kJ/mol）					
$\Delta S_{dep}^{\ominus}$/[kJ/（mol·K）]					
$\Delta H_{dep}^{\ominus}$/（kJ/mol）					

六、实验结果分析与讨论

1. 由实验测得的 $\Delta G_{dep}^{\ominus}$ 来判断反应是否能够自发进行。
2. 由实验所得的 $\Delta H_{dep}^{\ominus}$ 来判断该反应的吸、放热情况。

七、思考题

1. 比较电沉积与化学沉积的差异及优缺点。
2. 化学镀产生金属 Ni-P 合金沉积层的基本原理和反应历程。
3. 化学镀过程中用细铁丝接触铜表面的原因。

实验六

四氧化三钴电极的制备及循环伏安曲线测量分析

一、实验目的

1. 了解超级电容器的概念及分类。
2. 学习纳米 Co_3O_4 粉末电极的制备以及三电极测量体系的组装。
3. 利用电化学工作站测量单电极的循环伏安曲线。
4. 学习 Origin 软件的使用，并进行作图及数据分析。

二、实验原理

电化学超级电容器作为一种新型的储能器件，兼具了传统静电电容器功率密度大和充电电池能量密度高的优点。此外它还具有充放电时间短、充放电效率高、循环使用寿命长等优点，在移动通信、信息技术、消费电子产品、电动汽车、航空航天和国防科技等领域具有重要和广阔的应用前景。

超级电容器按储能机理可分为双电层电容器（EDLC）和法拉第准电容器（FPC）两种。前者是利用电极/电解质界面上电荷（电子/离子）分离产生双电层来储能的，电极材料通常为具有高比表面积的碳材料，如活性炭、碳纤维、炭布、炭气凝胶、碳纳米管等。后者是利用电极材料在特定电位下表面产生准二维可逆法拉第反应（伴随质子或 Li^+ 等在电极表面的自由"嵌脱"和电子交换）而储能的，因此也称氧化还原型电容器或法拉第假电容器，电极材料主要是一些过渡金属氧化物（或氮化物）及其水合物、导电聚合物等。近几年，又提出电化学混合电容器（electrochemical hybrid capacitor）的概念，也称非对称型电容器（asymmetric capacitor），利用两种不同的电极材料分别作正、负电极，其中一极产生双电层电容，另一极产生法拉第假电容。其优点是使用电压范围宽、具有较高的能量和功率密度。

作为一种过渡金属氧化物，四氧化三钴（Co_3O_4）化学性能稳定，因其具有易合成、形貌众多、导电性好、氧化价态丰富和理论电容较高等优点，一直被视为很有前景的电极材料。纳米尺度的四氧化三钴结构表现出优异的赝电容（法拉第准电容）行为，理论比容量为 $890mA·h/g$，比石墨高 2.5 倍，且密度为石墨的 3 倍，即体积比容量为石墨的 7.5 倍，并具有良好的氧化还原可逆性、长期循环使用的稳定性，且耐腐蚀，因此也常被用作超级电容器的电极材料。

对于超级电容器中所用四氧化三钴电极材料的研究，已经取得了很大进展。采用固相法制备出纳米级的 Co_3O_4 电极材料，通过进行 X 射线衍射（XRD）表征，得到如图 6-1 所示的类似图谱。在 2θ 约为 $19.0°$、$31.3°$、$36.9°$、$45.0°$、$55.8°$、$59.4°$

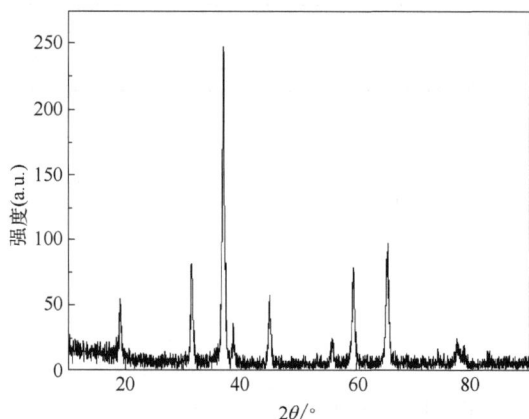

图 6-1 纳米 Co_3O_4 材料的 X 射线衍射图谱

和 65.4°处出现的衍射峰为立方尖晶石 Co_3O_4 纯相结构的特征峰（JCPDS 42-1467）。由图中几个主要衍射峰的半峰宽数据，根据 Scherrer 公式 $[B=0.89\lambda/(Dcos\theta)]$ 可估算出 Co_3O_4 的平均晶粒尺寸，如图 6-1 中所示 Co_3O_4 的平均晶粒尺寸约为 30nm。

1. 四氧化三钴的晶体结构

四氧化三钴（Co_3O_4）粉末通常呈黑色或灰黑色，密度为 6.0~6.2g/cm^3，分子量为 240.80，易溶于硝酸。Co_3O_4 实际上包括了一氧化钴（CoO）和三氧化二钴（Co_2O_3）。四氧化三钴会吸收空气中的水分，但不生成水合物。在空气气氛中加热到 800℃，Co_3O_4 能够稳定存在，在 1200℃以上时会分解生成氧化亚钴。在 900℃的氢气气氛中，Co_3O_4 会被还原生成单质钴。

Co_3O_4 是一种典型的 P 型半导体材料，禁带宽度为 1.5eV，具有如图 6-2 所示的 AB_2O_4 尖晶石结构。Co_3O_4 属于立方晶系，与磁性氧化铁 Fe_3O_4 为异质同晶，晶格参数 a=0.811nm。晶体的结构中，氧原子以面心立方密堆积，金属离子填充在氧原子密堆积的空隙里，其中四面体的中心为 Co^{2+}，八面体的中心为 Co^{3+}，这种网络结构有利于离子的扩散。

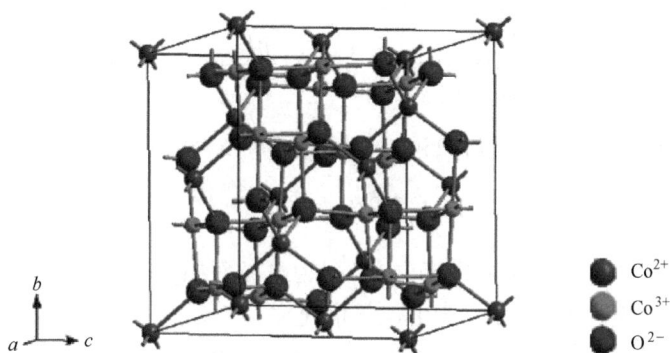

图 6-2　尖晶石 Co_3O_4 结构示意图

2. 四氧化三钴的充放电机理

双电层电容的循环伏安曲线通常为理想的矩形，而 Co_3O_4 电极在碱性溶液中的循环伏安曲线出现明显的氧化还原峰，这说明样品的电容主要来自活性物质在介质中所发生的快速且可逆的氧化还原反应，反应产生的电流主要为法拉第电流，其氧化还原反应方程式如下：

$$Co_3O_4+OH^-+H_2O \Longleftrightarrow 3CoOOH+e^-$$

$$CoOOH+OH^- \Longleftrightarrow CoO_2+H_2O+e^-$$

充电时，Co_3O_4 与溶液中 OH^- 反应生成产物 CoOOH 并放出电子，然后 CoOOH 与溶液中 OH^- 继续反应，得到 CoO_2。放电时，反应过程则相反，CoO_2 获得一个电子生成 CoOOH，CoOOH 继续反应得到 Co_3O_4。

3. 循环伏安曲线

循环伏安法是一种动电位（电位扫描）暂态电化学测量方法，是电极反应动力学、机理及可逆性研究的重要手段之一，应用非常广泛。循环伏安法的基本原理：在一定的电位范围内，用恒电位仪控制电极的电位按一定速率线性变化（线性电位扫描），当电位达到扫描范围的上（下）限时，再反向扫描至下（上）限，同时测量并记录电位扫描过程中的电流响应；每扫描一周，即完成一个循环；将电流-电位数据作成 I-E 图（或 i-E 图），即得循环伏安曲线。图 6-3 为 Co_3O_4 电极在 6mol/L KOH 溶液中的循环伏安曲线。

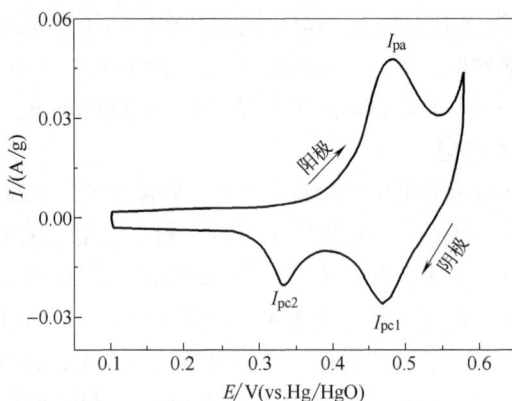

图 6-3　四氧化三钴电极的循环伏安曲线

对于可逆电极反应 $Ox + ne^- \rightleftharpoons Re$，在扩散控制的体系中，循环伏安法的峰电流可表示为

$$I_p = 0.4463 \times 10^{-3} \times nF \left(\frac{nF}{RT}\right)^{1/2} AD^{1/2}cv^{1/2}$$

上式称为 Randles-Sevcik 方程，25℃时可简化为

$$I_p = 269An^{3/2}D^{1/2}cv^{1/2}$$

式中，I_p 为氧化（或还原）峰电流，A；A 为电极面积，cm^2；D 为反应物的扩散系数，cm^2/s；c 为反应物浓度，mol/L^3；v 为电位扫描速率，V/s。

由上式可知，随扫描速率增大，峰电流增大。完全可逆电极过程的循环伏安曲线具有以下特征：①阳极峰（氧化峰）电位与阴极峰（还原峰）电位之差 $\Delta E_p = E_{pa} - E_{pc} = \frac{59}{n}$mV；②$|I_{pa}/I_{pc}| = 1$；③$I_p \propto v^{1/2}$；④$E_p$ 与 v 无关。然而，多数电极过程具有部分可逆或不可逆性，此时，对相同的电化学体系，随扫描速率增大，阳极峰电位向正向移动，而阴极峰电位向负向移动，因此 ΔE_p 增大。根据循环伏安曲线的形状和特征可判别电极反应的可逆性和动力学行为。

三、实验仪器与试剂

1. 仪器

CHI660E 电化学工作站，点焊机，电动对辊机，电子天平，鼓风干燥箱，三室电解池，Hg/HgO 参比电极等。

2. 试剂

活性炭，四氧化三钴，乙炔黑，泡沫镍，金属镍条，KOH 溶液（6mol/L），聚四氟乙烯（PTFE）乳液。

四、实验步骤

1. 四氧化三钴电极的制备

分别称取 Co_3O_4 0.05g、乙炔黑 0.0133g，混合均匀，滴加一定量的 PTFE 乳液，再次混合均匀并调制成膏糊状。将膏状混合物均匀涂刮到 1cm×1cm 的泡沫镍集流体上，经 70℃ 干燥 2h 后，辊压至厚约 0.6mm，待测试。

2. 活性炭电极的制备

分别称取活性炭 0.15g、乙炔黑 0.0281g，混合均匀，滴加一定量的 PTFE 乳液，再次混合均匀并调制成膏糊状。将膏状混合物均匀涂刮到 1cm×1cm 的泡沫镍集流体上，经 70℃ 干燥 2h 后，辊压至厚约 1mm，待测试。

3. 电化学性能测试

电化学性能测试采用三电极体系，工作电极（研究电极）为 Co_3O_4 电极，辅助电极（对电极）为活性炭（AC）电极，参比电极为 Hg/HgO 电极，电解液为 6mol/L KOH 溶液，如图 6-4 所示。循环伏安测试采用 CHI660E 电化学测试系统，装置如图 6-5 所示，在 0~0.55V(vs.Hg/HgO) 电位区间，先对 Co_3O_4 电极以 1mV/s 的扫描速率进行电化学活化，然后在 0~0.58V(vs.Hg/HgO) 电位区间，再分别以 1mV/s、3mV/s、5mV/s 的扫描速率获取完整的循环伏安曲线。

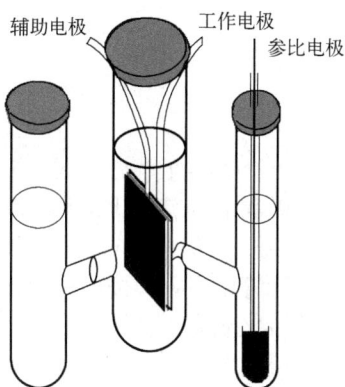

图 6-4　三电极测量体系示意图

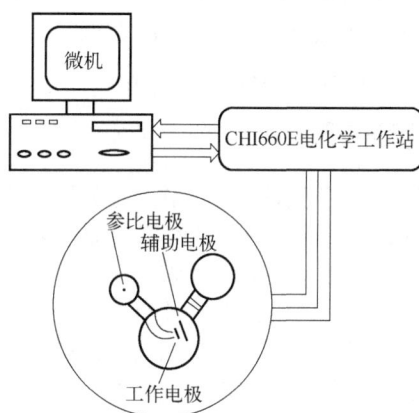

图 6-5　循环伏安测试系统示意图

五、实验数据记录与处理

1. 实验中的相关数据记录于表 6-1 中，计算电极活性物质的质量。

表 6-1　实验数据记录及处理

电极	涂覆前质量/g	涂覆后质量/g	涂覆物质质量/g	活性物质质量分数/%	活性物质质量/g
Co_3O_4					
活性炭					

2. 计算不同扫描速率下的电极响应电流密度（A/g），再利用 Origin 软件作图，将不同扫描速率条件下的循环伏安曲线叠加在一起，打印出来并进行分析比较。

从图中得出不同扫描速率下的氧化峰和还原峰电流及其对应的峰电位，观察氧化峰和还原峰随着扫描速率变化的移动情况，并进行解释。

六、思考题

1. 在四氧化三钴电极的制备过程中为何要加入少量的乙炔黑？尝试阐述乙炔黑的制备

过程和具备的特性。

2. 对于同一体系，为什么在不同扫描速率条件下其氧化、还原峰电流和电位不同？

3. 怎样由循环伏安曲线判别电极反应的可逆性？

实验七

液相色谱-质谱联用仪（LC-MS）的定性分析——维生素 B_2 片分子量和分子式的测定

一、实验目的

1. 了解液相色谱-质谱联用仪的结构和工作原理。
2. 掌握液相色谱-质谱联用仪定性、定量分析的基本方法。
3. 学习液相色谱和质谱数据解析。

二、实验原理

液相色谱-质谱联用仪（图 7-1）利用液相色谱将样品导入，样品在电喷雾离子源的高电场作用下离子化（安捷伦的喷雾针是不带电的，由半圆形电极和毛细管产生电场，其目的在于加强离子传输和去除中性溶剂）。离子经毛细管后由 skimmer、八级杆和 lens 透镜组成的光学组件聚焦，导引到飞行时间质量分析器分离。离子在飞行管中飞行，按质荷比从小到大的顺序先后到达光电倍增检测器，将离子转化成电子，电子转化成光子，放大信号并记录下强度，然后送入计算器储存。这些信号经计算机处理后可以得到质谱图和其他各种信息，这些信息是该化合物的特征函数，可以通过它们确定未知化合物的分子量和分子结构。

1. 电喷雾电离（ESI）

电喷雾电离过程实质上是电泳过程，它的基本过程主要分为电喷雾、离子的形成、离子的输送。

样品溶液通过雾化器进入喷雾室，由于雾化气体强的剪切应力及喷雾室上筛网电极与端板上的强电压（2~5kV），高压电场可以分离溶液中的正离子和负离子。例如在正离子模式下，喷雾针相对真空取样小孔保持很高的正电位，负离子被吸引到针的另一端，而在半月形的液体表面聚集着大量的正离子。液体表面的正离子之间相互排斥，并从针尖处的液体表面扩展出去，当静电力与液体的表面张力保持平衡时，液体表面锥体的半顶角为 49.3°，此锥体称为"Taylor 锥体"。

加热的干燥气体使溶剂不断蒸发，随着液滴直径的不断变小，电场强度逐渐加强。当达到表面电荷的静电力与溶液表面张力相当的临界点，即达到 Rayleigh（雷利）极限时，锥尖将产生含

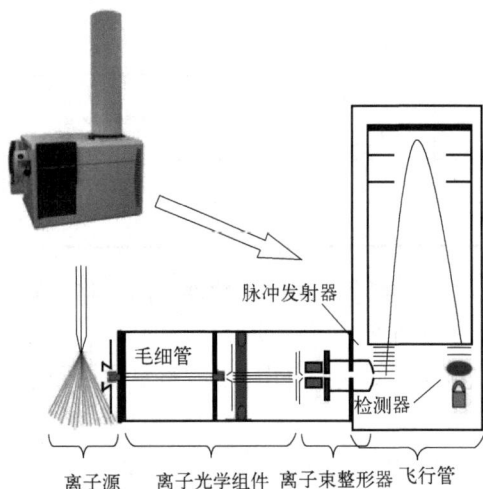

图 7-1　液相色谱-质谱联用仪示意图

脉冲发射器

毛细管

检测器

离子源　离子光学组件　离子束整形器　飞行管

有大量电荷的液滴。当液滴内电荷间排斥力增大,超过 Rayleigh 极限,液滴会发生库仑爆炸,除去液滴表面的过量电荷,生成更小的带电小液滴。

随着溶剂的继续蒸发,生成的带电小液滴进一步发生新一轮爆炸,当液滴表面的电场强度达到 $108V/cm^3$ 时,裸离子从液滴表面发射出来,即转变为气体离子。ESI 工作原理示意图如图 7-2 所示。

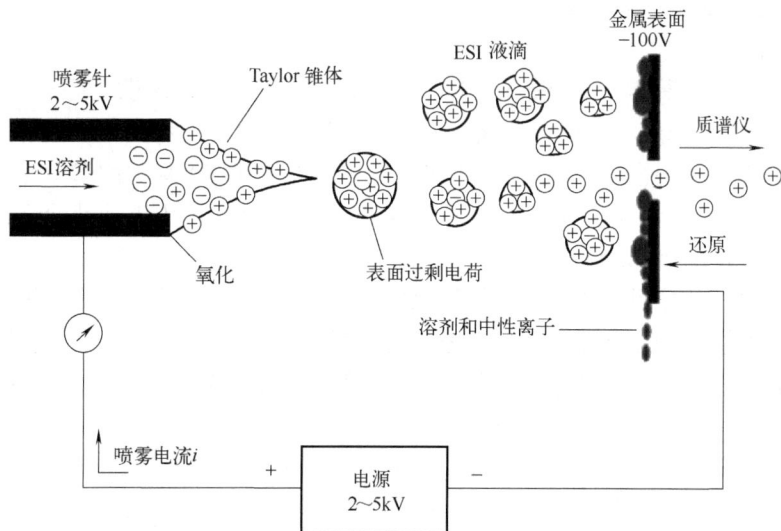

图 7-2　电喷雾电离(ESI)的工作原理示意图

2. 飞行时间质量分析器(TOF)

质量分析器是依据不同方式将离子源中生成的样品离子按质荷比 m/z 的大小分开的仪器,是质谱仪的重要组成部件,位于离子源和检测器之间。

飞行时间质量分析器(TOF)既不用电场也不用磁场,其核心是一个离子漂移管。离子源中的离子流被引入漂移管,在加速电压 V 的作用下得到动能,即施加到离子的电势能转化为动能:

$$zV = \frac{1}{2}mv^2$$

式中,m 为离子的质量;z 为离子所带的电荷数目;V 为离子加速电压,它对于所有质量的离子是相同的;v 为离子的飞行线速度。

离子质量越大,飞行就越慢。然后离子进入长度为 L 的自由空间,即漂移区。离子飞行的线速度 v 等于飞行距离 L 除以飞行时间 t,即:

$$v = \frac{L}{t}$$

式中,L 是由仪器的漂移管所决定的常数。所以,上述公式可以转化为:

$$zV = \frac{1}{2}m\left(\frac{L}{t}\right)^2$$

因而离子质荷比正比于飞行时间的平方,即:

$$\frac{m}{z} = \frac{2V}{L^2} \times t^2$$

通过公式可知，对于能量相同的离子，质荷比越大，达到检测器所需的时间越长，根据这一原则，不同质荷比的离子因其飞行速率不同而分离，依次按顺序到达检测器。漂移管的长度 L 越长，分辨率越高。飞行时间质量分析器具有大的质量分析范围和较高的质量分辨率，尤其适合蛋白质等生物大分子分析。

3. 维生素 B₂

维生素 B₂ 又称核黄素（riboflavin，RF），分子由异咯嗪及核糖醇组成，水溶液呈黄绿色荧光。其环上的 1 位和 5 位构成双共轭体系，因此易发生氧化还原反应，在机体生物氧化的过程中起到传递氢的作用。核黄素摄入不足可能导致能量代谢受阻，引起口角炎、角膜血管增生等症状，除此之外，维生素 B₂ 作为一种维生素类药品，可用于辅助治疗高血压、冠心病等慢性疾病，也可用于治疗放化疗所引起皮炎、黏膜炎等。

维生素 B₂ 的光稳定性较差，很多研究都对维生素 B₂ 的光降解特性进行了研究，测定了不同条件下维生素 B₂ 的光稳定性。一般认为，维生素 B₂ 在酸性条件下光降解为光色素（Lumichrome，LC），在中性或碱性条件下为光黄素（Lumiflavin，LF），如图 7-3 所示。

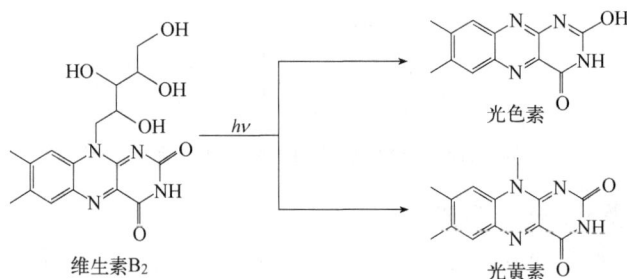

图 7-3　维生素 B₂ 的光降解示意图

三、实验仪器与试剂

1. 仪器

液相色谱-质谱联用仪（安捷伦 1260 Infinity-安捷伦 6230 TOF LC-MS，配备 ESI），电子天平，超声波清洗器，ELGA Purelab Classic UV 超纯水机等。

2. 试剂

核黄素（AR），维生素 B₂ 片，甲醇（LC-MS），甲酸（LC-MS）。

四、实验步骤

1. 样品配制

（1）维生素 B₂ 标准品的制备

样品制备时避免日光直射。准确称取维生素 B₂（即核黄素）标准样品 10mg 置于 100mL 棕色容量瓶中，采用 50%甲醇水溶液溶解定容至刻度线，混匀，即得到浓度为 100mg/L 的维生素 B₂ 储备液。准确吸取 2mL 上述储备液置于 10mL 棕色容量瓶内，用 50%甲醇水溶液溶解定容至刻度线，混匀，用 0.22μm 针式滤膜过滤，即得到浓度为 20mg/L 的维生素 B₂ 标准品，将其置于液相色谱专用样品瓶内待测。

（2）维生素 B_2 片待测品的配制

取 1 片维生素 B_2 药片置于 100mL 烧杯中，加入适量超纯水溶解，超声处理 20min，静置冷却至室温，转移至 100mL 棕色容量瓶内，用 50%甲醇水溶液溶解定容至刻度线，混匀，再准确吸取 1mL 上述溶液至 10mL 棕色容量瓶内，用 50% 甲醇水溶液溶解定容至刻度线，混匀，用 0.22μm 针式滤膜过滤，即得到维生素 B_2 待测品，将其置于液相色谱专用样品瓶内待测。

2. 检查并记录仪器状态

配制流动相，流动相 A 为 0.1%甲酸水溶液、流动相 B 为甲醇溶液，超声处理 20min，静置冷却至室温，由 0.45μm 合成纤维酯膜真空过滤，脱气，待用。打开液相高压泵脱气阀（purge 阀），使用大流速（5mL/min）依次排除 A、B 管道中的气泡，记录脱气压力。将采集软件切换至调谐界面，在负离子模式下对质量轴进行调谐校正，记录仪器当天的调谐参数，检查仪器当天状态：干燥气体温度为 300~350℃，鞘气温度为 300~350℃，高真空度≤10^{-7} Torr❶，氮气发生器压力≥80psi❷。

3. 采集方法和工作表的编辑

采集方法编辑：选用安捷伦 Poroshell 120 EC-C18 色谱柱（3.0mm×50mm，2.7-Micron），流动相采用 0.1%甲酸水溶液（A）-甲醇（B），梯度洗脱（0~1min，5% B；1~2min，50% B；2~5min，80%B；5~15min，100% B），流速为 0.5mL/min，柱温箱为 40℃，进样量为 5μL。

质谱采用 ESI 接口，负离子全扫描模式，干燥气温度为 325℃，鞘气温度为 350℃，干燥气流量为 8L/min，鞘气流量为 11L/min，雾化器压力为 40psi，毛细管电压为 4000V，采集范围为 100~1000 m/z。

新建工作列表，编辑待测样品信息，即输入样品名称、位置、方法、数据文件名及保存途径等，仪器进入待分析状态。

五、实验结果分析与讨论

（1）色谱分析

运用 Qualitative Analysis 软件，打开标准品文件，得到标准品色谱图，对谱图进行处理，确定维生素 B_2 标准品的保留时间以及降解产物光黄素和光色素的保留时间。

打开维生素 B_2 片待测品色谱图，将待测品各峰的保留时间与标准品的保留时间作对比，找出需要被定性的色谱峰。

（2）质谱分析

利用 Qualitative Analysis 软件对总离子流色谱图进行提取，得到维生素 B_2（m/z=376.138）的提取色谱图。通过质量计算规则确定该化合物的分子式。打印报告。

六、思考题

1. 简述质谱检测中不同离子源的应用范围。

---

❶ 1Torr=133.32Pa。

❷ 1psi=6894.757Pa。

2. 在质谱检测过程中，为何需要高真空度？

实验八

高分辨质谱的定性分析——有机化合物分子量和分子结构的测定

一、实验目的

1. 了解和掌握 Agilent 6230 质谱仪的工作原理和操作方法。
2. 利用质谱仪鉴定有机化合物的分子量和分子结构。

二、实验原理

实验原理详见实验七。

三、实验仪器与试剂

1. 仪器

Agilent 1260 高效液相色谱仪（G1322A 脱气机，G1312B 二元泵，G1329B 自动进样器，G1316 柱温箱，DAD 检测器），Agilent 6230 质谱仪（ESI 离子源，飞行时间质量分析器，光电倍增检测器）等。

2. 试剂

甲醇（LC-MS），乙腈（LC-MS），高纯水。

四、实验步骤

1. 样品的准备

① 配制浓度为 1mg/L 的样品，并装入样品瓶中。

② 测试条件：

干燥气体温度：300~350℃。

毛细管电压：正离子 4000V，负离子 3500V。

样品要求：有一定极性、易电离且分子量≤3200 的有机化合物。

2. 检查并记录仪器状态

① 更换流动相。

② 打开 purge 阀，排除管路中的气泡。

③ 仪器进行校正和调谐。仪器的调谐参数及状态：干燥气温度为 300~350℃；鞘气温度为 250~400℃；高真空度≤10^{-7} Torr；氮气发生器压力≥80psi。

3. 采集方法的编辑

① 设置进样方式、进样体积。

② 选择等度或梯度分离，设置合适的流动相比例和流速。

③ 设定柱温箱的温度和停止时间。

④ 设定质谱条件：采集模式、离子源的各种参数、采集的质量范围、参比离子、保存方

法等。

4. 单针样品的运行和工作列表的编辑

编辑试样信息，输入样品名称、位置、方法、数据文件名及保存途径等，仪器进入待分析状态。

5. 运行与数据采集

① 将已编号的样品瓶放置到液相的样品盘中，按单针样品或工作列表的"start"键，样品分析开始。

② 数据采集：计算机自动进行数据采集，并测定其质谱图。

五、实验数据记录与处理

1. 运用 Qualitative Analysis，打开样品文件，提取色谱图或质谱图。
2. 利用相关规则确定该化合物的分子量和分子结构。
3. 打印质谱图。

六、实验注意事项

1. 注意前级泵的油是否正常。
2. 检查氮气发生器是否正常工作。
3. 控制样品的进样量，以免污染离子源。
4. 选择合适的方法和采集模式进行数据采集。
5. 实验结束后对离子源进行清洁和维护。

七、思考题

1. 质谱图可提供哪些信息？
2. 质谱仪为什么需要在真空下工作？
3. 质谱仪由哪几部分组成？
4. 如何排除溶剂管路中的气泡？

实验九

溶出伏安法检测重金属离子镉

一、实验目的

1. 学会碳糊电极的制备方法。
2. 掌握溶出伏安法检测重金属离子镉的方法。
3. 培养动手能力及利用所学知识进行分析问题和解决问题的能力，同时增强环保意识。

二、实验原理

铅、镉、汞等重金属一旦被人体吸收就难以排出，逐渐沉积后会对人体各个系统造成严重的危害。重金属污染与其他有机化合物的污染不同。不少有机化合物可以通过自然界本身物理的、化学的或生物的净化，使有害性降低或解除。而重金属具有富集性，很难在环境中降解，往往长期积累在生物体内，在极其微量的情况下也会产生不良后果，使各种生态系统都不同程度地受到影响，因此重金属是一种很危险的污染物。重金属通过食物链沉积在人体内，在人体内能和蛋白质及各种酶发生强烈的相互作用，使它们失去活性；也可能在人体的某些器官中富集，如果超过人体所能耐受的限度，会造成急性中毒、亚急性中毒、慢性中毒等，对人体造成很大的危害。因此，对于痕量重金属离子的检测，对人类的健康和环境的保护有重要的现实意义。

检测重金属的方法有很多，目前的分析方法主要有光谱学方法、电化学分析方法和其他方法。溶出伏安法（stripping voltammetry，SV）是将电解沉积与电解溶出两个过程相结合的电化学分析方法。因此，溶出伏安法操作分为两个步骤：首先是在一定电位下将被测离子电解沉积在电极上，然后反向扫描电极电位，使已沉积的物质电解溶出。记录溶出过程中的伏安曲线，该曲线称为溶出伏安曲线。曲线中峰电流的大小在一定条件下与被测离子的浓度成正比，峰电位与被测离子的特性有关。由于溶出伏安法将预富集与电化学测量有机结合在一起，它是一种极为灵敏的电分析技术，特别适用于重金属离子的分析。

本实验旨在利用铋膜修饰碳糊电极检测重金属离子镉。

三、实验仪器与试剂

1. 仪器

电化学工作站（CHI660E，测量体系：工作电极为碳糊电极，铂片为辅助电极，饱和甘汞电极为参比电极），玻璃管（内径 4mm），烧杯（50mL），容量瓶（50mL、250mL），铜棒（直径 3mm），玛瑙研钵（内径 7cm）等。

2. 试剂

$Cd(NO_3)_2 \cdot 4H_2O$，浓盐酸，浓硝酸，醋酸，醋酸钠。以上所有试剂均为分析纯。石墨粉（光谱纯），石蜡油（分析纯），缓冲溶液（由 0.1mol/L 醋酸和醋酸钠配制）。

四、实验步骤

1. 电极外壳的制备

将约 7cm 长的玻璃管清洗干净，在管的一端塞以 5cm 的铜棒并使铜棒露出少许作为外引线，另一端留有填充碳糊的空穴。

2. 碳糊电极的制备

将石墨粉与石蜡油以一定的质量比混合均匀，充分研磨成碳糊。然后将碳糊装入步骤 1 所得的电极外壳内，压实后并将电极表面打磨成平面，然后用湿滤纸擦去多余的碳糊，再用二次蒸馏水淋洗备用。

3. 电极的电化学活化

将三电极置于 pH 为 4.5 的 HAc-NaAc 缓冲溶液中，然后在 -1.0~1.0V 之间循环扫描至得到稳定的循环伏安曲线。

4. 重金属离子镉的检测

配制一系列的镉离子缓冲溶液（pH=4.5 的 0.1mol/L HAc-NaAc 缓冲溶液），应用溶出伏安法检测重金属离子镉。搅拌条件下，富集电位为-1.2V，富积时间为 2min，电位增量为 0.008V，振幅为 0.025V。停止搅拌，静置 30s 后，仪器自动记录溶出伏安曲线。每次测定后调节工作电极在+0.5V 下溶出 60s，除去电极表面残留的镉，再用二次蒸馏水淋洗。

五、思考题

1. 使用碳糊电极有何优点？
2. 本方法检测重金属离子镉的定性依据是什么？

实验十

钛酸钡压电陶瓷的制备及铁电性能测试

一、实验目的

1. 掌握用钛酸钡粉体制备陶瓷样品的工艺流程。
2. 掌握铁电性能测试仪的原理及使用方法，并对所制备的钛酸钡陶瓷进行铁电性能测试。

二、实验原理

18 世纪 80 年代，科学家发现对 α-石英单晶在特定的方向上施力时，与力垂直的方向的平面上竟然出现了电荷，相反，对晶体施加一定的电场后，会使其产生机械振动。这种机械能和电能可以相互转换的现象分别被称为正压电效应和逆压电效应，能引起这种压电效应的材料被称为压电材料。

压电晶体是不具有对称中心的。具有压电效应的材料中，存在自发极化，且自发极化方向随电场的方向反向而反向，或重新取向，并存在"电滞回线"的晶体称为铁电体。铁电体最典型的特征就是具有铁电性，即极化强度与外加电场之间的滞后曲线，即"电滞回线"。它表明铁电体的极化强度与外加电场呈非线性关系。所有的铁电体都可以通过人工极化使其具有压电性，但是具有压电性的晶体并不一定都是铁电体。晶体的铁电性与温度有关，温度达到某一值后，由于晶体内部自发极化的消失，铁电体就转变成顺电体，该温度被称为居里温度点，它们之间的相变被称为铁电相变。

钛酸钡陶瓷是科学家较早发现的铁电体，它具有典型的压电材料 ABO_3 型钙钛矿型晶体结构，A 为+1~+3 价的金属，占据立方体八个顶点；B 为+3~+5 价金属，占据立方体体心；氧离子则位于立方体面心。钛酸钡陶瓷的晶胞结构如图 10-1 所示，物理化学性质如表 10-1 所示。钛酸钡陶瓷的制备方法简单、成本低廉，具有超高的介电常数和良好的压电、铁电等性能，已成为现代功能陶瓷中最重要的一类。目前，它被广泛地应用于多层陶瓷电容器、正温度系数热敏电阻、动态随机存储器、谐振器、超声探测器及温控传感器等各个方面，被称为电子陶瓷工业的支柱。

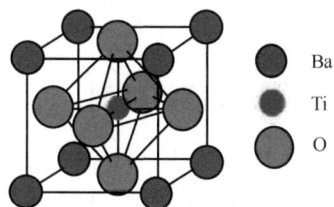

图 10-1　钛酸钡陶瓷的晶胞结构

要获得高性能的陶瓷，制备高纯钛酸钡粉体是关键。目前，钛酸钡粉体制备方法比较多，但总体上可以概括为固相法和液相法两大类，其各种方法的优缺点如表 10-2 所示。

表 10-1　钛酸钡陶瓷的物理化学性质

分子量/（g/mol）	密度/（g/cm³）	熔点/℃	居里温度/℃	溶解性
233.207	6.08	1625	120	不溶于水和碱，溶于浓硫酸、盐酸和氢氟酸

表 10-2　钛酸钡粉体的制备方法

制备方法	优点	缺点
固相反应法	工艺流程短，设备、原料简单易得，成本低廉，可大规模生产	球磨和煅烧耗能大，粉体粒径大，颗粒尺寸分布范围宽，难以生产纳米粉体，容易引入杂质，纯度低，掺杂微量组分均匀性差
共沉积法	产品纯度较高，杂质含量少，化学组分较均匀	后期处理需要高温煅烧，晶粒粗大，易团聚，难以控制粒子尺寸，烧结活性降低
sol-gel 法	粒径小，粒度分布范围较窄，纯度高，易于添加微量组分进行改性	需要高温后处理，原料价格昂贵，生产成本高
水热法	一步就能完成粉体的合成与晶化，颗粒尺寸小，晶粒发育完全，团聚轻，原料便宜，无需高温煅烧处理，过程简单	需要较高的温度和压力，对设备要求较高，设备投资大，反应时间较长
微乳液法	粉体颗粒尺寸小，团聚程度低	易含碳酸钡杂相，且产量低，产物需大量洗涤，有机溶剂用量大，成本相对较高
溶剂热法	反应条件温和，避免表面羟基缺陷，溶剂选择范围宽	需要较高的温度和压力，对设备要求较高，设备投资大，反应时间较长
水热电化学法	显著降低水热反应温度，缩短水热反应时间，效率高，对环境友好	水热条件和电流不易控制
微波水热法	微波快速加热，使反应体系快速达到结晶温度，发生均相成核，大大缩短了结晶时间，更能除去 CO_3^{2-} 基团，减少晶格缺陷和 $BaCO_3$ 杂质的含量	—

所制备的钛酸钡粉体的结构与性能通过 IR、XRD、扫描电子显微镜（SEM）、透射电子显微镜（TEM）进行表征。

而钛酸钡陶瓷通过对钛酸钡粉体进行造粒、干压成型、排胶、烧结、电极制备和测试等几个主要工艺步骤制成。

所制备的钛酸钡陶瓷片的结构与铁电性能通过 XRD、SEM、铁电性能测试仪进行表征。

三、实验仪器与试剂

1. 仪器

铁电性能测试仪（Precision LC II），电动油压压片机，磁力搅拌器（含搅拌子），不锈钢粉末压片模具，电子分析天平，真空干燥箱，马弗炉，水浴锅，研钵，坩埚，陶瓷舟，烧杯，容量瓶，量筒，药匙，称量纸，滴管，分子筛（40目），玻璃棒，两面抛光打磨棒（1000目、5000目），棉签，镊子。

2. 试剂

① 溶胶-凝胶法制备钛酸钡粉体：醋酸钡（Adamas-beta，99%+），钛酸丁酯（Adamas-beta，99%），乙酸（36%，AR），无水乙醇（AR），去离子水等。

② 钛酸钡陶瓷片制备：钛酸钡粉体（阿拉丁），聚乙烯醇[PVA，2%（质量分数），AR]，导电银胶，乙醇（AR），去离子水等。

四、实验步骤

1. 溶胶-凝胶法制备钛酸钡粉体

① 称取醋酸钡 0.02mol（5g）溶于 20mL 的 36%的乙酸中，充分搅拌使醋酸钡完全溶解。

② 称取钛酸丁酯 0.02mol（6.8g）溶解于 10mL 的无水乙醇中，摇匀。

③ 将上述两种溶液迅速混合，快速搅拌，溶液由浑浊变澄清后，减慢搅拌速度，继续搅 2h 后停止搅拌，得到透明的溶胶。

④ 加入 5mL 去离子水，在 80℃水浴中静置 20min 后形成透明的凝胶。

⑤ 将凝胶置于真空干燥箱 120℃，烘干 4h，得到干凝胶。

⑥ 将干凝胶在研钵中研磨 10min，得到白色粉末。

⑦ 将样品移至马弗炉中经 800℃焙烧 4h，得到钛酸钡粉体。

2. 钛酸钡陶瓷片制备

① 称取一定质量的纳米粉体，加入低于粉体质量 10%的 2%PVA 黏结剂溶液，充分搅拌均匀。

② 移置研钵中进行研磨，再用 40 目分子筛过筛造粒。

③ 称取 2g 造粒好的粉末，置于压片模具中，用电动油压压片机在压力 10MPa 下压制成直径约为 15mm、厚度约为 2mm 的小圆片。

④ 将制备好的小圆片放在陶瓷坩埚中，置于马弗炉中，加热速度不得超过 100℃/h，在 600℃下保温 1h 进行排胶，使 PVA 充分挥发。

⑤ 接着加热到 1250℃进行烧结，3h 后再随炉冷却到室温，即得到陶瓷样品。

⑥ 采用抛光棒对烧结好的胚体进行表面打磨，消除陶瓷两面的缺陷，如极轻微的变形、小坑和气孔等。

⑦ 将陶瓷表面用无水乙醇进行清洗，烘干后，用棉签蘸导电银胶在清理好的陶瓷的两个表面均匀涂上适当厚度的胶层。

⑧ 再将样品移置马弗炉中 550℃焙烧 10h，使银浆中的氧化银还原为金属银，并烧渗到陶瓷表面形成牢固的结合层。

3. 对陶瓷片样品进行铁电性能测试

① 将制备陶瓷片放入铁电性能测试仪的样品夹具中，并加入一些硅油，避免加电压后产生电火花。

② 开机

a. 打开主机电源。

b. 打开高压保护回路电源。

c. 打开高压放大器电源。

d. 打开电脑，双击桌面测试软件"Vision"，会主动识别主机型号及 SN，点击"OK"，此时"Drive"不要接任何样品，直接点"Yes"。

e. 在"File"里点击直接新建"datatest"，输入新"datatest"信息，拖动测试任务到"editor"，再拖动"editor"任务到左侧的"datatest"栏，进行测试程序编辑。

③ 测试

a. 电滞回线测试：设定"Drive Signal"（驱动信号类型）、"Max Voltage"（最大输入电压）、"Hysteresis period"（测试频率）、"Sample Parameters"（样品参数）。

b. 漏电流测试：设定"Drive Signal"（驱动信号类型）、"Leakage Voltage"（测试电压）、"Constant DC bias Voltage Soak time"（电压输入样品表面的稳定时间）、"Measure time"（测试周期）。

c. C/V 测定：设定"Drive Signal"（驱动信号类型）、"Max Voltage"（最大输入电压）、"Tickle Pulse Volts\Width"（在信号电压上加小脉冲信号）。

d. 数据保存：测试完毕后，直接点击"export"导出测试数据。

④ 关机

a. 关闭高压放大器电源。

b. 关闭高压保护回路电源。

c. 关闭主机电源。

五、实验数据记录与处理

1. 测量样品尺寸：直径=_____；表面积=_____。
2. 绘制曲线：陶瓷的极化-电场回滞曲线、C-V 曲线。
3. 记录数据：将实验测定的剩余极化、自发极化、矫顽电场的数值填入表 10-3 中。

表 10-3　实验数据记录表

样品	剩余极化 P_r/（$\mu C/cm^2$）	自发极化 P_s/（$\mu C/cm^2$）	矫顽电场 E_c/（V/cm）

六、思考题

1. 什么是铁电体？铁电体的主要特征是什么？如何判断一种晶体是否是铁电体？
2. 电滞回线与磁滞回线有何联系和区别？
3. 什么是居里温度？为什么钛酸钡陶瓷在 120℃以上无自发极化？设计一个实验方案来测定该温度。

实验十一

电感耦合等离子体发射光谱（ICP-OES）法同时测定中药中 Cu、Fe、Zn 的含量

一、实验目的

1. 掌握 ICP-OES 法的原理和操作技术。

2. 掌握中药的前处理方法。

3. 掌握 ICP-OES 法测定中药中 Cu、Fe 和 Zn 的含量。

二、实验原理

中药为我国特有且丰富的天然资源，其组成复杂。中药疗效与其所含无机微量元素及有机成分有密切的关系，解决以上组分的分析问题对中药检测现代化、中药进入国际市场有着重要意义。

本实验选用天然中药为分析对象，采用微波消解法对中药材样品进行高温微波消解和转移，并配制成溶液，再采用等离子体发射光谱来分析中药中微量元素的含量，从而了解复杂微量体系样品分析的全过程。

电感耦合等离子体发射光谱（ICP-OES）法是原子发射光谱分析的一种，主要根据试样物质中气态原子（或离子）被激发以后，其外层电子辐射跃迁所发射的特征辐射能（不同的光谱）来研究物质化学组成。原子由居中心的原子核和外层电子组成，外层电子围绕原子核在不同能级运动。一般情况下外层电子处于能量最低的基态，当基态外层电子受到外界能量（如电弧、电火花、高频电能等）作用时，吸收一定特征的能量跃迁到能量高的另一定态（激发态）。处于激发态的电子并不稳定，大约 10^{-8}s 将返回基态或者其他较低的能级，并将电子跃迁时吸收的能量以光的形式释放出来。这就是原子发射的产生原理。

ICP-OES 法是以等离子体发射光谱仪为手段的分析方法，由于其具有检出限低、准确度高、线性范围宽且多种元素同时测定等优点，因此，与其他分析技术如原子吸收光谱、X 射线荧光光谱等方法相比，具有较强的竞争力。在国外，ICP-OES 法已迅速发展为一种极为普遍、适用范围广的常规分析方法，并已广泛应用于各行业。它可以进行多种样品、70 多种元素的测定，目前在我国高端分析测试领域广泛应用。

三、实验仪器与试剂

1. 仪器

电感耦合等离子体发射光谱仪（美国热电 iCAP 6300 型）等。

2. 试剂

铜储备液：准确称取 0.126g $CuSO_4$（M=159.61g/mol，AR）于 50mL 容量瓶，加入 1%（体积分数）硝酸定容至 50mL，配制 1mg/mL 铜储备液。

锌储备液：准确称取 0.097g $ZnNO_3$（AR，M=127.39g/mol）于 50mL 容量瓶，加入 1%（体积分数）硝酸定容至 50mL，配制 1mg/mL 锌储备液。

铁储备液：准确称取 0.351g $Fe(NH_4)_2(SO_4)_2 \cdot 6H_2O$（AR，$M$=392.14g/mol）于 50mL 容量瓶，加入 1%（体积分数）硝酸定容至 50mL，配制 1mg/mL 铁储备液。

浓 HNO_3，超纯水，去离子水，HNO_3（1%，体积分数）等。

四、实验步骤

1.ICP-OES 仪的测定条件

工作气体为氩气（99.999%）；冷却气流量为 14L/min；载气流量为 1.0L/min；辅助气流量为 0.5L/min；雾化器压力为 0.2MPa；开机的功率为 1150W；蠕动泵的泵速为 50r/min；观

测方式为垂直观测；观测高度为 15mm。

分析波长：Cu，221.8nm；Fe，238.2nm；Zn，213.8nm。

2. 标准溶液的配制

Cu、Fe、Zn 的混合标准溶液：用移液器分别移取 1mL 浓 HNO$_3$（GR）至 5 个 100mL 干净的容量瓶中，向瓶中加入约 1/3 体积的超纯水，再用移液器依次移取 1mg/mL 铜、铁、锌储备液 0μL、10μL、20μL、100μL、1000μL 至上述 5 个容量瓶中，加超纯水至刻度线，摇匀，配制成浓度为 0mg/L、0.10 mg/L、0.20 mg/L、1.00 mg/L、10.00mg/L 的标准系列溶液。

3. 试样制备

中药试样用去离子水洗净，60℃烘干，粉碎，备用。

称取约 0.10000 g 试样于清洗好的聚四氟乙烯杯中，加入 6mL 浓硝酸，在一定温度下加热至无黄烟冒出，补加 2mL 浓硝酸，放入微波消解仪中进行消解。消解条件如表 11-1 所示。

表 11-1　消解条件

步骤	溶解温度/℃	消解时间/min	消解功率/W
1	130	10	600
2	150	5	600
3	180	10	600

消解完全后，将消解罐取出，冷却，消解液（清澈透明）转移至 50mL 容量瓶中，用超纯水定容，摇匀，备用。

4. ICP-OES 仪的操作

（1）开机

① 仪器开机：确定室内温度为 18~25℃、湿度<70%，开机并打开软件，打开氩气钢瓶驱气，等待光室恒温至 38℃，仪器处于准备状态。

② 点火：点着火后等待等离子体稳定 15~30min。

（2）准备

① 单击"分析"进入分析模块，单击"方法"→"新建或选择分析方法"，确定要分析的元素，选择适当的谱线（谱线选择的原则是与待测元素的含量范围相适应并避免共存基体或元素的干扰）。

分析波长：Cu，221.8nm；Fe，238.2nm；Zn，213.8nm。

自动输出→默认设置；报告参数→默认设置；检查→默认设置；自动进样顺序→忽略；内标→忽略。

② 点击"标准"，可添加和删除标准，输入所选标准中各元素的含量。

③ 单击"方法"→"保存"，以新的文件名保存方法或修改原有的方法。

分析之前需要确保每一种待测元素的特征谱线的位置在正中央，否则需要用该元素的单标校准。

（3）分析

① 点击标准化图标，打开标准化对话框，依次运行标准溶液，运行结束后点击完成。运行过程中，观察混合标准溶液中每条谱线的峰形，并选择合适的背景扣除位置；运行完成后，确认每一个混合标准溶液 3 次测量值的相对标准偏差<1%。

② 通过"方法"→"元素"→"拟合"，查看谱线的线性关系和相关系数，以确定该谱线是否可用。要求每个元素的标准曲线的线性相关系数>0.999。

③ 如果没有问题，即可点击未知样品图标，分析待测样品。样品溶液 3 次测量值的相对标准偏差<2%，则认为测试样品的结果可靠。

检出限：重复 10 次测定空白溶液，计算相对于 Cu、Fe 和 Zn 的检出限。

精密度：选择较低浓度的 Cu、Fe 和 Zn 溶液，重复测定 10 次，计算 ICP-OES 法测定 Cu、Fe 和 Zn 的精密度。

（4）关机

① 分析完毕后，用蒸馏水冲洗进样系统 5~10min，熄火。

② 进入等离子体控制窗口，点击关闭等离子体。等待大约 5min 让等离子体火炬及射频（RF）关闭，然后再关闭循环水和排风，此时电荷注入器件（CID）温度上升。

③ 取出进样管，松开泵夹。

④ 待 CID 温度升至 15℃ 以上时，再保持通氩气 5min。

⑤ 退出 TEVA 程序，关闭仪器的主机，最后关电脑主机与显示器。

五、思考题

1. 电感耦合等离子体发射光谱法的优点是什么？

2. 中药前处理的方法有哪些？

3. Cu作为重金属元素，在中药中的含量是否超标？

实验十二

离子色谱法同时测定市售液态乳中的多种阴离子的含量

一、实验目的

1. 了解离子色谱仪的结构及测试原理。

2. 掌握液态乳样品的前处理以及固相萃取净化技术。

3. 学习标准溶液的配制以及外标曲线法的定量分析。

4. 学习离子色谱图谱分析以及相关阴离子含量计算。

二、实验原理

随着社会经济的发展和人民生活水平的提高，我国消费者对乳制品的市场需求不断扩大，其中液态乳因具有容易消化吸收、物美价廉、食用方便等优点而较受欢迎。液态乳中富含多种无机和有机成分，如脂肪、蛋白质和糖类物质等，还存在多种微量营养素，另外在生产工艺流程和存储中还可能引入一些有害物质，如亚硝酸根、硝酸根、磷酸根和硫酸根等。硝酸根是植物的天然成分之一，参与生物体内的合成代谢，广泛存在于自然环境和生物体中，并且在细菌的硝基还原酶作用下可转变为亚硝酸根。一般认为，摄入过量的亚硝酸盐会导致高铁血红蛋白血症，并且亚硝酸盐会在体内转变成具有致癌性的亚硝胺。根据 GB 2762—2022《食品安全国家标准　食品中污染物限量》规定，乳及乳制品中，生乳的亚硝酸盐（以亚硝酸钠计）含量不得大于 0.4mg/kg。磷酸盐作为乳化剂和稳定剂常被用于牛奶、奶粉和奶酪等乳制品中，是机体中极为重要的离子之一，能够调节维生素 D 的代谢以及维持内环境的稳定，但磷酸盐含量过高会引起心血管疾病和钙流失。另外一些液态乳制品生产厂家为了节约成本，谋取不法利益，会向液态乳制品中掺水，同时为了掩盖掺水后乳制品密度下降的违法行为，会继续添加大量硫酸盐，以增加液态乳制品的密度而不引起凝结，从而危害消费者的身体健康。因此为了保证食品安全，有必要对液态乳样品中的亚硝酸盐、硝酸盐、磷酸盐和硫酸盐进行安全监控。离子色谱法一直是液态乳中相关阴离子检测的研究热点，其前处理相对简单，分析快速，无有害物质生成，分离度高，重现性好，并可同时进行多组分测试，实现对多种无机盐的分离和定量分析。

1. 离子色谱法

离子色谱（ion chromatography，简称 IC）是高效液相色谱（HPLC）的一种，是分析阴离子、阳离子和小分子极性有机化合物的一种液相色谱方法。

（1）离子色谱基本原理

离子色谱的分离机理主要基于离子交换，根据离子型化合物与固定相表面的功能基团之间作用力方式的不同，可以分为三种分离方式，分别是高效离子交换色谱（简称 HPIC）、离子排斥色谱（简称 HPIEC）和离子对色谱（简称 MPIC）。迄今为止，最为广泛使用的就是离子交换色谱（HPIC），其固定相包括大孔型、薄膜型或多孔表层型结构的离子交换树脂或化学键合离子交换剂，基于淋洗液（包括样品）中解离出与固定相离子交换基团上相同的电荷，从而进行可逆的离子交换，利用被分离组分离子交换能力的差异或选择性系数的差别而实现分离。

在离子交换过程中，淋洗液不断地在固定相离子交换位置提供与平衡离子电荷相同的离子，两者以库仑力相结合达到电荷平衡。进样以后，样品离子与淋洗液中的离子之间存在电荷竞争关系，当固定相上的离子交换功能基与样品离子结合时，由于库仑力的作用，样品离子被暂时保留在色谱柱中。同时，淋洗液离子又将被保留的样品离子置换，因此，样品离子被淋洗液从固定相上洗脱进入检测器进行检测。由于样品中不同的离子与固定相电荷之间的库仑作用力大小不一样，被保留的程度也不一样，因此从固定相上洗脱的顺序也不一样，从而达到分离不同物质的目的。

（2）离子色谱系统

离子色谱严格意义上讲是一种特殊的液相色谱，其结构与高效液相色谱基本相似。如图 12-1 所示，离子色谱仪的系统结构一般包括高压输液系统、进样系统、分离系统、化学抑

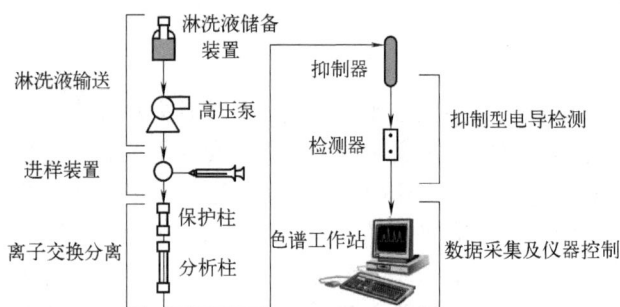

图 12-1 离子色谱系统结构图

制系统、检测系统以及数据处理系统等几部分。淋洗液通过高压泵在压力作用下以稳定的流速将样品输送到分离系统，随淋洗液进入色谱柱，在色谱柱中因各组分的保留特性不同而被分离，并且依次随淋洗液到达检测器进行检测分析。对于抑制型离子色谱则在电导检测器之前增添一个抑制系统即抑制器，来降低淋洗液的背景电导，改善信噪比，增加电导检测的灵敏度。数据处理系统将传输来的检测信号进行处理、记录和保存。

2. 液态乳样品的前处理

在常规离子的检测中，离子色谱可作为最有力的分析工具，灵敏度高和检出限低。但液态乳样品中并非只含有待测成分，同时也存在干扰离子、颗粒物等杂质，若直接进样，不仅损伤仪器及其部件，还会影响检测结果，导致目标组分保留时间差、色谱峰畸形、灵敏度低和基线噪声高等。为了解决这个问题，有必要对液态乳样品进行前处理，去除样品中产生干扰的物质，确保离子色谱进样分析的准确性。

（1）沉淀法

液态乳样品中含有丰富的蛋白质、脂肪、碳水化合物等大分子物质，为了能够充分提取试样中的亚硝酸盐、硝酸盐、硫酸盐和磷酸盐，常采用有机溶剂对这些大分子物质进行沉淀。如用有机溶剂沉淀蛋白质时，主要是通过降低水溶液的介电常数，减小溶剂的极性，削弱了溶剂分子与蛋白质分子间的相互作用力，增加蛋白质分子间的相互作用，使带电溶质分子更易互相吸引而凝集，从而导致蛋白质沉淀。因此，溶剂的极性越大，介电常数越大，沉淀效果越差。此外，有机溶剂与水互溶，在溶解于水的同时从蛋白质分子周围的水化层中夺走水分子，破坏了蛋白质分子的水膜，因而发生沉淀。

（2）膜过滤法

膜过滤法利用了样品中各组分对膜的渗透率不同对这些组分进行分离，是处理液态乳样品最常用的方法之一。液态乳中通常含有未知固体颗粒物，直接进样可能会对色谱柱造成一定的伤害。在进样分析前可选择合适孔径的滤膜或滤头（0.45μm 和 0.22μm）进行过滤，让待测离子通过，可大大提高工作效率，延长色谱柱的使用寿命。

（3）固相萃取法

固相萃取法基于液-固相色谱理论，采用选择性吸附、选择性洗脱的方式对样品进行富集、分离、净化，是一种包括液相和固相的物理萃取过程，主要分为两种模式，一种是目标化合物吸附模式，固相萃取（solid phase extraction，SPE）柱主要用于吸附目标化合物；另一种是杂质吸附模式，即 SPE 柱主要用于吸附样品中杂质。对于基质复杂的液态乳样品，可用固相萃取法进行预处理，使用反相柱（RP 小柱）去除样品中的有机物，防止对色谱柱造成影响。固相萃取的过程包括平衡、保留、清洗、洗脱和再生。常用的极性溶剂包括甲醇、水、乙酸、乙腈、丙酮、胺类、高离子强度缓冲液等。

三、实验仪器与试剂

1. 仪器

离子色谱（瑞士万通 ECO IC），电子分析天平（梅特勒 ME104），纯水机（默克密理博 Simplicity UV），超声波分散仪（昆山舒美 KQ-500E），移液器（艾本德，100~1000μL），台式电动离心机（杰瑞尔，Feb-80），固相萃取柱（上海安谱，IC-Guard RP 小柱），一次性无菌注射器（10mL），尼龙针头过滤器（泰坦，0.22μm），带盖离心管（10mL），容量瓶（100mL），测试专用样品管（瑞士万通）等。

2. 试剂

液态乳样品（市售），碳酸钠（优级纯），碳酸氢钠（优级纯），磷酸（质量分数为85%，分析纯）、乙腈（分析纯），甲醇（色谱纯），亚硝酸盐、硝酸盐、磷酸盐、硫酸盐标准储备液 [1000mg/L，分别以 NO_2^-、NO_3^-、SO_4^{2-} 和 PO_4^{3-} 计，购买于阿拉丁试剂（上海）有限公司]。实验所用超纯水经 Milli-Q Ⅱ 水处理系统处理而得（18.2MΩ/cm）。

四、实验步骤

1. 标准溶液的配制

配制亚硝酸盐和硝酸盐标准中间液：准确移取 1.0mL 亚硝酸根（NO_2^-）和 10mL 硝酸根（NO_3^-）标准储备液于 100mL 容量瓶中，用超纯水稀释定容至刻度，此溶液每升含亚硝酸根 10mg、含硝酸根 100mg。

配制亚硝酸盐、硝酸盐、硫酸盐和磷酸盐混合标准溶液：分别移取亚硝酸盐（NO_2^-）和硝酸盐（NO_3^-）标准中间液和硫酸盐（SO_4^{2-}）标准储备液 0.2mL、0.5mL、1.0mL、1.5mL、2.0mL，移取磷酸盐（PO_4^{3-}）标准储备液 0.5mL、1.0mL、1.5mL、2.0mL、5.0mL 至 100mL 容量瓶中，加入超纯水定容至刻度，制成系列混合标准使用液，亚硝酸根浓度分别为 0.02mg/L、0.05mg/L、0.10mg/L、0.15mg/L、0.2mg/L，硝酸根浓度分别为 0.2mg/L、0.5mg/L、1.0mg/L、1.5mg/L、2.0mg/L，硫酸根浓度分别为 2mg/L、5mg/L、10mg/L、15mg/L、20mg/L，磷酸根浓度分别为 5mg/L、10mg/L、15mg/L、20mg/L、50mg/L。

2. 液态乳样品的前处理

在 10mL 离心管中准确称取液态乳样品 3.50g，加入乙腈至刻度线。将离心管旋紧管盖后，摇晃振荡观察沉淀现象，再将其转移至离心机中，于 4000r/min 的速度下离心 10min。取出离心管静置片刻后，旋开管盖，取管中上清液 1mL 转移至新的 10mL 离心管中，加入超纯水定容至刻度线，振荡混匀待用。

3. 固相萃取净化

① 确保 RP 小柱在使用前是干燥的，如果是新开封的或者长时间未使用的，需要先进行活化。

② 活化时使用一次性无菌注射器将 10mL 的甲醇以每秒 2 滴的速度缓缓通过 RP 小柱，并用废液杯及时接取通过柱子的废液。推完 9mL 甲醇后，将注射器和 RP 小柱保持推射静止状，静置 10min，以去除柱内可能存在的杂质并活化固定相，充分活化萃取柱，最后以相同速度推完最后 1mL。

③ 继续使用一次性注射器将 10 mL 超纯水以每秒 2 滴的速度缓缓通过 RP 小柱，以进一步清洗和平衡柱内环境，并重复此操作 1 遍，即共计以 20 mL 超纯水对 RP 小柱进行清洗和平衡。

④ 在 RP 小柱充分活化并平衡后，给 RP 小柱前置尼龙针头过滤器，再使用一次性注射器吸取 10mL 样品溶液，将样品通过 RP 小柱进行净化处理。具体操作：从尼龙针头过滤器缓慢推入 3mL（3 倍小柱体积）样品溶液，润洗萃取柱，并用废液杯及时接取润洗过柱子的废液，此后继续向柱中推入剩余的 7mL 样品，并用测试样品管接取净化后的样品待测液。

4. 离子色谱测试

① 安装色谱柱。将阴离子色谱柱（Metrosep A Supp 19-150/4.0）连接好管路后固定在柱温箱中，设置柱温箱温度为 30℃。

② 配制抑制器再生液（0.3mol/L H_3PO_4 溶液）。量取 20 mL 磷酸溶液，移入 1L 再生液专用瓶中，用超纯水定容至刻度线。

③ 配制淋洗液。依次称量 1.6960g Na_2CO_3 和 0.0504g $NaHCO_3$，转移至 2L 阴离子专用淋洗瓶中，加入真空过滤后的 2L 超纯水，将淋洗瓶移至超声波分散仪中超声 10min，即得到 8mmol/L Na_2CO_3+0.3mmol/L $NaHCO_3$ 阴离子淋洗液。

④ 测试准备。将装有淋洗液的淋洗液瓶置于主机顶部，放入淋洗管路和过滤头，拧紧旋塞，并给淋洗液排气泡：把排气阀向左拧半圈，在"Manual"（手动操作）界面，选择主机型号"Eco IC1"，进入 pump（泵）的流速设置框，输入 2mL/min，点击开始，等待 3~5min 即可，随后把排气阀向右拧紧。

⑤ 在"Method"（方法）界面进行方法设置。在"Templates"（模板）中选择具体"Cations/Anions"（阳离子/阴离子）测试类型，并选择对应色谱柱。通过编辑-添加-设备，选择硬件组成（主机、进样器、阳离子/阴离子），完成硬件（检测器，通道，进样阀及泵）的设置以及数据采集时长（单位：min）的输入；在"Evaluation-Components"（评估-积分）窗口点击左侧的"Component"（组分），如图 12-2 所示，可在"Component table"（组分表格）中选择需要测量的阴离子序列，若想增加新组分，选择编辑中的"新建"按钮，若想删除组分，选择编辑中的"删除"按钮。

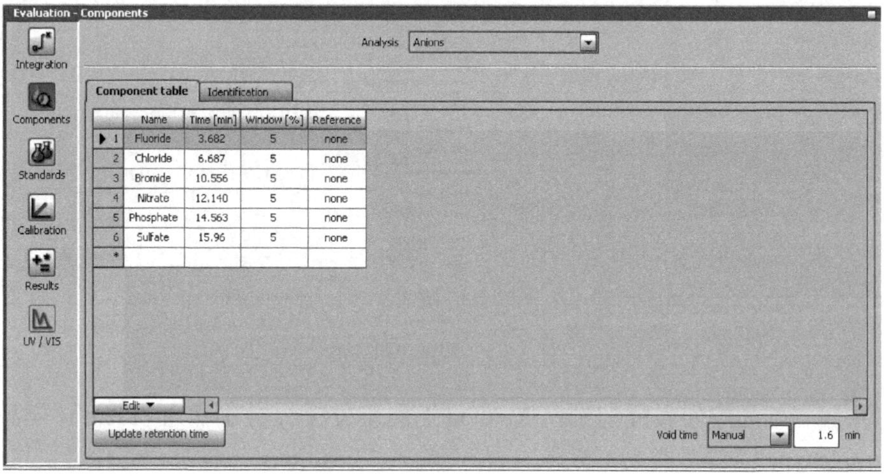

图 12-2 标准样品组分表格

在"Time program"（时间程序）完成如图 12-3 所示的阴离子时间程序离子色谱测试方法设置，所有参数编辑完成后，通过"文件-另存为"，输入方法名称，并单击"保存"。

⑥ 测试运行。在"Workplace"（工作平台）界面的运行框中，先选择"Equilibration"（基线平衡）程序，在下拉单中选择步骤⑤中编辑好的测试方法名称，并点击"Start HW"按钮，启动基线平衡，一般需要持续 20~40min。随后将准备好的标样和样品放在自动进样器样品架上。如图 12-4 所示，在"Determination Series"（测量序列）程序中，双击空白行，在

图 12-3　阴离子时间程序离子色谱测试方法设置

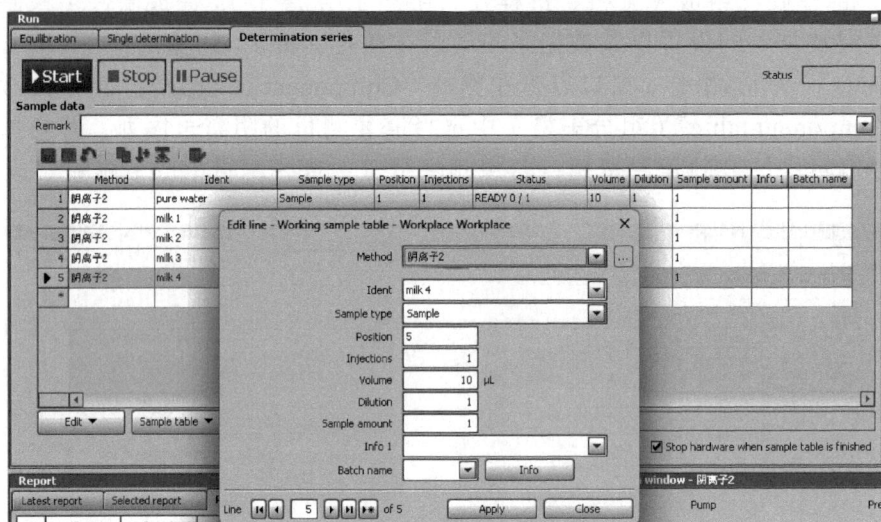

图 12-4　测量序列设置

弹出窗口中编辑样品序列表行，选择"Method"（测量方法），分别输入"Ident"（样品名称），选择"Sample type"（样品类型：标样/样品），输入"Positions"（样品位置序号：与自动进样盘上样品管放置位置保持一致）、"Volumn"（定量环体积：默认为 10μL）、"Dilution"（稀释倍数：默认为 1）、"Sample amount"（样品数量：根据平行样数量具体设置）等信息，待阴离子平衡稳定后，点击开始，则系统将自动按照样品序列测量，并记录测量结果。

⑦ 图谱分析及数据收集，并计算样品中相关阴离子的含量（mg/kg）。

五、实验数据记录与处理

1. 标准溶液的离子色谱测试

为了对样品中的 4 个阴离子进行定量测定，因此配制了 5 组不同浓度的 4 种阴离子混合标准样品，随后利用离子色谱法对此 5 组混合标样进行了分离与分析鉴定，每组混合标样中的 4 种阴离子的保留时间、峰面积可以用仪器软件以 Excel 表格形式导出。

2. 外标曲线法的绘制

基于以上测得的数据，分别以 4 种阴离子的峰面积为纵坐标，以标准溶液浓度为横坐标，利用 Excel 软件绘制标准曲线，最终获得 5 组标准混合样品中各离子的平均保留时间、线性方程和相关系数，并填入表 12-1 中。

表 12-1　四种阴离子的保留时间、线性方程、线性范围及相关系数

阴离子种类	平均保留时间/min	线性方程	相关系数 R^2
NO_2^-			
NO_3^-			
SO_4^{2-}			
PO_4^{3-}			

3. 样品的离子色谱图分析及数据记录

基于上述 5 组混合标样中 4 种阴离子的测定结果，进而对待测液态乳样品进行测定及结果分析，并将样品中 NO_2^-、NO_3^-、SO_4^{2-}、PO_4^{3-} 的离子色谱出峰位置及峰面积记录在表格 12-2。

表 12-2　不同液态乳样品稀释后的 4 种阴离子的离子色谱出峰位置及峰面积

样品名	离子色谱相关数据	NO_2^-	NO_3^-	SO_4^{2-}	PO_4^{3-}
样品 1	保留时间/min				
	峰面积/[（μS/cm）×min]				
	离子浓度/(mg/L)				
样品 2	保留时间/min				
	峰面积/[（μS/cm）×min]				
	离子浓度/(mg/L)				
样品 3	保留时间/min				
	峰面积/[（μS/cm）×min]				
	离子浓度/(mg/L)				
样品 4	保留时间/min				
	峰面积/[（μS/cm）×min]				
	离子浓度/(mg/L)				

4. 样品中相关阴离子的含量计算

根据液态乳样品前处理时的稀释倍数，按式（12-1）进行样品中 NO_2^-、NO_3^-、SO_4^{2-} 和 PO_4^{3-} 的含量计算，单位以 mg/kg 计。

$$X = \frac{c \times V \times f \times 1000}{m \times 1000} \quad （12-1）$$

式中，X 为试样中 NO_2^-、NO_3^-、SO_4^{2-}、PO_4^{3-} 的含量，mg/kg；c 为测定用试样溶液中 NO_2^-、NO_3^-、SO_4^{2-}、PO_4^{3-} 的浓度，mg/L；V 为试样溶液体积，mL；f 为试样溶液稀释倍

数；1000 为换算系数；m 为试样取样量，g。结果保留 2 位有效数字。

六、思考题

1. 为什么选取一定浓度的碳酸钠和碳酸氢钠混合物作为阴离子检测的淋洗液？
2. 为什么选择乙腈作为液态乳样品的沉淀剂？
3. 在固相萃取柱的活化操作中，推入甲醇的速度为什么要慢？
4. 在样品通过固相萃取柱时，为什么需要弃去一定体积的过柱样品液？操作时有什么注意事项？

实验十三

三种固体酸溶液的自动电位滴定

一、实验目的

1. 掌握自动电位滴定的工作原理。
2. 学习标准溶液的配制和标定。
3. 学习复合玻璃电极的校正和自动电位滴定仪的操作使用。

二、实验原理

1. 酸碱滴定的原理

酸碱滴定以质子传递化学反应为基础，将某种已知浓度的试剂滴加到含有样品的反应容器内，在滴加过程中，样品和试剂的浓度不断变化，当在某一处产生剧烈变化时，即到达化学计量点（SP），亦称等当点（EP）。根据滴加的试剂的量和化学计量关系，可以计算出未知样品的浓度。例如氢氧化钠测定盐酸或醋酸的浓度等。未知样品浓度即为：

$$c_x = \frac{c_0 V_0}{V_x}$$

2. 电位滴定的原理

电位分析是通过在零电流条件下测定两电极间的电位差（电池电动势），设法求出待测物质含量的分析方法，可分为直接电位法和电位滴定法。

$$\Delta E = E_+ - E_- + E_{液体接界电位}$$

（1）直接电位法

直接电位法的理论基础是能斯特方程，即电极电位（电动势）与溶液中待测离子间的定量关系。

对于氧化还原体系：

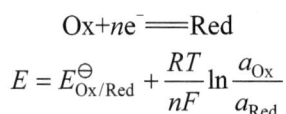

$$\mathrm{Ox} + ne^- \Longrightarrow \mathrm{Red}$$

$$E = E_{\mathrm{Ox/Red}}^{\ominus} + \frac{RT}{nF} \ln \frac{a_{\mathrm{Ox}}}{a_{\mathrm{Red}}}$$

对于金属电极（还原态为金属，活度定为 1）：

$$E = E_{M^{n+}/M}^{\ominus} + \frac{RT}{nF} \ln a_{M^{n+}}$$

实验装置主要由参比电极、指示电极、电位差计组成,在实际测定时,参比电极的电极电位保持不变,电池电动势随指示电极的电极电位而变,而指示电极的电极电位随溶液中待测离子的活度而变。

（2）电位滴定法

电位滴定法是用电位测量装置指示滴定分析过程中被测组分的浓度变化,通过记录或绘制滴定曲线来确定滴定终点的分析方法。和直接电位法相比,电位滴定法不需要准确测量电极电位值,因此,温度、液体接界电位的影响并不重要,其准确度优于直接电位法。

在电位滴定实验中每滴加一次滴定剂,溶液体系在达到平衡后会自动测量电极电动势。随着滴定剂的加入,由于发生化学反应,被测离子浓度不断变化,指示电极的电位也相应地变化,并且在等当点附近会发生电位的突跃。因此,测量工作电极电动势的变化,即可确定滴定终点。实验的关键是要确定到达滴定反应的化学计量点时,所消耗的滴定剂的体积。在滴定过程中可以通过调节滴定速度寻找化学计量点所在的大致范围,到突跃范围内时每次滴加体积控制在 0.1mL 左右。记录每次滴定时的滴定剂用量（V）和相应的电极电动势数值（E）,作图即可得到滴定曲线。

通常采用三种方法来确定电位滴定终点,如图 13-1 所示。

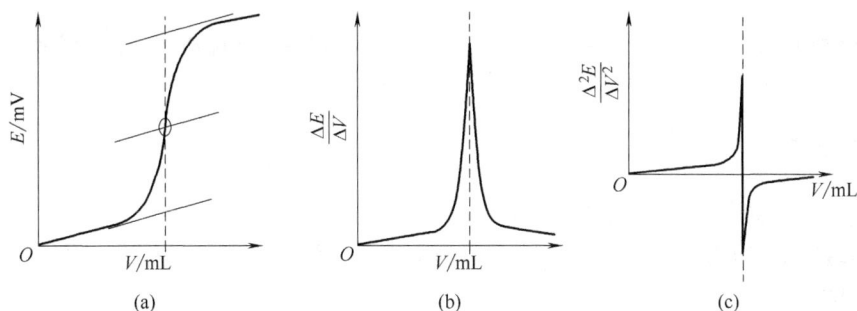

图 13-1　确定电位滴定终点的方法

① E-V 曲线法。如图 13-1（a）所示,纵坐标为工作电极电动势,横坐标为滴定剂体积,图示简洁明了,但滴定终点需要人为确定,准确性稍差。

② $\Delta E/\Delta V$-V 曲线法。如图 13-1（b）所示,其纵坐标为电极电动势对滴定体积的一阶微商,由电极电动势量与滴定剂体积增量之比计算,因此曲线上存在着极值点,该点对应 E-V 曲线中的拐点,可以直接得到滴定终点。

③ $\Delta^2 E/\Delta V^2$-V 曲线法。如图 13-1（c）所示,其纵坐标为二阶微商 $\Delta^2 E/\Delta V^2$,图中 $\Delta^2 E/\Delta V^2$ 等于零的点即滴定终点。计算公式为:

$$\frac{\Delta^2 E}{\Delta V^2} = \frac{\left(\dfrac{\Delta E}{\Delta V}\right)_2 - \left(\dfrac{\Delta E}{\Delta V}\right)_1}{\Delta V}$$

（3）pH 复合玻璃电极

玻璃电极使用前,必须在水溶液中浸泡,生成三层结构,即中间的干玻璃层和两边的水化硅胶层,如图 13-2 所示。

水化硅胶层厚度在 0.01~10μm 之间。在水化层，玻璃上的 Na^+ 与溶液中的 H^+ 发生离子交换而产生相界电位，水化层表面可视作阳离子交换剂。溶液中的 H^+ 经水化层扩散至干玻璃层，干玻璃层的阳离子向外扩散以补偿溶出的离子，离子的相对移动产生扩散电位。相界电位与扩散电位之和构成膜电位。

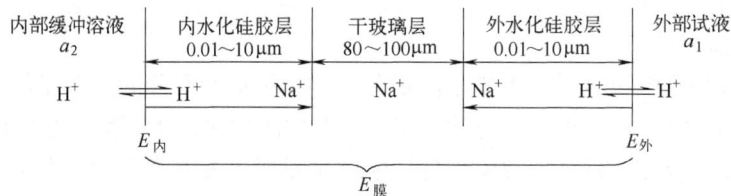

图 13-2　玻璃电极的三层结构

三、实验仪器与试剂

1. 仪器

自动电位滴定仪（Metrohm 809），电子分析天平，移液器（5mL、10mL），滴定杯（250mL），容量瓶（100mL、250mL），烧杯（100mL、250mL），药匙，称量纸（75mm×75mm），洗瓶，玻璃棒等。

2. 试剂

氢氧化钠（AR），邻苯二甲酸氢钾（AR），草酸（AR），酒石酸（AR），柠檬酸（AR），蒸馏水。

四、实验步骤

1. 滴定剂 NaOH 标准溶液的配制

滴定剂是标准溶液，即含确定量反应剂的溶液。一般碱用邻苯二甲酸氢钾标定，酸用三羟基氨基甲烷标定。

（1）0.1mol/L NaOH 溶液的配制

称取约 1.1g NaOH 置于烧杯中，加入少量蒸馏水，稍微搅拌一下以便溶解表面的 Na_2CO_3，倒掉这少量的溶液。剩余的 NaOH 用无 CO_2 蒸馏水溶解后，转移到 250mL 容量瓶中，定容，混匀。蒸馏水使用前需要通氮气去除蒸馏水中的二氧化碳。

（2）0.1mol/L NaOH 溶液的标定

将邻苯二甲酸氢钾放入 105℃ 的烘箱中过夜，然后置于干燥器中冷却至少 1h。准确称取约 200mg 邻苯二甲酸氢钾（精确到 0.1mg）到滴定杯中，加入约 50mL 无 CO_2 蒸馏水溶解，立即用配好的 NaOH 溶液滴定到出现第一个终点。注意：滴定必须在恒温下进行，一般测定 3 次，取平均值。

2. 待测溶液的配制

① 称取约 1.3g 草酸固体，溶于 50mL 的烧杯中，充分溶解后于 100mL 容量瓶中定容备用；用移液管准确量取 5mL 草酸待测溶液于 50mL 烧杯中，滴加蒸馏水稀释至 20mL。

② 称取约 0.4g 酒石酸固体，溶于 50mL 的烧杯中，充分溶解后于 100mL 容量瓶中定容备用；用移液管准确量取 10mL 酒石酸待测溶液于 50mL 烧杯中，滴加蒸馏水稀释至 20mL。

③ 称取约 0.5g 柠檬酸固体，溶于 50mL 的烧杯中，充分溶解后于 100mL 容量瓶中

定容备用；用移液管准确量取 10mL 柠檬酸待测溶液于 50mL 烧杯中，滴加蒸馏水稀释至 20mL。

④ 用蒸馏水清洗电极和滴定管，用吸水纸轻轻吸掉水滴。把电极、滴定管和搅拌器插入待测溶液中，待滴定。注：不要用力碰撞电极，尤其是电极下方的玻璃球。

3. 仪器测试

（1）开启自动电位滴定仪

接通电源，连接好主机和计算机，双击桌面上的"tiamo"图标，自动电位滴定仪会自动与电脑连接，仪器操作界面如图 13-3 所示，主要由左侧的"Workplace"（工作平台）、"Database"（数据库）、"Method"（方法）、"Confinguration"（配置）以及左下侧的"Manual"（手动操作按钮）五部分组成。

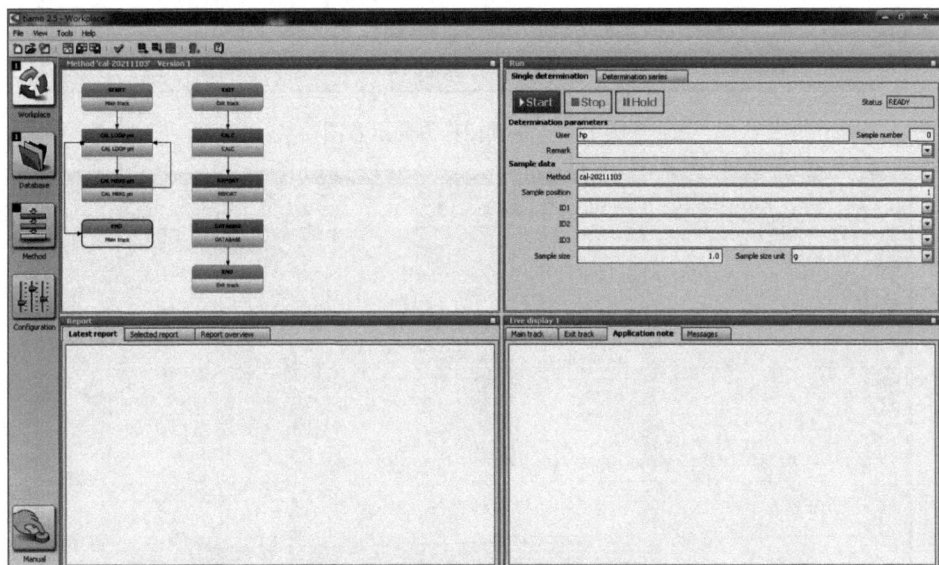

图 13-3　自动电位滴定仪 tiamo2.5 软件主界面

（2）配置界面

点击"Confinguration"，进入配置界面，观察仪器设备的通信和运行状态是否正常。当表示主机信息及状态的"Status"栏显示为"Ok"时，表明主机与电脑通信正常，仪器可以正常工作。

（3）手动操作平台

点击窗口左下侧的"Manual"，进入如图 13-4 所示的手动操作平台，可进行滴定管的手动加液、排空、搅拌等操作。

点击下拉菜单中的"Dosing devices"，进入加液单元控制界面，选择"Prepare"或"Empty"，点击"Start"即可使用高纯水或滴定剂将滴定管路及加液单元进行清洗、润洗和填充。

（4）方法编辑

在"Method"模块，可以根据需要通过新建方法来达到对指示电极的校正、滴定模式（DET、MET、MEAS）的方法编辑（图 13-5）。

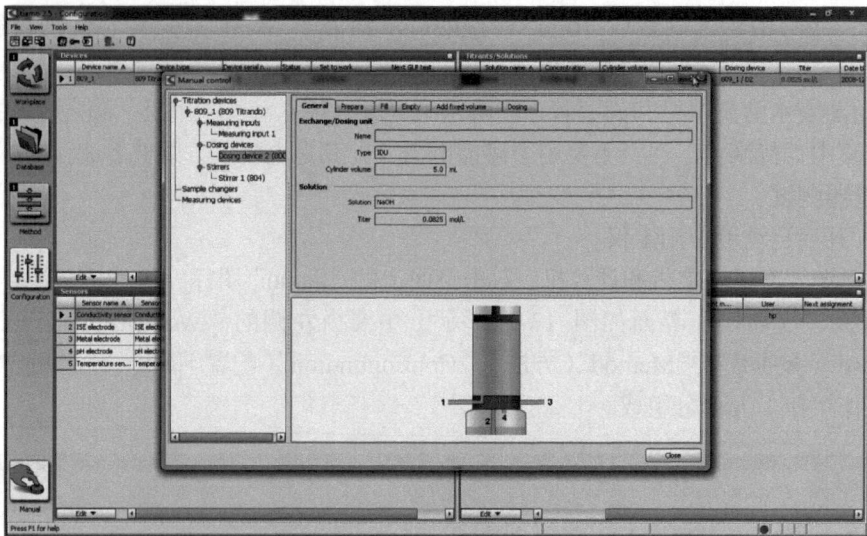

图 13-4　手动操作界面示意图

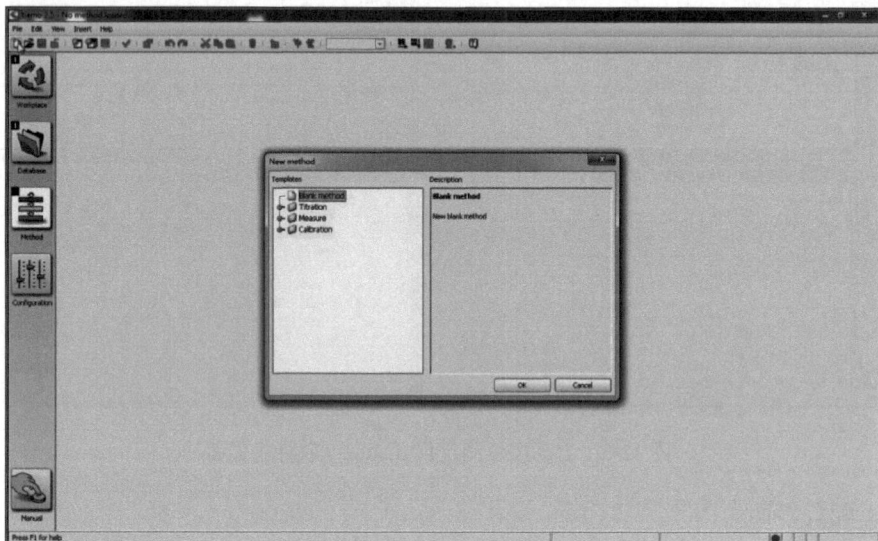

图 13-5　方法编辑界面示意图

① 复合玻璃电极的校正。点击左侧 "Method" 栏目标识,进入方法编辑界面,新建方法时会跳出 "New method" 对话框,在方法模板中选择 "Calibration" 中的 "Calibration pH" 项,点击 "OK" 即建立电极校正方法;双击 "CAL LOOP pH",把缓冲溶液数设为 "3";双击 "CAL MEAS pH",把搅拌器速度设为 "0",即在进行电极校正的时候搅拌器不需要工作。在 "REPORT OUTPUT" 中可以选择合适地址将实验测试报告以 PDF 格式保存,在数据库 "DATABASE" 中直接选择 "timao" 保存相关数据即可。

校正方法建立好后,及时命名保存,以便后期调用。一般校正曲线的斜率要求在 97%~103%。

② 酸碱滴定方法的建立。在方法编辑界面中建立酸碱滴定程序。本次实验中标准溶液的标定以及未知溶液的滴定都采用动态等量滴定(DET)模式,并以此电极方法栏

目框进行一系列参数设置，如"Device name"选择"809_1"（仪器型号）、"Dosing device"选择"2"（仪器端口）、搅拌速度"stirring rate"一般选择7或8即可。对于"Start conditions"（开始条件）设置，一般"Pause"设为"10s"；对于"Stop conditions"（结束条件）设置，建议"stop volume"设定为"off"，"stop measured value pH"设定为"11"，"stop EP"设定为"2"，"Volume after EP"设置到达滴定终点后继续滴定5mL的滴定剂再停止滴定。配液器的吸液速度"Filling rate"设定为"maximum"，设置好后，点击"Ok"确认。

双击"CALC"框，对计算过程进行编辑：点击"New"，新建编辑，再点击"Next"，进入公式编辑对话框，点击右侧"[÷]"符号，根据测试要求编辑所需公式，完成后点击"Ok"确认，会回到上一个对话框中，然后根据需要选择结果数值的"Unit"（单位）、"Decimal places"（结果小数点后位数）。若要对结果重新编辑或进行修改，选中结果，点击"Properties"即进入编辑界面。设置完成后，点击"Ok"确认。新编辑的方法一定也要保存，否则调用时所作修改无效。

注：在方法编辑主界面上方工具栏中，可用"File-Open"打开原有方法。打开方法后，可按上述步骤对其进行修改。

（5）工作平台

点击左侧"Workplace"栏目标识，进入工作平台，界面将出现四个象限窗口（图13-6）。第一象限窗口为"运行"栏，可在"Sample date"—"method"中选择需要调用的方法。选中的方法流程图会在第二象限窗口中显示，双击各个流程框，可查看各步骤的详细信息。在第一象限窗口的"Remark"中，还可输入样品的相关信息。方法调用好后，第一象限窗口的"Status"会显示为"READY"，表明相关设置正确，可点击"Start"进行滴定操作。整个滴定过程及滴定的动态变化曲线，可在右下方第四象限"Live display"窗口中实时观察。滴定结束后，滴定结果将会以报告形式显示在第三象限"Report"窗口中。

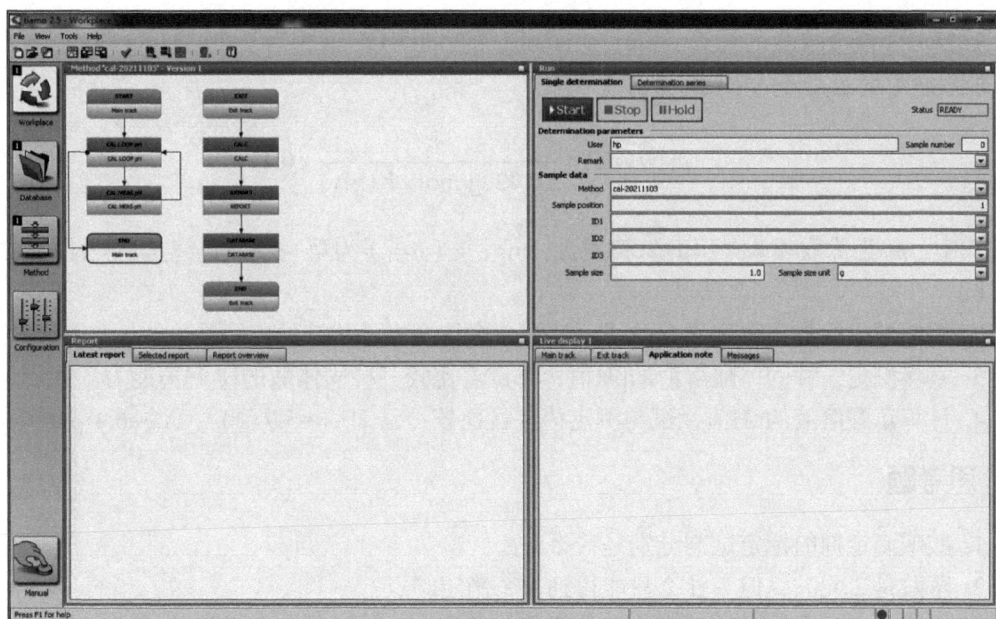

图 13-6　工作平台界面示意图

（6）数据库

点击左侧"Datebase"栏目标识，进入如图 13-7 所示数据库界面，可通过左键单击选中需要查看的测试结果，所有详细信息将显示在下方三个窗口格中。左下第一个窗口格即为滴定曲线，可通过鼠标右键单击，在下拉菜单中选择"Measuring point list…"，即可将滴定曲线数据信息表打开，方便数据的输出。

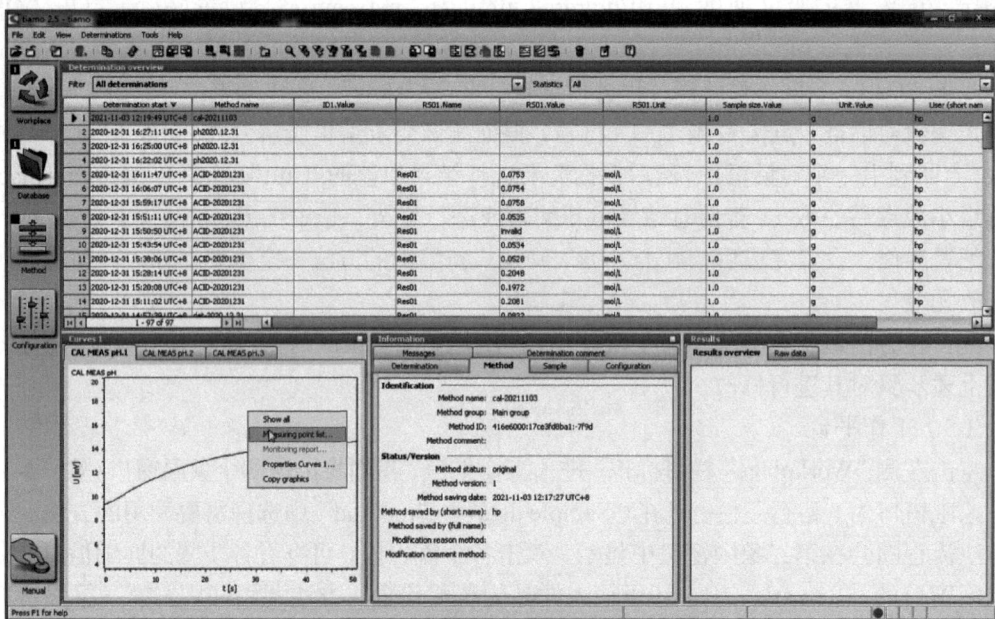

图 13-7　数据库界面示意图

五、实验数据记录与处理

1. NaOH 溶液浓度的计算：1mL 0.1mol/L 的 NaOH 溶液相当于 20.423mg 邻苯二甲酸氢钾，所以滴定剂 NaOH 的浓度计算如下。

$$c(\text{NaOH}) = \frac{m_0}{20.423\text{g/mol} \times V(\text{EP}_1)} \times 0.1$$

式中，m_0 为称取邻苯二甲酸氢钾质量，mg；$V(\text{EP}_1)$ 为第一个滴定终点消耗 NaOH 的体积，mL。

2. 根据导出的数据得到滴定曲线，计算三个待测样品溶液的实际浓度。

3. 直接测定三种固体酸溶液的 pH 值，并试着比较三种固体酸的 H^+ 解离能力。

4. 计算草酸溶液的 pH 值，试与测定值进行比较（已知 $K_{a1}=5.9\times10^{-2}$，$K_{a2}=6.4\times10^{-5}$）。

六、思考题

1. 酸碱滴定剂的标定试剂分别是什么？

2. 草酸是二元酸，但为什么只能得到一个滴定终点？

3. 影响本实验中酸碱滴定准确性的因素有哪些？

实验十四

气相色谱法定性鉴定蜜蜂信息素 2-庚酮

一、实验目的

1. 了解气相色谱仪的工作原理。
2. 熟悉气相色谱仪的结构和仪器操作。
3. 掌握气相色谱定性和定量分析的基本方法。

二、实验原理

1. 气相色谱仪工作原理

气相色谱分离是利用试样中各组分在色谱柱中的气相和固定相的分配系数不同而进行分离的。当气化后的试样被载气带入色谱柱中运行时，组分就在其中的两相间进行反复多次（$10^3 \sim 10^6$ 次）的分配（吸附-脱附或溶解-放出）。由于固定相对各组分的吸附或溶解能力不同（即保留时间不同），因此各组分在色谱柱中的运行速度就不同，经过一定的柱长后，便彼此分离，按一定顺序离开色谱柱进入检测器，检测器根据其不同的响应原理可将不同含量的各组分转变成易被测量的电信号，电信号经放大后，在记录仪上描绘出各组分的色谱峰。气相色谱的流程图见图 14-1。

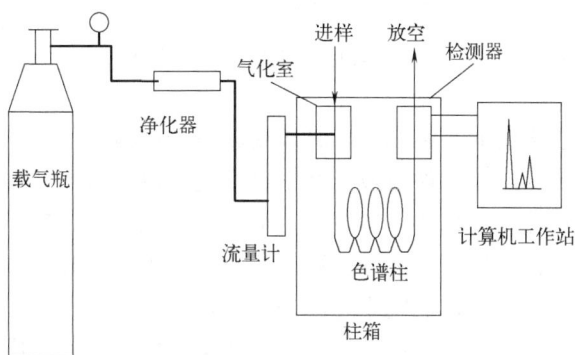

图 14-1　气相色谱流程图

2. 气相色谱定性分析的依据

在一定的色谱条件下，待测物质中的各组分都有其特定的保留值，因此保留值可以作为定性分析的依据。通常，在相同的色谱条件下，用标准样品作对照，根据同一样品在相同的色谱条件下保留值一致的原则进行定性分析。这种保留值定性法是色谱分析中最常用的定性方法。但是绝对保留值受操作条件的影响较大，而相对保留值仅与固定相和温度有关，与柱长、柱内径、填充情况及载气流速等的变化无关，受操作条件的影响很小，因此用相对保留值来定性比较可靠。

相对保留值（γ_{is}）是指在一定色谱条件下，待测组分 i 与标准样品 s 的调整保留时间之比。

$$\gamma_{is} = \frac{t'_{R_i}}{t'_{R_s}} = \frac{t_{R_i} - t_M}{t_{R_s} - t_M}$$

式中，t_M、t'_{R_i}、t'_{R_s} 分别为死时间、待测组分 i 及标准样品 s 的调整保留时间。

注：有些物质在相同色谱条件下往往具有相近甚至相同的保留值，所以必须多次改变实验条件，当待测组分和标准样品仍具有相同保留值的情况下，才可视为是同一组分；对复杂样品定性鉴定时，仅利用保留值定性十分困难且不可靠，要采用更为有效的方法，如 GC-MS、GC-FTIR、GC-NMR 等方法进行定性鉴定。

3. 气相色谱仪的结构和功能

气相色谱仪一般由气路系统、进样系统、分离系统（色谱柱系统）、检测系统、温控系统、记录系统组成。

（1）气路系统

气路系统包括气源、净化干燥管和载气流速控制及气体装置，是一个载气连续运行的密闭管路系统。通过该系统可以获得纯净的、流速稳定的载气。它的气密性、流量测量的准确性及载气流速的稳定性，都是影响气相色谱仪性能的重要因素。气相色谱仪所使用的载气必须是高纯气体，要求载气纯度为 99.999%以上。

（2）进样系统

进样系统包括进样器、气化室。根据试样的状态不同，采用不同的进样器。液体试样的进样一般采用微量注射器；气体试样的进样常用色谱仪本身配置的推拉式六通阀或旋转式六通阀；固体试样一般先溶解于适当试剂中，然后用微量注射器进样。气化室的作用是将液体或固体试样在进入色谱柱之前瞬间气化为蒸气，用以保证试样气化。

（3）分离系统

分离系统是气相色谱仪的心脏部分。其作用就是把试样中的各个组分分离开来。分离系统由柱温箱、色谱柱、温控部件组成。其中色谱柱是色谱仪的核心部件。色谱柱主要有两类：填充柱和毛细管柱。柱材料包括金属、玻璃、熔融石英、聚四氟乙烯等。色谱柱的分离效果除与柱长、柱径和柱形有关外，还与所选用的固定相和柱填料的制备技术以及操作条件等许多因素有关。色谱柱在使用之前必须经过老化，在长期使用致使分离效率降低的情况下，可以通过再次老化提高色谱柱的分离效率。色谱柱的使用应严格遵循先通载气再升温、先降温后关气的原则，并且只能在其限用温度范围内使用。

色谱柱的柱效能（柱效）是色谱柱的一项重要指标，混合物能否在色谱柱中得到分离，除取决于固定相的选择外，还与操作条件有关。在一定的色谱条件下，色谱柱的柱效可以用理论塔板数或理论塔板高度来衡量。塔板数越多，塔板高度越小，色谱柱的分离效果越好。实际工作中用有效塔板数 $n_{有效}$ 和有效塔板高度 $H_{有效}$ 来表示更为准确，计算公式为

$$n_{有效} = 5.54 \left(\frac{t'_R}{Y_{1/2}} \right)^2 = 16 \left(\frac{t'_R}{Y} \right)^2$$

$$t'_R = t_R - t_M$$

$$H_{有效} = \frac{L}{n_{有效}}$$

式中，t_M、t_R、t'_R 分别为死时间、待测组分的保留时间和调整保留时间；Y 和 $Y_{1/2}$ 分别为峰底宽和半峰宽；L 为柱长。

（4）检测器

检测器是将经色谱柱分离出的各组分的浓度或质量（含量）转变成易被测量的电信号（如电压、电流等），并进行信号处理的一种装置，是气相色谱仪的"眼睛"。检测器通常由检测元件、放大器、数模转换器三部分组成。根据检测器的响应原理，可将其分为浓度型检测器和质量型检测器。

氢火焰离子化检测器（FID）是常用的检测器之一，它是根据气体的导电率与该气体中所含带电离子的浓度成正比这一事实而设计的。其工作原理为：

由色谱柱流出的载气（样品）流经氢火焰（2100℃）时，待测有机物组分在火焰中发生离子化作用，使两个电极之间出现一定量的正、负离子，在电场的作用下，正、负离子奔向相应电极产生电流。当载气中不含待测物时，火焰中离子很少，即基流很小，约 10^{-14}A；当待测物通过检测器时，火焰中电离的离子增多，电流增大（但很微弱 10^{-8}~10^{-12}A）。微弱的离子流经高电阻（10^8~10^{11}Ω）后得到较大的电压信号，再由放大器放大，最后在记录仪上显示出色谱峰。离子化作用产生电流的大小，在一定范围内与单位时间内进入检测器的待测组分的质量成正比，所以氢火焰离子化检测器是质量型检测器。氢火焰离子化检测器对电离势低于 H_2 的有机物产生响应，而对无机物、惰性气体和水基本上无响应，所以氢火焰离子化检测器只能分析有机物（含碳化合物），不适合于分析惰性气体、空气、水、CO、CO_2、CS_2、NO、SO_2 及 H_2S 等。

（5）温度控制系统

温度控制系统主要指对气化室、色谱柱、检测器三处的温度控制。在气化室要保证液体试样瞬间气化；在色谱柱室要准确控制分离需要的温度，当试样复杂时，分离室温度需要按一定程序控制温度变化，使各组分在最佳温度下分离；在检测器要使被分离后的组分通过时不在此冷凝。温度在气相色谱测定中是重要的指标，直接影响色谱柱的分离效能、检测器的灵敏度和稳定性。

（6）记录系统

记录系统是记录检测器的检测信号，进行定量数据处理的一种装置。一般采用自动平衡式电子电位差计进行记录，绘制出色谱图。一些色谱仪配备有积分仪，可测量色谱峰的面积，直接提供定量分析的准确数据。先进的气相色谱仪还配有电子计算机，能自动对色谱分析数据进行处理。

三、实验仪器与试剂

1. 仪器

气相色谱仪（2 台，GC7900），毛细管色谱柱（SE-30，30m×0.32mm×0.50μm，限使用温度-20~300℃），氢气发生器（型号 SPH-300），全自动空气源（SPB-3），氮气钢瓶（纯度 >99.999%），微量注射器（3 支，规格 1μL）等。

2. 试剂

正庚烷（AR），2-庚酮（AR），蜜蜂信息素合成物（实验室合成）。

四、实验步骤

1. 实验条件

① 固定相：100%的聚甲基硅氧烷。

② 流动相：高纯氮气为载气，流量为 20mL/min。

③ 检测器：氢火焰离子化检测器（FID)。

④ 可燃气体为氢气，流速为 30mL/min；助燃气体为空气，流速为 200mL/min；尾吹气体为氮气，尾吹流速为 30mL/min。

⑤ 温度设定：气化温度为 220℃，柱温分别为 130℃和 150℃，检测器温度为 250℃。

⑥ 进样量：0.2μL。

2. 实验内容

① 打开气源：开启载气即氮气钢瓶开关，减压阀输出压力为 0.6MPa；开启全自动空气源开关；开启氢气发生器开关。

② 打开主机电源。

③ 打开电脑及软件（D7900P 色谱工作站）。

④ 在 GC7900Ⅱ控制面板上设置仪器方法：进样口温度（气化温度）220℃；柱温分别为 130℃和 150℃；检测器温度 250℃。

⑤ 在软件上设置测试样品分析方法，包括信号采集时长、方法属性、报告格式、结果文件名及保存路径等。

⑥ 待仪器各部分达到设定温度后，点火（注意判断点火是否成功）。

⑦ 待仪器基线平稳后，可进行进样分析。

⑧ 分别用标准物、合成物进样，每个样品进样两次（注意进样器的正确使用方法）；记录各组分的保留时间 t_{R_i}。

⑨ 关机：调用运行关机方法，或者在仪器触屏面板上设置柱温 30℃，气化室温度 30℃，检测器温度 50℃，并运行；运行关机方法后，可关闭氢气发生器和空气发生器；待仪器各部分降温至设定温度值后，先退出软件、关闭电脑，再关闭主机，最后关闭载气。

五、实验数据记录与处理

1. 记录实验条件：色谱柱的柱长及内径、固定相、载气及其流速、柱压及柱温、气化温度、检测温度、进样量。

2. 记录色谱图中各组分的保留时间 t_R，以正庚烷为标准物，计算相对保留值（$t_{R_i}-t_{R_s}$），定性鉴定合成物的主要成分是否为 2-庚酮，相应数据填入表 14-1。

3. 测定合成物的纯度，即定量测定合成物中主要成分 2-庚酮的含量（分别单独进 2-庚酮、合成物，在表 14-2 中记录最强三个峰的保留时间及峰面积比）。

4. 计算所用色谱柱对 2-庚酮的有效塔板数 $n_{有效}$和有效塔板高度 $H_{有效}$。

表 14-1　定性分析数据表

定性	2-庚酮+正庚烷 (纯物质+标准物)			合成物+正庚烷 (合成物+标准物)			定性结论
	1	2	平均	1	2	平均	因为：
t_{R_s}							
t_{R_i}							所以：
$t_{R_i}-t_{R_s}$							

表 14-2　定量分析数据表

物质	t_1	t_2	t_3	S_1	S_2	S_3	含量/%
2-庚酮							
合成物							

六、实验注意事项

1. 微量注射器要专样专用，避免混用；微量注射器的针头细长，易弯折损坏，使用时应轻拿轻放，垂直缓慢插入进样口，进样后快速垂直拔出，避免损坏进样针。

2. 仪器工作时处于高温高电压状态，严禁打开柱温箱门，以防高温烫伤及触电。

3. 实验过程中会有少量氢气排出，房间应保持通风，并严禁使用明火。

七、思考题

1. 利用保留值进行定性分析的依据是什么？

2. 利用保留值进行定性分析时，为什么必须严格控制色谱条件不变？

3. 色谱柱老化是什么？柱子老化时要注意哪些问题？

实验十五

具有光催化性能的半导体纳米氧化物的制备、表征及测试

一、实验目的

1. 了解半导体纳米氧化物制备的一般原理、方法及表征手段。

2. 了解半导体纳米氧化物的光催化原理。

3. 掌握半导体纳米氧化物光催化降解有机染料的一般测试方法。

二、实验原理

纳米材料是指组成材料的结构单元的特征维度尺寸在纳米量级（一般是 1~100nm）的固体材料，一般具有明显的表面效应、小尺寸效应（体积效应）、量子尺寸效应和宏观隧道效应。因在催化、光学、磁性、力学和电学等方面具有许多特异性能，其在材料、信息、环

境、能源、医药和化工等领域具有重要的应用价值。

制备工艺和方法对纳米材料的性能有很大的影响，因此，纳米材料的制备在纳米材料研究中占有重要的地位。目前，纳米材料的制备方法很多，制备方法的分类也各不相同，徐如人教授将纳米材料的制备方法按原始物质的状态（气、固、液）进行分类。

① 气相法：真空蒸发法、等离子体合成法、化学气相沉积法、激光气相合成法。

② 固相法：低温粉碎法、超声波粉碎法、高能球磨法、爆炸法、固相热解法。

③ 液相法：沉淀法、溶胶-凝胶法、水热和溶剂热法、微乳液法、水解法、喷雾热解法、冷冻干燥法、电化学还原法、γ射线辐照法、模板合成法等。

半导体粒子的能带结构，一般由低能的价带和高能的导带构成，价带和导带之间存在禁带。当能量大于或等于带隙能量（$\geqslant E_g$）的光照射到半导体时，半导体微粒吸收光，产生电子-空穴对。空穴可以夺取半导体颗粒表面被吸附物质或溶剂中的电子，使原本不吸收光的物质被活化并被氧化，电子受体通过接受表面的电子而被还原。所以产生的电子-空穴对能够进行一系列的氧化还原反应，从而使光催化剂表面上的有机污染物、细菌等矿化分解。

用于光催化降解环境污染物的催化剂多为 N 型半导体材料，常见的有 TiO_2、SnO_2、Fe_2O_3、CdS、ZnS、PbS、$PbSe$、Fe_2O_3、$SrTiO_3$、WO_3 和 V_2O_5 等。

半导体纳米晶作为光催化剂在受到光照后产生电荷分离，光生空穴具有很强的氧化能力，能够引发大部分有机物的降解。罗丹明 B 是一种常用碱性染料，在造纸、染色工业中应用广泛，由于罗丹明 B 溶液色度深、结构稳定、难降解，因此容易引起废水污染。本实验选取罗丹明 B 作为目标降解分子，来考察产物对其光催化降解能力。

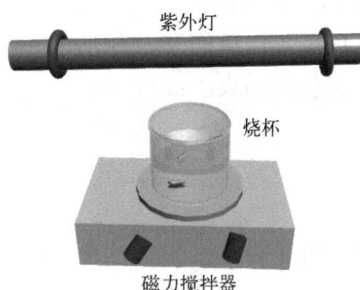

图 15-1　光催化装置示意图

用光源为 8 W、波长为 254nm 或 365nm 的紫外灯，在自制的光催化装置（如图 15-1 所示）中进行光催化实验。用 722S 可见分光光度计，在波长 554nm 下，测定降解后的有机染料 RhB 溶液的吸光度，或采用紫外-可见分光光度计测试降解后的 RhB 溶液的吸光度曲线（测试范围 200~650nm），由此计算 RhB 溶液浓度。

三、实验仪器与试剂

1. 仪器

简易光催化装置，紫外线灯（8~12W），X 射线衍射仪，红外光谱仪，紫外-可见分光光度计，综合热分析仪，扫描电子显微镜，比表面及孔径分析仪，马弗炉，循环水式真空泵，烘箱，电子分析天平，磁力搅拌器（含搅拌磁子），研钵，坩埚，移液管，容量瓶，烧杯，量筒，离心管，药匙，称量纸，pH 试纸，滴管，微孔滤膜，抽滤装置，水热反应釜（50mL）等。

2. 试剂

硫酸锌，醋酸锌，无水碳酸钠，草酸（$H_2C_2O_4$），无水乙醇，钛酸四正丁酯（TNB），三乙醇胺，硝酸，钨酸钠或钨酸铵，无水硫酸钠，聚乙二醇（PEG 6000），盐酸（3mol/L），亚甲基蓝，罗丹明 B，过氧化氢等。所有试剂均为分析纯。

四、实验步骤

1. 纳米半导体氧化物的制备（任选一）

（1）固相法制备纳米氧化锌（ZnO）

方法一：称取 29.0g $ZnSO_4·7H_2O$ 和 11.0g 无水 Na_2CO_3，分别研磨 10min，充分混合后研磨 30min，去离子水洗涤数次，干燥得前驱体；将干燥的前驱体磨细称量，留少量前驱体待做 IR、TG-DTA 表征，其余放入坩埚，置于马弗炉中，在一定温度下焙烧数小时，得产物。

方法二：将醋酸锌与草酸以物质的量之比为 1∶1 的比例混合，其余步骤同上。

（2）沉淀-水热法制备纳米氧化钨（WO₃）

称取 $Na_2WO_4·2H_2O$ 4.0756g（约 0.0125mol）溶于 50mL 去离子水。在磁力搅拌下，向上述 Na_2WO_4 溶液中逐滴滴加 3mol/L HCl 溶液，调节溶液的 pH 为 1~1.2。称取草酸 3.0988g，加入上述混合液，并加去离子水稀释到 125mL，继续搅拌得透明、均一、稳定的溶胶。量取上述溶胶 40mL 转移至 50mL 水热反应釜中，加入无水硫酸钠 2.0g，密封。将反应釜置于烘箱内 180℃恒温 24h，自然冷却至室温。分别用去离子水和无水乙醇洗涤反应所得沉淀数次，于 80℃烘箱中干燥，得产物。

（3）溶胶-凝胶法制备纳米二氧化钛（TiO₂）

室温下依次加入无水乙醇、聚乙二醇（PEG 6000）和三乙醇胺，搅拌数分钟，缓慢滴入 TNB，继续搅拌数分钟，缓慢滴入少量二次蒸馏水，60℃左右保温搅拌数小时，得到黄色溶胶，陈化 24~48h，真空干燥后，置于马弗炉中，600℃煅烧数小时，得产物纳米 TiO_2（TNB、C_2H_5OH、PEG 6000、三乙醇胺的体积比为 30∶5∶24∶30）。

2. 纳米半导体氧化物的表征

（1）各前驱体的热重-差热（TG-DTA）分析

为了探明前驱体的热分解情况，采用综合热分析仪进行 TG 和 DTA 分析（升温速度 10℃/min，Al_2O_3 作参比，空气气氛），并测定相应的失重量。由谱图可以确定各前驱体的分解温度。

（2）产物的 XRD 表征

在 X 射线衍射仪上进行产物 X 射线粉末衍射实验（扫描范围 30°~70°，扫描速度 4°/min），标样和目标产物衍射图和主要数据分别由谱图表示。

（3）透射电子显微镜（TEM）或扫描电子显微镜（SEM）表征

用药匙取少量产物于试管中，加 5mL 无水乙醇，超声波分散 30min 后，用滴管吸取少许溶液滴于铜网上，待乙醇挥发。在 JEM-200CX 型透射电子显微镜下进行形貌表征及 X 衍射能谱（EDX）表征。

倾倒少量产物粉体于称量纸上，用双面导电胶带粘少许粉体后直接置于样品台上，在 JEOL JSM-6700F 场发射扫描电镜下进行形貌表征。

（4）前驱物及产物的红外光谱（IR）表征

利用 AVATRA 370 红外光谱仪对所制的前驱体和产物粉体进行表征（波数在 4000~400cm⁻¹）。

（5）比表面积测试（BET）表征

以 N_2 为吸附质，采用静态氮气吸附法，用北京分析仪器厂 ST-08 型比表面积分析仪

（双气路，78K 氮气吸附）测定产物的比表面积、吸附-脱附等温线和孔径分布。

（6）紫外-可见吸收光谱（UV-Vis）分析

采用日本岛津 UV-2501PC 双光束紫外-可见分光光度计（测试范围 200~800nm）对粉体进行紫外-可见吸收波长的测试。

3. 光催化性能评价实验

在 250mL 烧杯中，加入 0.1g 纳米产物粉体、50mL 10mg/L RhB 溶液和 50mL 1% H_2O_2，室温下磁力搅拌至吸附达到平衡（约 0.5h），测溶液初始吸光度 A_0。开启紫外灯，每光照 15min，取样 4mL，在转速为 4000r/min 下离心，取澄清液，测定未降解的 RhB 溶液的吸光度 A_i，总光照反应时间为 100min。改变 RhB 溶液的初始浓度重复上述实验。

式（15-1）可以表示 RhB 溶液的降解效率 η（%）：

$$\eta = \frac{A_0 - A_i}{A_0} \tag{15-1}$$

η 越大，表示 RhB 降解得越彻底。

五、实验结果分析与讨论

1. 利用 TG-DTA 确定前驱体的脱水和分解温度。
2. 利用 XRD 谱图表征产物的结构。
3. 利用 IR 谱图辅助表征前驱体和产物的结构。
4. 利用 UV-Vis 谱图确定产物的吸收光谱。
5. 作 η（%）-t（min）图，了解表观速率常数的求法，分析染料浓度对光催化剂性能的影响。

六、实验注意事项

1. 固相合成研磨时注意避免吸入粉尘。
2. 光催化时避免紫外光对眼睛的照射。
3. 水热反应釜使用温度不得超过 200℃，溶液体积不得超过 80%，以免釜内压力过高引起爆炸。

实验十六

研磨法制备 5-芳叉巴比妥酸

一、实验目的

1. 掌握在无溶剂研磨条件下合成制备 5-芳叉巴比妥酸，并学会用薄层色谱分析监测反应进程。
2. 学会用红外光谱、核磁共振氢谱、熔点测定、质谱、元素分析等确定产物结构。
3. 了解固相化学反应的概念及研磨法在固相有机合成中的应用。
4. 锻炼查阅文献资料的能力。

二、实验原理

从广义上讲，只要有固体参加的反应，都属于固相反应，反应直接发生在两相界面上，且没有溶剂的参与；狭义地讲，固相反应是指发生在固体与固体之间的反应。由于没有溶剂分子的介入，反应体系的微环境不同于溶液，造成了反应部位局部浓度高，提高了反应效率。同时，在固体状态下，反应分子有序排列，可实现定向反应，提高反应的选择性。生物体内的酶催化有序反应兼有固、液相反应的双重特征。因此，研究固相有机反应不仅对有机化学的发展有重要的理论和实际意义，也将为生命科学的研究提供理论依据。

固相化学反应一般分为固相光化学反应和固相热化学反应两种。固相光化学反应采用光照的方法加速反应进行，固相热化学反应则采用加热、研磨、超声波或微波辐射等方法加速反应进行。

研磨法之所以能够加速反应的进行，其原因在于外力通过摩擦生热和以下两个效应使反应体系的总自由能增加而使体系活化：①表面自由能增加，这是因为固体在外力作用下破碎，颗粒减小；②储存的弹性张力能增加，这是因为粒子在反应的静力、剪切应力的共同作用下发生形变。这种活化将通过不同形式能量之间的转换而耗散，例如通过固体的破碎、聚集、无定形化、同质多晶转变以及化学分解或合成等过程。基于此，不少研究者将研磨法应用于固态有机合成，并取得了一些成果。

有机合成中，一般都采用有机溶剂作为反应介质，用以溶解物料，使物料混合均匀，保证反应过程中有效的传质和传热。大多数有机溶剂具有毒性，回收困难，且价格比较昂贵，对环境也有不同程度的污染，加上近年来地球人口增加，人类生产生活加剧，资源越来越匮乏，环境污染也越来越严重（其中很大一部分是有机化学合成所导致的），致使人类的生存面临着巨大的威胁。面对传统化学合成所带来的这些问题，人们提出了绿色化学的概念。经过科学家们的不懈努力，现在已获得了很多绿色化学的方法，比如以水为介质、以超临界流体为溶剂等，但最彻底的方法是无溶剂有机合成方法。其由于没有溶剂的参与，避免了因使用溶剂而造成的能耗高、污染环境、有毒害性和爆燃性等缺陷，降低了合成成本，具有产率高、工艺操作简单、节约溶媒、减少能源消耗、不污染环境等优点。无溶剂合成是未来精细化工生产中重要的绿色生产方式，发展前景十分广阔，是一种理想的合成方法。

5-芳叉巴比妥酸是合成镇静催眠类药物和杂环化合物的重要中间体，还可用作药物抗氧剂和非线性光学材料，通常在溶液中由巴比妥酸与芳香醛缩合而得。如图 16-1 所示，本实验在无溶剂条件下，将巴比妥酸、芳香醛与无水 $ZnCl_2$ 于研钵中研磨 5min 后放置（室温），即可得到缩合产物 5-芳叉巴比妥酸，产率为 90%~97%，具有反应条件温和、操作简便、产率高的特点。

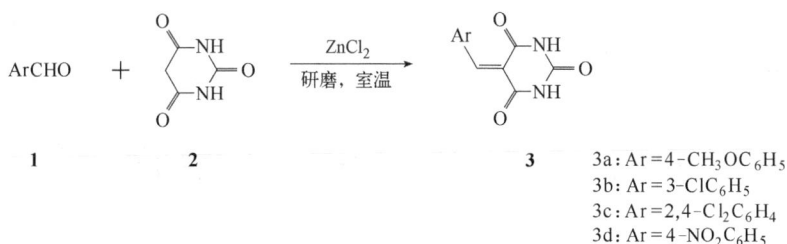

图 16-1 研磨法制备 5-芳叉巴比妥酸示意图

三、实验仪器与试剂

1. 仪器

研钵，干燥器，重结晶装置，抽滤装置，傅里叶变换红外光谱仪，质谱仪，核磁共振波谱仪，元素分析仪等。

2. 试剂

4-对甲氧基苯甲醛，3-氯苯甲醛，2,4-二氯苯甲醛，4-硝基苯甲醛，巴比妥酸，无水氯化锌，乙醇（95%），乙酸乙酯，石油醚（30~60℃）。所有试剂均为分析纯。

四、实验步骤

1. 5-芳叉巴比妥酸的绿色合成

称取巴比妥酸（2.1mmol）、芳香醛（2.0mmol）于研钵中，研磨均匀之后，加入无水氯化锌 280mg，室温研磨 5min 后，于干燥器中放置，薄层色谱（TLC）跟踪反应，并记录反应时间。待反应结束后，用沸水洗去未反应的巴比妥酸和氯化锌，用 95%乙醇除去未反应的芳香醛。用乙酸乙酯/正己烷重结晶。

2. 产物结构的确定

用红外光谱、核磁共振氢谱、熔点测定、质谱、元素分析确定产物结构。

五、实验数据记录与处理

将反应结果列表（表 16-1），并讨论芳环上取代基对反应的影响。

表 16-1　实验数据记录表

编号	产物	反应时间/h	产物外观	产率/%
1	3a			
2	3b			
3	3c			
4	3d			

六、思考题

1. 根据反应结果试讨论芳环上取代基对反应的影响，并试解释原因。
2. 此反应须加入无水氯化锌才能有效进行，试解释其在反应中起的作用。

实验十七

氰桥锰（Ⅱ）双核金属配合物的合成及其结构表征

一、实验目的

1. 了解金属离子多核配合物的研究进展和应用。

2. 学习多核配合物的合成方法。

3. 巩固用红外光谱、热重-差热分析和 X 射线衍射技术，对产物的结构和性能进行表征。

二、实验原理

随着配位化学的发展，研究对象和研究内容已经由简单的配合物发展到复杂的配合物，如金属离子多核配合物、配位聚合物、有机金属 π 配合物、大环配合物、金属簇状配合物以及各类生物模拟配合物等。

氰根由于其配位方式灵活多样的特点（图 17-1），在配合物的合成中可以作为良好的桥联基团，与相同或者不同的金属离子配位，构成各式各样结构类型的配位化合物。这些小分子配体连接金属形成的配合物，具有特殊的电、磁、光学等性质，在功能配合物中具有重要的地位。近年来，以硝普盐$[Fe(CN)_5(NO)]^{2-}$为骨架、氰桥连接的双核金属配合物，因具有特殊光-磁性质且能成为构建复杂配合物的结构单元等特点，它们的合成日益受到关注。基于平面大环配合物能在轴向位置接受一到两个配位原子的性质，已有一些采用硝普盐和平面大环分子合成新的双核配位化合物的报道。

图 17-1 各种氰根的配位模式

本实验选用 2,2′-联吡啶作为二齿螯合配体，合成一个氰桥连接的双核金属配合物，并对其进行元素组成、红外光谱、单晶结构的分析，以及热稳定性质的研究。

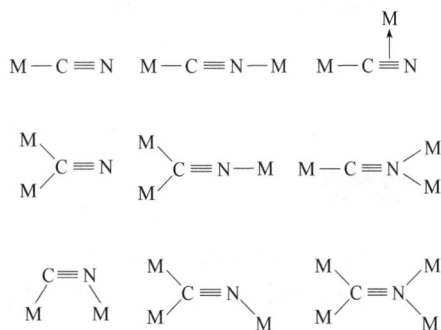

三、实验仪器与试剂

1. 仪器

磁力搅拌器，过滤装置，元素分析仪（Elementar UNICUBE），红外光谱仪（KBr 压片），同步热分析仪（德国 Netzsch STA449F5），X 射线衍射仪（德国 Bruker Smart Apex Ⅱ CCD 型），真空干燥箱等。

2. 试剂

2,2′-联吡啶，二水合亚硝基铁氰化钠，高氯酸，碳酸锰，溴化钾，甲醇。所用试剂均为分析纯。

四、实验步骤

1. $Mn(ClO_4)_2·6H_2O$ 的制备

将碳酸锰加入到稀释的高氯酸溶液中，使碳酸锰过量。反应完成后，过滤除去过量的碳酸锰，滤液用水浴蒸发浓缩。当溶液表面出现晶膜时，停止加热，冷却后抽滤，得浅粉红色晶体（注意，高氯酸盐为易爆药品）。

$$MnCO_3+2HClO_4 \longrightarrow Mn(ClO_4)_2$$

2. [Mn(bpy)₂(H₂O)Fe(CN)₅(NO)]·H₂O 的制备

将 5mL 含有 0.20mmol Mn（ClO₄）₂·6H₂O 的甲醇溶液滴加到 5mL 含有 0.40mmol 2,2′-联吡啶的甲醇溶液中，搅拌 10min 后，将 10mL 溶有 Na₂[Fe(CN)₅(NO)]·2H₂O(0.20mmol) 的甲醇溶液慢慢滴加到该混合溶液中，继续搅拌 40min，过滤，用少量甲醇洗涤，将得到的棕黄色微晶产物置于干燥器中干燥。另外，将滤液在暗处静置 7 天，培养单晶。

3. [Mn(bpy)₂(H₂O)Fe(CN)₅(NO)]·H₂O 的结构表征

① 取 10 mg 微晶样品，分两份做元素分析。

② 分别取极少量的微晶样品和 Na₂[Fe(CN)₅(NO)]·2H₂O、2,2′-联吡啶原料物质，分别与溴化钾研磨混合后，压片进行红外光谱测试。

③ 称取 10mg 微晶样品，进行 TG-DTA 分析。温度范围为 20~800℃，氮气保护气氛下进行。

④ 利用 X 射线衍射（XRD）技术对结构进行表征。

五、思考题

1. 什么样的配体可作为桥联配体？
2. 为什么配体的红外光谱特征吸收峰在配位前后会发生位移？

实验十八

三草酸合铁（Ⅲ）酸钾的制备及表征

一、实验目的

1. 了解配合物组成分析和性质表征的方法和手段。
2. 用化学分析、热重-差热分析、电荷测定、红外光谱等方法确定三草酸合铁（Ⅲ）酸钾组成，并掌握其相关性质与结构测试的表征手段。

二、实验原理

三草酸合铁（Ⅲ）酸钾最简单的制备方法是由三氯化铁和草酸钾反应制得。三草酸合铁(Ⅲ)酸钾为绿色单斜晶体，溶于水(0℃时溶解度为 4.7g/100g，100℃时为 118g/100g)，难溶于 C_2H_5OH；100℃时脱去结晶水，230℃时分解。

要确定所得配合物的组成，必须综合应用各种方法。化学分析法可以确定各组分的质量分数，从而确定化学式。

配合物中的金属离子的含量一般可通过容量分析法（滴定分析法）、比色分析法或原子吸收光谱法确定，本实验配合物中的铁含量采用磺基水杨酸比色法测定。

配体草酸根的含量一般采用氧化还原滴定法（高锰酸钾法）确定，也可用热重-差热分析法确定。红外光谱可定性鉴定配合物中所含有的结晶水和草酸根。结晶水和草酸根的含量可用热重-差热分析法定量测定，也可用气相色谱法测定不同温度时热分解产物中逸出气体的组分及其相对含量来测定。

对于一种新的配合物的确认还需做有关结构方面的测试，对配合物磁学性质的测试就是研究物质结构的基本方法之一，常用的测试手段有核磁共振谱、顺磁共振谱和磁化率的测定。三草酸合铁（Ⅲ）酸钾配合物中心离子 Fe^{3+} 的 d 电子组态即配合物是高自旋还是低自旋的，可以由测定磁化率来确定。

配离子电荷的测定可进一步确定配合物组成及在溶液中的状态。

三、实验仪器与试剂

1. 仪器

分光光度计（722 型），磁天平，红外光谱仪，综合热分析仪，电导率仪，常用玻璃仪器，电磁搅拌器等。

2. 试剂

草酸钾（$K_2C_2O_4 \cdot H_2O$），三氯化铁（$FeCl_3 \cdot 6H_2O$），氨水（1:1），磺基水杨酸（25%）。以上试剂均为分析纯。Fe^{3+} 标准溶液（0.1mg/mL）等。

四、实验步骤

1. 三草酸合铁（Ⅲ）酸钾的制备

称取 12g 草酸钾放入 100mL 烧杯中，加 20mL 蒸馏水，加热使草酸钾全部溶解。在溶液近沸时边搅动边加入 8mL 三氯化铁溶液（0.4g/mL），将此溶液在冰水中冷却即有绿色晶体析出，用布氏漏斗过滤得粗产品。

将粗产品溶解在约 15mL 热水中，趁热过滤。将滤液在冰水中冷却，待结晶完全后过滤。晶体产物用少量无水乙醇洗涤，在空气中干燥。

2. 化学分析

（1）铁含量的测定

称取 1.964 g 经重结晶后干燥的配合物晶体，溶于 80mL 蒸馏水中，注入 1mL 盐酸（1:1）后，在 100mL 容量瓶中稀释至刻度。准确吸取上述溶液 2.5mL 于 250mL 容量瓶中，稀释至刻度，此溶液为样品溶液（溶液须保存在暗处，以避免三草酸合铁配离子见光分解）。

用吸量管分别吸取 0mL 和 25mL 样品于 100 mL 容量瓶中，用蒸馏水稀释到约 50 mL，加入 5mL25% 的磺基水杨酸，用氨水（1:1）中和至溶液呈黄色，再加入 1mL 氨水，然后用蒸馏水稀释至刻度，摇匀，一份用作参比溶液，一份用来测定。使用分光光度计，用 1cm 比色皿在 420nm 处进行比色，测定样品溶液的吸光度。

亦可用还原剂把 Fe^{3+} 还原为 Fe^{2+}，然后用 $KMnO_4$ 标准溶液滴定 Fe^{2+}，计算出 Fe^{2+} 含量。或可选择其他合适的方法来测定铁含量。

（2）草酸根含量的测定

把制得的三草酸合铁（Ⅲ）酸钾在 50~60℃于恒温干燥箱中干燥 1h，在干燥器中冷却至室温。精确称取样品约 0.1~0.15g（做 2 组平行实验取平均值），放入 250mL 锥形瓶中，加入 25mL 蒸馏水和 5mL 1mol/L H_2SO_4，用 0.02000mol/L $KMnO_4$ 标准溶液滴定。滴定时先滴入 8mL 左右的 $KMnO_4$ 标准溶液，然后加热到 343~358K（不高于 358K）直至紫红色消失。再用 $KMnO_4$ 滴定热溶液，直至溶液呈微红色且在 30s 内不消失。记下消耗 $KMnO_4$ 标准溶液的总体积，计算三草酸合铁（Ⅲ）酸钾中草酸根的质量分数。

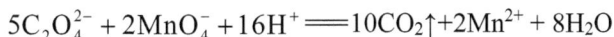

$$5C_2O_4^{2-} + 2MnO_4^- + 16H^+ =\!=\!= 10CO_2\uparrow + 2Mn^{2+} + 8H_2O$$

3. 热重–差热分析

在瓷坩埚中，称取一定量磨细的配合物样品，按规定的操作步骤在综合热分析仪上进行热分解测定，升温到 550℃为止。记录不同温度时的样品质量。

4. 红外光谱测定

分别测定重结晶的配合物和 550℃的热分解产物的红外光谱。

五、实验数据记录与处理

1. 配合物中的铁含量测定

在分光光度计上，用 1cm 比色皿在 450nm 处进行含 Fe^{3+}标准溶液和样品溶液的吸光度的测定，并将实验结果记录下来。以吸光度 A 为纵坐标，Fe^{3+}含量为横坐标，绘制标准曲线。以样品的吸光度 A 在标准曲线上找到相应的 Fe^{3+}含量，并计算样品中 Fe^{3+}的质量分数。

2. 草酸根含量的测定

将草酸根含量测定实验的相关实验数据填入表 18-1。

表 18-1　草酸根的质量分数

编号	$M_{样品}$/g	V_{KMnO_4}/mL	ω（$C_2O_4^{2-}$）/%	$\bar{\omega}$（$C_2O_4^{2-}$）/%
1				
2				
3				

3. 配合物的热重–差热分析

① 由热重曲线计算样品的失重率，根据失重率可计算配合物中所含的结晶水的含量（质量分数）。

② 与各种可能的热分解反应的理论失重率相比较，参考红外光谱图，确定该配合物的组成。

4. 配合物分子式的确定

① 根据 n（Fe^{3+}）：n（$C_2O_4^{2-}$）=[ω（Fe^{3+}）/（55.8g/mol）]：[ω（$C_2O_4^{2-}$）/（88.0g/mol）]可确定 Fe^{3+}与 $C_2O_4^{2-}$的配位比。

② 由热重分析可得到结晶水的含量。

③ 根据电荷平衡可确定钾离子的含量。或者由配合物减去结晶水、$C_2O_4^{2-}$、Fe^{3+}的含量后即得 K^+的含量。

④ 根据配合物各组分的含量，推算确定其化学式。

5. 红外光谱解析

由样品所测得的红外光谱图，根据基团的特征频率可鉴别样品中所含的基团（表 18-2），并与标准红外光谱图对照可以初步确定是何种配体和是否存在结晶水。

由热分解产物的红外光谱图可以确定其中含有何种产物。

六、思考题

1. 配合物中的草酸根含量还可以采取什么方法测定？如何实现？

表 18-2　标准物 $K_3[Fe(C_2O_4)_3]$ 及其合成物的振动波数和谱带归属

标准物		合成物振动波数
波数/cm^{-1}	谱带归属	/cm^{-1}
1712	$v_{as}(C=O)$	1716.32
1677，1649	$v_{as}(C=O)$	—
1390	$v_s(CO)$，$v(C—C)$，$\delta(O—C=O)$	1386.59
1270，1255	$v(CO)$	1263.80
885	$v(CO)$，$\delta(O—C=O)$，	890.49
797，785	$\delta(O—C=O)$，$v(M—O)$	800.23
528	$v(M—O)$，$\delta(C—C)$	539.16

2. 结晶水的含量还可以采用什么方法测定？

3. 如何正确确定三草酸合铁酸钾的热分解产物？

实验十九

正交设计与数据挖掘辅助制备高比表面的镍铝复合催化剂

一、实验目的

1. 熟悉常用催化剂制备的方法，掌握水热法制备镍铝催化剂的方法和原理。

2. 熟悉氮气吸附-脱附法测定多孔物质比表面积的方法。

3. 掌握试验设计的原理和方法，以便在有限试验条件下尽可能减少试验次数。

4. 熟练应用常用数据的处理方法（如主成分分析、偏最小二乘法、多元线性回归、多元非线性回归、支持向量机回归等）。

二、实验原理

1. 镍铝催化剂的制备

镍基催化剂，尤其是以氧化铝为载体的镍基催化剂在甲烷气相重整、选择性催化氧化、石油化工催化加氢、加氢脱氯、脱硫等领域广泛应用。对催化剂的尺寸、尺寸分布、分散性与比表面积等的控制是获得高活性催化剂的关键。目前主要采用浸渍法和共沉淀法来制备镍基催化剂，虽然制备工艺简单，但是很难获得高比表面积、高分散和均匀分散的催化剂，导致催化活性差。溶胶-凝胶技术制备的催化剂能够很好地控制活性组分的含量和分布，具有分散性高、晶相稳定、热稳定性好等特点，但是如硝酸镍容易致使挤条困难，而且催化剂强度不够。

层状双金属氢氧化物（LDHs）是一类阴离子型层状无机功能材料，其化学组成可以表示为 $[M^{2+}_{1-x}M^{3+}_x(OH)_2]^{x+}(A^{n-})_{x/n}\cdot mH_2O$ ，其中 M^{2+} 可以是 Mg^{2+}、Ni^{2+}、CO^{2+}、Zn^{2+}、Fe^{2+}、Cu^{2+} 等二价金属阳离子；M^{3+} 可以是 Al^{3+}、Cr^{3+}、Ga^{3+}、In^{3+}、Fe^{3+} 等三价金属阳离子；A^n 为层间阴离子，如 CO_3^{2-}、NO_3^-、SO_4^{2-}、$C_6H_4(COO)_2^{2-}$、Cl^-、OH^- 等无机、有机离子以及络合离子；x 值在 0.2~0.33 之间。在 LDHs 晶体结构中，金属离子在层板上以一定方式均匀分

布，形成了特定的化学组成和结构。这种结构的优点是制备的催化剂在化学组成上具有整体均匀性，在微观结构上具有可调控性。因此，本实验利用水热反应通过制备层状水滑石 $[Ni_{1-x}Al_x(OH)_2(CO_3)_{x/2}·mH_2O]$ 结构的前体，经过焙烧原位制备得到镍基催化剂。

2. 镍铝催化剂的表征

催化剂的比表面积是评价催化剂的一个很重要的指标。催化剂的比表面积越大，镍颗粒分散得越均匀，可以有效地避免活性粒子的团聚失活，提高催化反应的活性。

催化剂的比表面积通常采用氮气吸附-脱附法（BET 法）测定。BET 理论的基本假定是：在物理吸附中，吸附质与吸附剂之间的吸附靠范德华力，而吸附质分子之间也有范德华力，所以在第一吸附层之上还可发生第二层吸附、第三层吸附等，即不只是单分子层吸附，还可以是多分子层吸附。气体吸附量即等于各层吸附量的总和。根据这些假定导出的 BET 公式可写成：

$$\frac{p}{V(p_0 - p)} = \frac{1}{V_m C} + \frac{(C-1)p}{V_m C p_0}$$

式中，p 为平衡压力，Pa；p_0 为吸附温度下吸附质的饱和蒸气压，Pa；V_m 为单分子层覆盖量，m^3；V 为平衡吸附量，m^3；C 为与吸附热有关的常数。

以 $\frac{p}{V(p_0 - p)}$ 对 $\frac{p}{p_0}$ 作图，可得一直线，斜率为 $\frac{C-1}{CV_m}$，截距为 $\frac{1}{CV_m}$。

由斜率和截距可计算出 V_m：

$$V_m = \frac{1}{斜率 + 截距}$$

若知道每个被吸附分子的截面积，即可求出吸附剂的表面积：

$$S = \frac{V_m N_A \sigma}{22400\text{mL} \times m}$$

式中，N_A 为阿伏伽德罗常数，$6.022 \times 10^{23}\,mol^{-1}$；$\sigma$ 为每个吸附质分子的截面积，N_2 分子的截面积为 $1.62 \times 10^{-19}\,m^2$；$m$ 为吸附剂质量，g；V_m 为吸附氮气的体积，mL；1mol 理想气体体积为 22400mL。

本实验采用气相色谱法测定吸附量。以氮气为吸附质，以氢气（或氦气）作载气，两种气体按一定的比例混合，达到指定的相对压力。将混合气体通过被测固体样品，当样品置入液氮冷阱中，样品对混合气体中的氮气发生吸附，而对载气不发生吸附。此时记录纸上出现一个吸附峰。当冷阱移出后，氮气脱附，在记录纸上又出现一个脱附峰。用纯氮气标定后，就可以计算出氮气在相应压力下的吸附量。改变氮气和载气的比例，可以测出氮气在不同压力下的吸附量。由此按 BET 公式作图，即可计算出催化剂的比表面积。

3. 镍铝催化剂制备的试验设计和数据处理

煅烧后得到的镍铝催化剂的比表面积取决于镍铝层状水滑石结构的催化剂前体的比表面积，因此，调控和优化制备工艺参数，可以得到比表面积最大的催化剂产物。新材料、新产品的研制通常需要做许多次试验，以摸索最佳的配方和工艺条件。我国科技界称这种工作过程为"炒菜"。为了争取少走弯路，用较少的试验次数就能找到最佳条件，进而利用最佳条件的数学模型控制和优化制备过程，就需要建立有效的试验设计方法和数据处理算法。

（1）试验设计的方法和原则

① 试验设计基本要素

a. 指标：用来衡量试验效果好坏的特征值。

指标分类：定量指标（数量指标，如强度、质量、产量、合格率、成活率、废品率、转化率等）；定性指标（非数量指标，如颜色、味道、光泽等）。

指标的选择要求：选择客观性强，且易于量化即经过仪器测量而获得的指标；选择灵敏度高且精确性强的参数作为指标。

b. 因素：对试验指标有影响的原因或要素，也称为因子，它是在进行试验时重点考察的内容。因素一般用大写字母 A、B、C 等来标记，如因素 A、因素 B、因素 C 等。

因素分类：可控因素（温度、时间、种类、浓度等）；不可控因素（风速、气温等）。

选择因素的原则：抓住主要因素（将影响较大的因素选入试验），同时要考虑因素之间的交互作用；找出非主要因素，并使其在试验中保持不变，以消除其干扰作用。

c. 水平：因素在试验中所处的不同状态，可能引起指标的变化。

② 正交试验设计方法。正交试验设计是利用"正交表"进行科学的安排与分析多因素试验的方法。其主要优点是能在很多试验方案中挑选出代表性强的少数几个试验方案，并且通过这少数试验方案的试验结果的分析，推断出最优方案，同时还可以作进一步分析，得到比试验结果本身给出的还要多的有关各因素的信息。

a. 正交表的记号及含义：

$$L_N(q^S)$$

式中，L 为正交表的代号；S 为正交表的列数（最多能安排的因素个数，包括交互作用、误差等）；q 为各因素的水平数（各因素的水平数相等）；N 为正交表的行数（需要做的试验次数）。

b. 正交表的特点：在试验安排中，所挑选出来的水平组合是均匀分布的（每个因素的各水平出现的次数相同），即均衡分散性；任意两因素的各种水平的搭配在所选试验中出现的次数相等，即整齐可比性。

③ 正交试验设计的基本步骤

a. 确定目标、选定因素（包括交互作用）、确定水平。

b. 选用合适的正交表。

c. 按选定的正交表设计表头，确定试验方案。

d. 组织实施试验。

e. 试验结果分析。

（2）试验数据处理

试验数据处理采用 Master 软件的数据处理模块进行试验因素重要性排序，筛选试验条件。

三、实验仪器与试剂

1. 仪器

干燥箱，磁力搅拌器，烧杯（100 mL），搅拌磁子，水热反应釜（100mL，内衬聚四氟乙烯），离心机，玛瑙研钵，氮气吸脱附仪，5 号样品袋等。

2. 试剂

九水合硝酸铝，六水合硝酸镍，尿素，十六烷基三甲基溴化铵等。所有试剂均为分析纯。

四、实验步骤

1. 试验设计

确定指标、因素和水平，选定试验设计方法，筛选试验条件。本试验中的试验指标为比表面积（m^2/g），影响层状镍铝氢氧化物前体的比表面积的因素有硝酸铝的物质的量、硝酸镍的物质的量、水热反应温度、水热反应时间、表面活性剂十六烷基三甲基溴化铵的物质的量和 pH 等，其中硝酸铝的物质的量、硝酸镍的物质的量、十六烷基三甲基溴化铵的物质的量、水热反应温度、水热反应时间为可控变量，pH 由硝酸铝、硝酸镍和尿素的物质的量决定，为不可控变量。

若每个待考察因素选取 4 个水平，正交表选择 L_{16}（4_5），需要做 16 次试验，见图 19-1。

硝酸铝的物质的量（mmol）：0.8、2.4、4.0、5.6。

硝酸镍的物质的量（mmol）：0.8、2.4、4.0、5.6。

十六烷基三甲基溴化铵的物质的量（mmol）：1、5、10、15。

水热反应温度 T（℃）：60、100、140、180。

水热反应时间 t（h）：3、7、11、15。

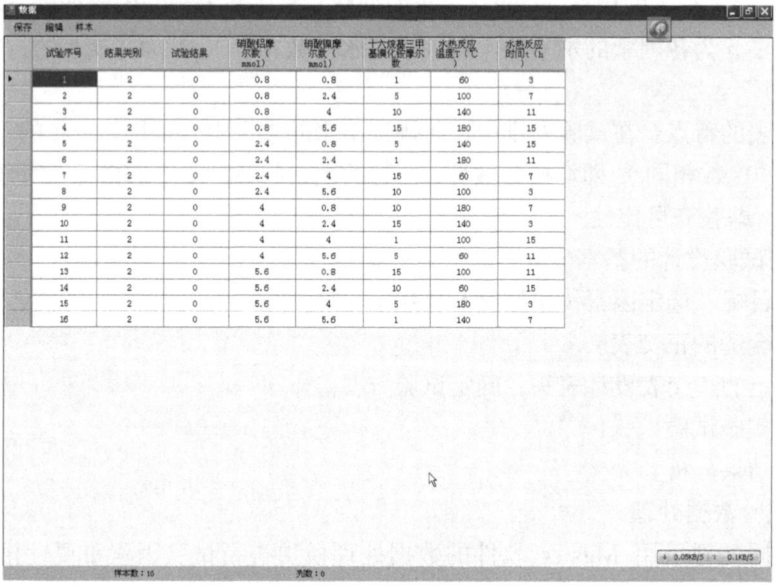
数据
保存 编辑 样本

试验序号	结果类别	试验结果	硝酸铝摩尔数（mmol）	硝酸镍摩尔数（mmol）	十六烷基三甲基溴化铵摩尔数	水热反应温度T（℃）	水热反应时间t（h）
1	2	0	0.8	0.8	1	60	3
2	2	0	0.8	2.4	5	100	7
3	2	0	0.8	4	10	140	11
4	2	0	0.8	5.6	15	180	15
5	2	0	2.4	0.8	5	140	15
6	2	0	2.4	2.4	1	180	11
7	2	0	2.4	4	15	60	7
8	2	0	2.4	5.6	10	100	3
9	2	0	4	0.8	10	180	7
10	2	0	4	2.4	15	140	3
11	2	0	4	4	1	100	15
12	2	0	4	5.6	5	60	11
13	2	0	5.6	0.8	15	100	11
14	2	0	5.6	2.4	10	60	15
15	2	0	5.6	4	5	180	3
16	2	0	5.6	5.6	1	140	7

样本数：16　列数：0

图 19-1　正交表数据示意图

2. 进行试验

以 1 号试验为例，具体操作步骤如下：

① 量取 80mL 去离子水，加入 0.8mmol 硝酸铝、0.8mmol 的硝酸镍，充分溶解后，加

入 1mmol 的十六烷基三甲基溴化铵和 4.8mmol 的尿素，磁力搅拌充分反应后转入 100mL 的聚四氟乙烯内衬中，旋紧反应釜，置于烘箱中。调节烘箱温度为 60℃，待温度达到后，设定反应时间为 3h。反应结束后，关闭烘箱，自然冷却至室温。

② 打开反应釜，离心分离产物，分别用去离子水和乙醇洗涤 3 次，置于 120℃烘箱中干燥 1h。

③ 产物干燥后，用研钵研磨，测定比表面积。

五、实验数据记录与处理

1. 采用 Master 软件的数据处理模块进行试验因素重要性排序，筛选试验条件。
2. 建立比表面积与各试验条件之间的定性、定量关系的数学模型。

六、思考题

1. 什么是可控因素？什么是不可控因素？在本试验中哪些变量是可控的，哪些是不可控的？
2. 正交表选择的原则是什么？
3. 简述应用 Master 软件进行试验数据处理的过程。如何确定变量的重要性？如何进行回归建模？
4. 根据建立的数学模型分析试验条件进一步优化的方向。

七、应用实例

1. 正交设计应用实例

通过一系列试验，寻找在一定温度、压力、管道流速、主物料配比下最理想的试验主产物产量，设试验各条件的数值如下：

温度：200℃，250℃，300℃。

压力（1atm=101325Pa）：1.00atm，1.25atm，1.50atm。

管道流速：0.5cm/s，1.0cm/s，1.5cm/s。

主物料配比：70%，80%，90%。

启动 Master 软件，出现"欢迎使用 MASTER 软件"对话框，点击"新建一个项目"，给新项目取个名称，进入程序主界面后，点击菜单项"设计"→"正交设计"，出现正交设计的对话框。对话框开始显示的是总结前人经验的表格，点击左上角的第二个选择按键"选择正交表"，出现一个下拉框可以进行正交表的选择。选择 L9（3_4），即 3 水平、4 因素、做 9 个试验的正交表，如图 19-2。

然后点击图 19-2 上方的"填写因素水平"按键，出现图 19-3。将图 19-3 中的"因素 1"改为"温度（摄氏度）"，水平里分别填写上 200、250、300，其余类推。

在图 19-3 的实验详细说明里可以写一下本试验的注意事项、报告等。也可以略过不写，直接点击图 19-3 下方的"确定"按键，形成一个如图 19-4 所示的文件。

图 19-4 是根据正交设计得出的试验表格。因为实际上还没有进行试验，所以试验结果和结果类别都为 0。完成试验后，将试验结果和结果类别填写完毕，就接着可以用数据挖掘方法进行分析。

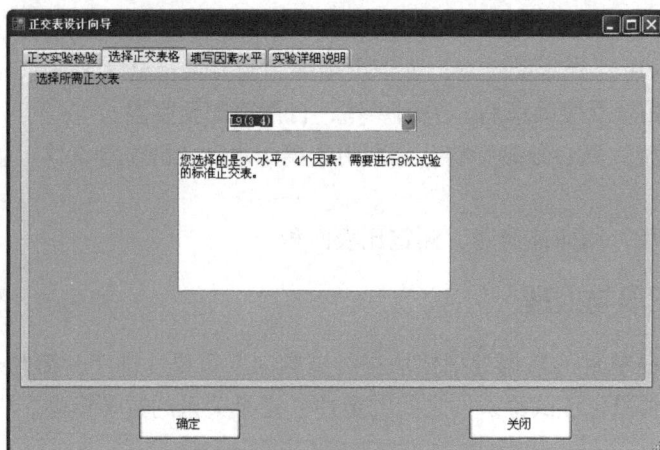

图 19-2　选择正交表格菜单

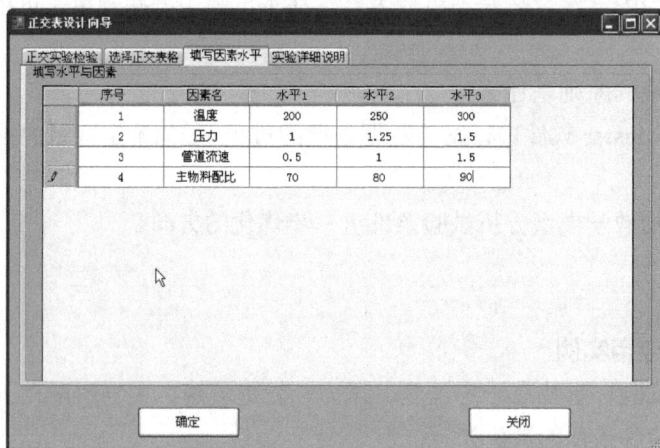

图 19-3　填写因素水平

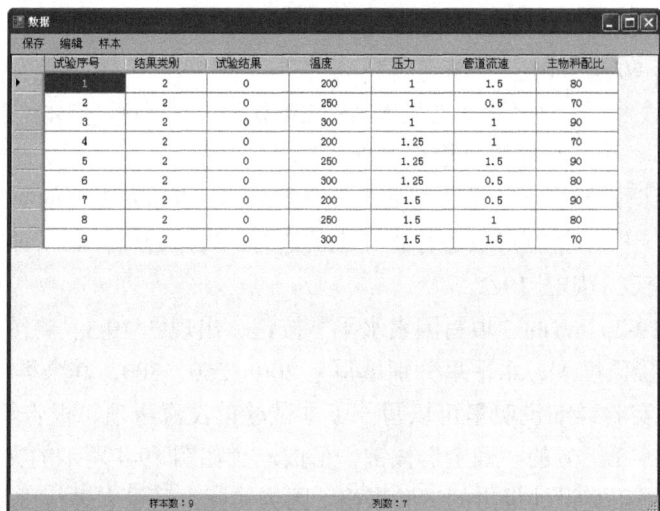

图 19-4　正交设计设置结果

2. 利用主成分分析进行数据挖掘应用实例

启动 Master，点击“数据分析”，出现数据分析对话框。打开所需分析的数据文件，出现图 19-5 所示。

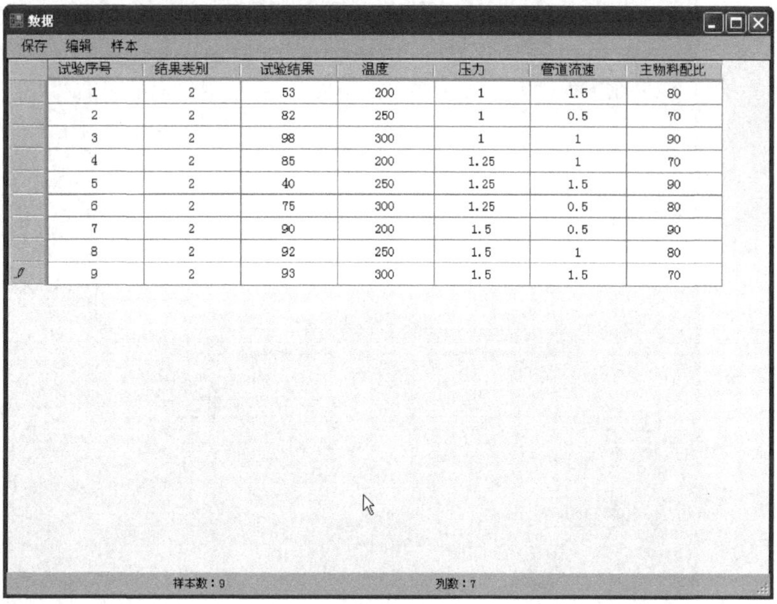

试验序号	结果类别	试验结果	温度	压力	管道流速	主物料配比
1	2	53	200	1	1.5	80
2	2	82	250	1	0.5	70
3	2	98	300	1	1	90
4	2	85	200	1.25	1	70
5	2	40	250	1.25	1.5	90
6	2	75	300	1.25	0.5	80
7	2	90	200	1.5	0.5	90
8	2	92	250	1.5	1	80
9	2	93	300	1.5	1.5	70

图 19-5　主成分数据分析对话框

点击样本菜单中的“类别定义”，将满足条件的样本设为 1 类样本，其他样本自动为 2 类样本，出现如图 19-6 所示。

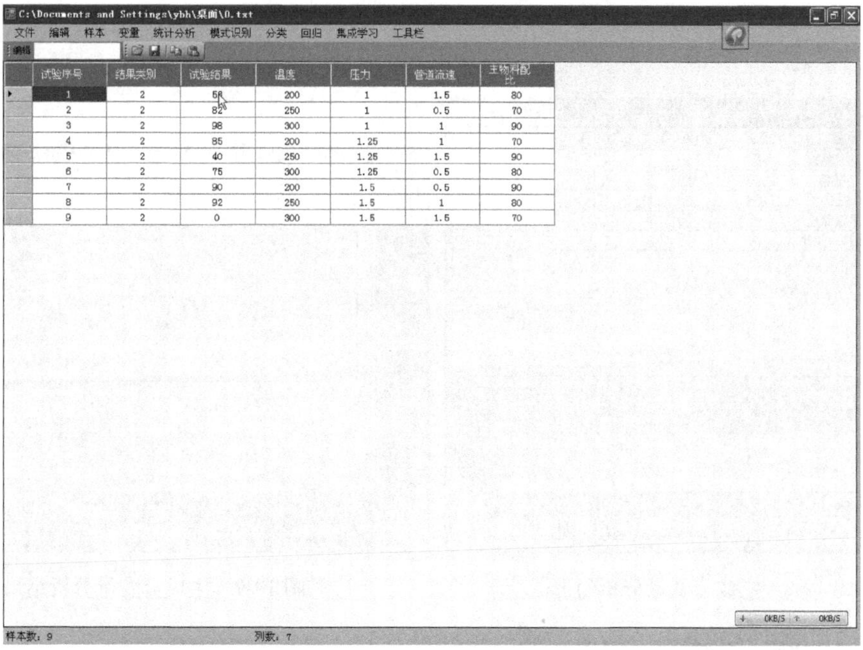

试验序号	结果类别	试验结果	温度	压力	管道流速	主物料配比
1	2	58	200	1	1.5	80
2	2	82	250	1	0.5	70
3	2	98	300	1	1	90
4	2	85	200	1.25	1	70
5	2	40	250	1.25	1.5	90
6	2	75	300	1.25	0.5	80
7	2	90	200	1.5	0.5	90
8	2	92	250	1.5	1	80
9	2	0	300	1.5	1.5	70

图 19-6　类别定义归类设置框

点击"确定"出现图 19-7。

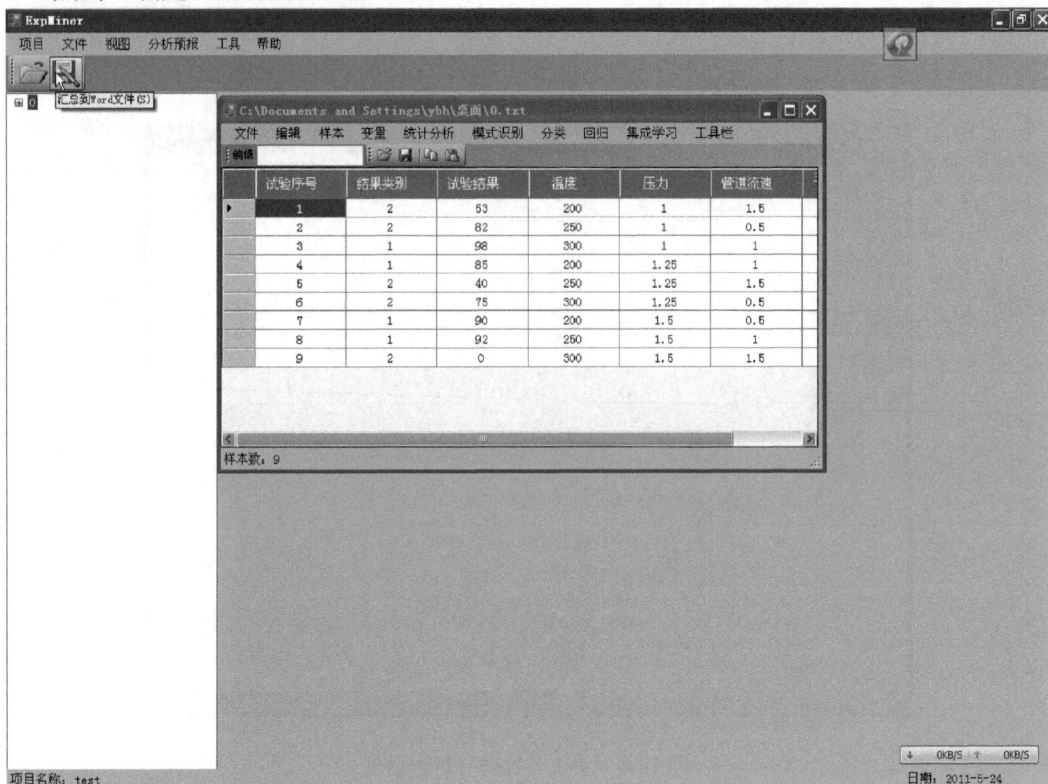

图 19-7　类别归类结果

点击数据挖掘菜单中的"主成分分析方法"，得图 19-8。

点击"确定"，出现图 19-9。

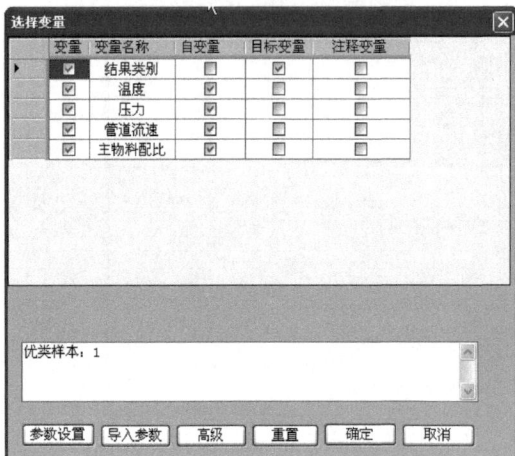

图 19-8　主成分变量分析勾选框

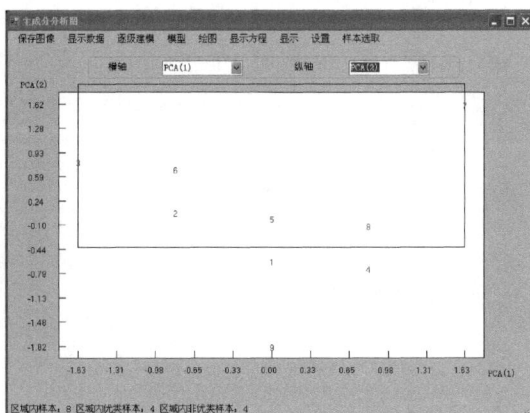

图 19-9　主成分变量分析结果

从图 19-9 中可以看出，样本点的分类结果良好，且可看出优化方向。

实验二十

3-（4-氰基苯基)-4-异噁唑甲酸乙酯的合成

一、实验目的

1. 了解异噁唑化合物的应用和制备方法。
2. 巩固电磁搅拌、加热、旋转蒸发仪、薄层色谱、重结晶等操作方法。

二、实验原理

1. 异噁唑化合物的应用和研究背景

异噁唑类化合物是含有 N、O 的五元杂环化合物，它们的环状分子骨架具有三个可变点。异噁唑类衍生物结构中 N、O 杂原子的杂环的存在，为生物碱和相关天然化合物的全合成提供了特别有效而便捷的途径。此类化合物常常作为关键中间体用于合成生物碱和一些复杂天然产物；许多异噁唑类化合物还被开发成除草剂、杀菌剂、杀虫剂等多种农用化学品，对稗草表现出极好的除草活性，从出芽前到长成四叶阶段施药都非常有效，并且对转基因水稻有很好的兼容性；另外，异噁唑还可与金属离子组成共轭体系，利用氧化还原开关效应，选择性传感识别阳离子客体，这类氧化还原开关材料在电致变色、光电记忆和光通信领域具有较大的应用价值。异噁唑类化合物在有机合成中还是一种有多种功用的构建砌块，可以转化为多种重要的合成基团如 β-羟基酮、γ-氨基醇、α,β-不饱和肟、β-羟基腈等，见图 20-1。

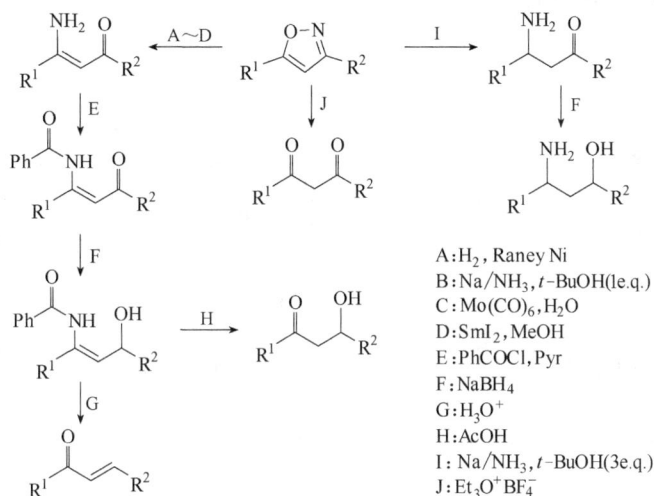

A：H$_2$, Raney Ni
B：Na/NH$_3$, t-BuOH(1e.q.)
C：Mo(CO)$_6$,H$_2$O
D：SmI$_2$,MeOH
E：PhCOCl, Pyr
F：NaBH$_4$
G：H$_3$O$^+$
H：AcOH
I：Na/NH$_3$, t-BuOH(3e.q.)
J：Et$_3$O$^+$BF$_4^-$

图 20-1　异噁唑类化合物的转化

2. 异噁唑化合物的合成方法

异噁唑环的合成方法很多，从反应类型上，异噁唑衍生物的合成方法可以归纳为：

a. 腈氧化合物与不饱和键的偶极环加成反应；
b. 羟胺与 1,3-二羰基和 β-酮酸酯类化合物的环加成反应；
c. 分子内羟肟与不饱和键的反应；

d. 其他的一些特殊合成反应。

3. 1,3-偶极体与烯烃的[2+3]反应

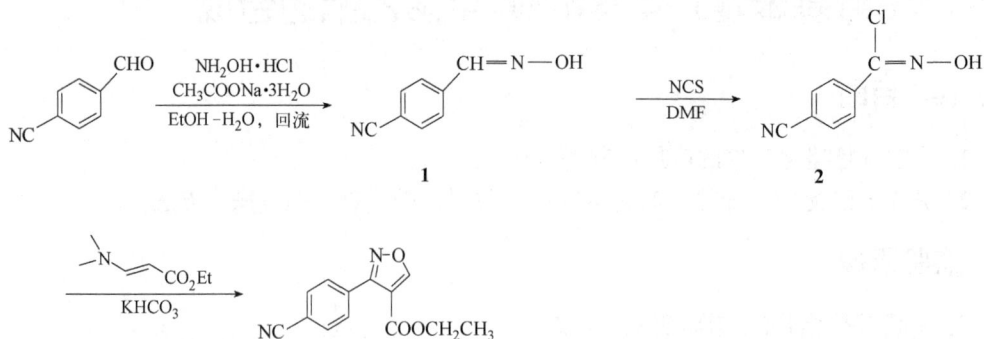

三、实验仪器与试剂

1. 仪器

带电磁搅拌的加热套，三口烧瓶（100mL），冷凝管，旋转蒸发仪，循环水式真空泵，布氏漏斗，抽滤瓶，烧瓶，烧杯（600mL），温度计，表面皿，不锈钢勺，普通漏斗，铁夹等。

2. 试剂

对氰基苯甲醛，盐酸羟胺，三水合乙酸钠，N-氯代丁二酰亚胺（NCS），3-（二甲氨基）丙烯酸乙酯，碳酸氢钾，乙醇（95%），N,N-二甲基甲酰胺（DMF），乙酸乙酯，活性炭，石油醚（60~90℃）等。所有试剂均为分析纯。

3. 实验装置图（图 20-2）

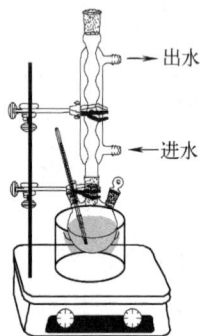

(a) 亲核加成-消除反应步骤装置图　　(b) 热过滤装置图　　(c) 抽滤装置图

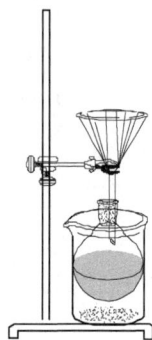

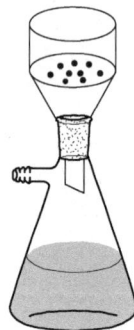

图 20-2　实验装置图

4. 实验试剂的结构式、结构简式及分子量（表 20-1）

表 20-1　实验试剂的结构式、结构简式及分子量

化合物名称	结构简式	结构式	分子量
对氰基苯甲醛	C_8H_5NO		131.04

化合物名称	结构简式	结构式	分子量
三水合乙酸钠	C₂H₉O₃Na·3H₂O	CH₃COONa·3H₂O	136.08
N-氯代丁二酰亚胺	C₄H₄ClNO₂	(结构式)	133.53
对氰基苯甲醛肟	C₈H₆N₂O	(结构式)	146.15
4-氰基-N-羟基亚胺苄基氯	C₈H₅ClN₂O	(结构式)	180.58
3-（二甲氨基）丙烯酸乙酯	C₇H₁₃NO₂	(结构式)	143.18
碳酸氢钾	KHCO₃	KHCO₃	100.25
3-(4-氰基苯基)-4-异噁唑甲酸乙酯	C₁₃H₁₀N₂O₃	(结构式)	242.23

四、实验步骤

1. 亲核加成-消除反应

① 在装有回流冷凝管的 100mL 三口烧瓶中倒入 16mL 95%乙醇，搅拌条件下加入对氰基苯甲醛（5.00g，0.0382mol），将盐酸羟胺（3.9g，0.0573mol）、三水合乙酸钠（7.80g，0.0573mol）溶于 10mL 蒸馏水后与之前溶液混合，加热到 80℃反应 40min。

② 将反应液冷至室温后，转移到 150mL 圆底烧瓶中，用旋转蒸发仪旋去乙醇，反应液中有白色固体析出，冷却，抽滤，水洗后得对氰基苯甲醛肟固体。

③ 将少量的固体放在样品管中，加乙酸乙酯溶解，与原料对氰基苯甲醛的乙酸乙酯溶液进行薄层色谱分析，展开剂为石油醚-乙酸乙酯（体积比为 4∶1），在紫外灯下观察色谱板上原料反应的情况（图 20-3）。

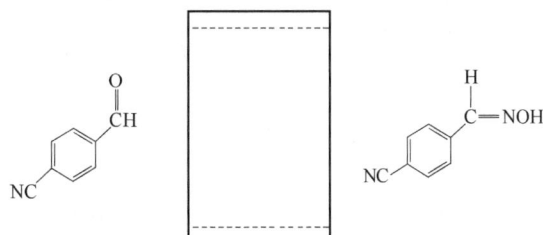

图 20-3　亲核加成-消除反应产物的薄层色谱分析

④ 记录此步骤产物的量。

注：反应得到的固体样品含水，以样品 70%的量作为标准进行下个步骤的反应。

2. 氯化反应

① 将上个步骤得到的固体样品投入 100mL 三口烧瓶中，加入 30mL DMF 溶剂搅拌使其溶解，装上回流管及温度计。

② 按折算后对氰基苯甲醛肟与 NCS 的物质的量之比为 1∶1 的关系称取 NCS，在室温条件下，10min 内分批加入反应瓶中，加完后，控制温度在 80℃ 条件下继续搅拌反应 30min。停止反应，在上述反应液中，补加 15mL DMF，冷却至室温。

③ 取少量溶液放在样品管中，加乙酸乙酯溶解，与原料对氰基苯甲醛肟的乙酸乙酯溶液进行薄层色谱分析，展开剂为 4∶1 的石油醚-乙酸乙酯，在紫外灯下观察色谱板上原料反应的情况（图 20-4）。

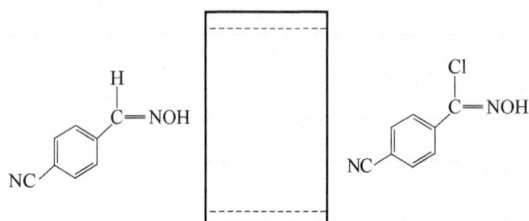

图 20-4　氯化反应产物的薄层色谱分析

3. 环加成反应

① 用针筒抽取 6 mL 3-（二甲氨基）丙烯酸乙酯加入上述步骤的 DMF 溶液中，搅拌条件下在 20min 内向反应瓶中加入 2.0g 的碳酸氢钾固体，加毕，继续搅拌反应 20min。

② 将上述反应液倒入盛有 200mL 蒸馏水的 600mL 烧杯中，并不断搅拌。在大量固体析出后，抽滤，水洗，得到固体初产物。

③ 将少量的固体初产物放在样品管中，加乙酸乙酯溶解，与氯化反应的乙酸乙酯溶液进行薄层色谱分析对比，展开剂为 8∶1 的石油醚-乙酸乙酯，在紫外灯下观察色谱板上原料反应的情况（图 20-5）。

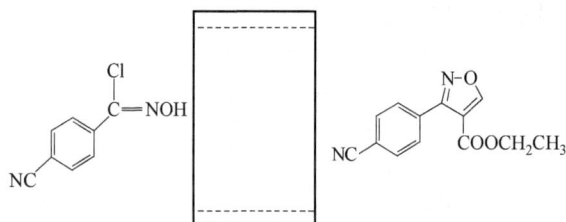

图 20-5　环加成反应产物的薄层色谱分析

4. 重结晶

① 将固体初产物称重后投入 150mL 的圆底烧瓶中，以固体初产物（质量）∶乙酸乙酯（体积）=1∶（3~4）的比例加入乙酸乙酯，进行初产物的重结晶。重结晶后的产物用少量石油醚洗涤，抽干。

② 将少量重结晶后的固体放在样品管中，加乙酸乙酯溶解，与初产物进行薄层色谱分析对比，展开剂为 8∶1 的石油醚-乙酸乙酯，在紫外灯下观察色谱板上纯化的效果（图 20-6）。

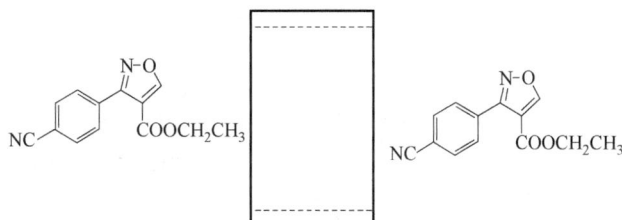

图 20-6　重结晶产物的薄层色谱分析

③ 产品经自然晾干后称重，计算总的反应产率。

五、思考题

1. 写出下列反应的反应机理。

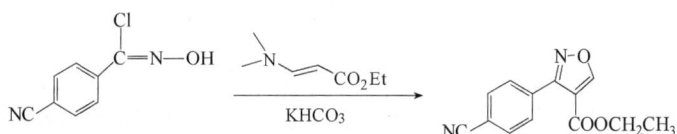

2. 在对重结晶溶液进行热过滤时，为什么要尽可能减少溶剂的挥发？如何减少？
3. 简述旋转蒸发仪的操作步骤和使用注意事项。

实验二十一

苯并二氮卓的合成和毒性快速检测

一、实验目的

1. 了解苯并二氮卓衍生物的用途和常见制备方法。
2. 合成苯并二氮卓，并学会用薄层色谱及 GC-MS 监测反应进程。
3. 学会用熔点测定、GC-MS、^{1}H NMR 和 ^{13}C NMR 表征产物。
4. 掌握用活体生物进行药物毒性快速检测的方法。

二、实验原理

　　杂环化合物是一类含有至少一个非碳原子的有机环状化合物，多数都具有潜在的生理或药理活性。其中，含氮杂环骨架被发现广泛存在于小分子药物如吗啡、用于治疗艾滋病的抗病毒药齐多夫定（AZT）及头孢菌素等中，因此含氮杂环是合成这类化合物的重要中间体。作为含氮杂环化合物中的重要一类，苯并二氮卓类衍生物是一类苯环和七元环稠合的含有两个氮原子的杂环化合物，可用于合成许多药物，在临床上用于失眠、精神焦虑、过敏、抑郁、惊厥、炎症等的治疗，代表性药物有镇静安神的地西泮（diazepam）和阿普唑仑（alprazolam）、治疗焦虑或抑酸作用的 lofendazam、telezepine 以及治疗胃溃疡兼有镇痛作用的胆囊收缩素（CCK₂）受体拮抗剂等（图 21-1）。

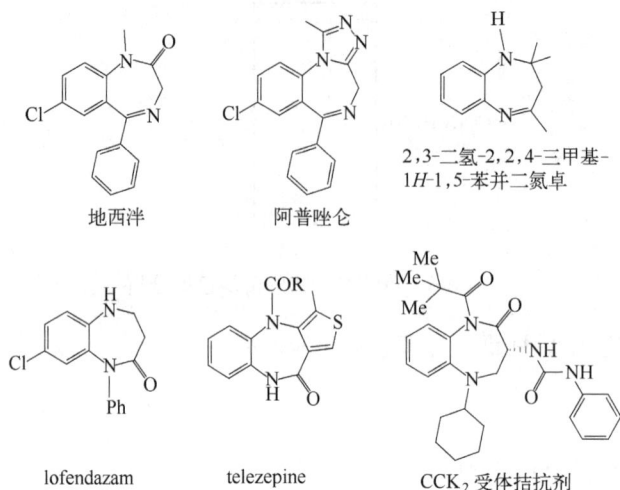

地西泮 阿普唑仑 2,3-二氢-2,2,4-三甲基-1H-1,5-苯并二氮卓

lofendazam telezepine CCK₂ 受体拮抗剂

图 21-1 苯并二氮卓类衍生物

本实验中合成的 2,3-二氢-2,2,4-三甲基-1H-1,5-苯并二氮卓，与地西泮和阿普唑仑中的苯并二氮卓骨架为位置异构体。此化合物的常用合成方法是在路易斯酸或过渡金属盐的催化下使邻苯二胺与 α,β-不饱和羰基化合物、α-卤代酮或酮发生缩合。本实验在氨基磺酸催化下，采用邻苯二胺与丙酮进行缩合得到目标产物（图 21-2）。

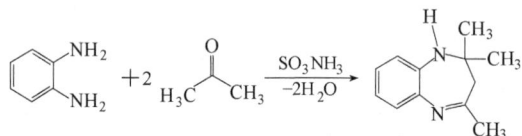

图 21-2 实验反应方程式

通常，当一个有可能作为新药的药物合成后，在进行更高级或昂贵的临床研究之前，需要先进行一系列试验来检测其总体毒性和治疗效果。一个实验室常用的初步估测药物毒性的技术是针对相应细胞或活体生物，配制一系列不同浓度的药物溶液，使其平行作用于试验对象，从而找出药物的最小毒性浓度或最小致死量。例如，针对红细胞的毒性检测试验，是将不同浓度的稀释药物溶液平行作用于红细胞，通过观测发生溶血（即红细胞溶解）现象的细胞比例来估测药物毒性，以 HD₅₀（溶血细胞比例达到 50%时的药物浓度）表示药物毒性；针对活体生物如细菌，可将药物溶液作用于细菌，通过观测细菌死亡率来估测药物毒性，以 LD₅₀（细菌死亡率达 50%时的药物浓度）表示药物的最小致死量。本实验采用卤虫（俗称海猴子，一种可用于喂食鱼类的水生活体生物）和小金鱼，与一系列不同浓度的苯并二氮卓溶液作用，通过卤虫死亡率和金鱼的毒性反应及死亡时间来对药物毒性进行快速检测。

三、实验仪器与试剂

1. 仪器

蛋形瓶（25mL、100mL），分液漏斗（25mL），玻璃砂芯漏斗（10mL），抽滤瓶（50mL），19 号磨口，试管（5mL），盐水瓶塞，移液器（5mL），广口瓶（500mL），孵化卤虫用，薄层色谱硅胶板（GF254，1cm×5cm），磁力搅拌器（带磁子），旋转蒸发仪，气-质联用（GC-MS）仪，核磁共振波谱仪，紫外光谱仪（254nm），熔点仪，电子天平等。

2. 试剂

邻苯二胺，丙酮，二氯甲烷，无水硫酸钠，氯化钠（饱和），异丙醇，正己烷（亦可用30~60℃石油醚），乙醇。所有试剂为分析纯。

四、实验步骤

1. 卤虫的孵化

提前两天进行孵化工作。将买到的速冻-干燥的卵，按说明书进行孵化，并用鼓泡器向水中持续充氧（若无卤虫，可尝试用水蚯蚓或鱼虫代替）。

2. 2,3-二氢-2,2,4-三甲基-1H-1,5-苯并二氮卓的合成

向 25mL 蛋形瓶内依次加入 0.56g 邻苯二胺、4mL 丙酮和 0.10g 氨基磺酸，用盐水瓶塞盖好盖子，在室温下搅拌至薄层色谱分析显示邻苯二胺消失（约 30~60min）。用 7mL 蒸馏水将反应瓶中混合物转移至分液漏斗中，加入 10mL 二氯甲烷萃取，重复 3 次萃取，除去水层后，合并有机相，用 10mL 饱和氯化钠溶液洗涤，有机相用无水硫酸钠干燥。过滤（用二氯甲烷洗涤干燥 2 次），洗液与滤液合并入 100mL 蛋形瓶后在旋转蒸发仪上蒸除溶剂，得到固体粗产物。向瓶中加入 1mL 1：1 的异丙醇-正己烷（体积比），研磨产物 2min，用玻璃砂芯漏斗抽滤。加入 1mL 1：1 异丙醇-正己烷（体积比）于砂芯漏斗中，对固体再次研磨后抽干溶剂。

同时进行 GC-MS 分析跟踪反应进程。

3. 苯并二氮卓的毒性快速检测

（1）用卤虫进行毒性检测

对 3 支 5mL 试管编号，分别称取 10mg、5mg 纯化后的产物放入 1 号与 2 号管内，再分别向 3 支试管内加入 0.1mL 乙醇。振荡试管使 1 号、2 号管内产物全溶，用移液器量取 2mL 卤虫的盐-水悬浊液至 3 支试管中，在 30min 内，每隔 5min 记录一次活卤虫的比例。

（2）用小金鱼进行毒性检测

对 3 个 100mL 烧杯进行编号，加入 20mL 蒸馏水后，分别将金鱼（身长 1.5cm）放入。依次称量 20mg、10mg、5mg 纯化后的产物，分别溶于盛有 1mL 乙醇的离心管中。将不同浓度的乙醇溶液同时倒入对应编号的烧杯，在 30min 内，每隔 5min 记录一次现象。

五、实验数据记录与处理

1. 将 GC-MS 所得数据填入表 21-1。
2. 将快速毒性分析的数据分别填入表 21-2 和表 21-3。

表 21-1 GC-MS 分析数据

反应时间/min	中间产物产率/%	最终产物产率/%
10		
15		
20		
30		

表 21-2 对卤虫的毒性检测数据

观察时间/min	5	10	15	20	25	30
卤虫存活比例/%						

表 21-3 对小金鱼的毒性检测数据

观察时间/min	5	10	15	20	25	30
金鱼活动情况记录						

六、实验结果分析与讨论

采用 GC-MS 跟踪 2,3-二氢-2,2,4-三甲基-1H-1,5-苯并二氮卓合成反应的进程，并对结构进行表征。

1. 提取反应 10min 时的色谱图与质谱图。

2. 提取反应 20min 时的色谱图与质谱图。

七、实验注意事项

1. 研磨前，欲得到固体粗产物，须用无水硫酸钠干燥 15min 以上，并将溶剂彻底蒸除。若得到固/油状物，用洗耳球轻轻吹除残余溶剂，大部分情况下，可得到固体。

2. 纯化后的产物须严格按要求称量，并在乙醇中全溶后，卤虫悬浊液才能加入。此顺序不可颠倒，否则分析结果不可靠。

3. 基于所用试剂邻苯二胺、丙酮、正己烷、异丙醇、二氯甲烷具有一定毒性并易燃，且氨基磺酸有腐蚀性，所有操作步骤应在通风橱内进行。

八、思考题

1. 本实验中合成的产物是否具有手性？采用 3-戊酮代替丙酮，所得产物有无手性？给出产物结构，标出手性碳原子。

2. 根据 GC-MS 跟踪反应进程时得到的谱图推测反应机理，并解释氨基磺酸在反应中所起的作用。

3. 解释在空白试管（3 号管）中卤虫行动变得迟缓、最后死亡的原因。

实验二十二

高效液相色谱法测定饮料中的防腐剂苯甲酸

一、实验目的

1. 熟悉 HPLC 仪器的使用方法。
2. 学习用保留值定性分析的方法。
3. 在熟悉色谱原理的基础上，掌握定性和定量的基本方法。
4. 熟悉液相色谱中样品前处理的基本方法。

二、实验原理

在一定的色谱条件下，各组分都有其特定的保留值。因此它可以作为定性鉴定的依据。通常在相同的色谱条件下，用标准样品作对照，根据同一样品在相同色谱条件下保留值一致的原则进行定性分析。

由于仪器性能的局限性，必须多次改变实验条件，只有当被测组分和标准样品具有相同保留值时，才可视为同一组分。

苯甲酸（图 22-1）作为一种防腐剂，被广泛应用于食品工业中，对酵母菌、霉菌和细菌都有抑制作用，能延长食品保存时间，常用于碳酸和果汁饮料、果酒、果冻、糕点、酱油、食醋和调味料等中。乱用和超标使用防腐剂可能造成危害。因此，防腐剂的质量控制就变得尤为重要。高效液相色谱法是饮料中防腐剂测定的常用方法。

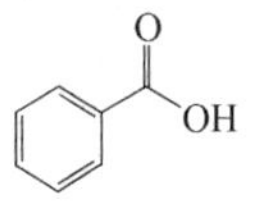

图 22-1 苯甲酸的结构式

色谱定量分析的依据是被测物质的量与它在色谱图上的峰面积（或峰高）成正比。数据处理软件可以给出包括峰高和峰面积在内的多种色谱数据。因为峰高比峰面积更容易受分析条件波动的影响，且峰高标准曲线的线性范围也较峰面积的窄，因此，通常情况采用峰面积进行定量分析。

标准曲线法（外标法）：将被测组分的标准物质配制成不同浓度的标准溶液，经色谱分析后制作一条标准曲线，即物质浓度与其峰面积的关系曲线；根据样品中待测组分的色谱峰面积，从标准曲线上即可查得相应的浓度。

三、实验仪器与试剂

1. 仪器

高效液相色谱仪（Alliance HPLC），台式高速离心机，溶剂过滤器，水系混合纤维素酯滤膜（直径 50mm，孔径 0.45μm），一次性微量注射器（2mL），针式过滤器，超纯水系统，超声波清洗器，电子分析天平，容量瓶（250mL），移液器，量筒（10mL）等。

2. 试剂

甲醇（HPLC），乙酸铵（AR），苯甲酸（AR），七喜样品等。

3. 色谱条件

① 固定相：Waters XBrige C18 色谱柱（5μm，4.6mm×150mm）。

② 流动相：体积比为 5：95 的甲醇-乙酸铵（0.02mol/L，pH=6）。

③ 检测波长：230nm。

④ 流速：1.0mL/min。

⑤ 样品：七喜饮料。

⑥ 标准样品：苯甲酸。

⑦ 进样量：10μL。

本实验均在室温下完成。

四、实验步骤

1. 流动相的配制

将乙酸铵配制成浓度为 0.02mol/L 的盐溶液，把甲醇和盐溶液分别按 15：85、10：90、5：95 体积比配制成实验所需流动相，然后由 0.45μm 孔径的水系混合纤维酯滤膜进行真空过滤，脱气。

2. 标准溶液的配制

准确称取苯甲酸 0.27g 于 250mL 容量瓶中，用 80：20 的甲醇-水溶液定容，摇匀，分别移取该标准溶液 10mL、25mL、35mL、50mL、60mL 于 250mL 容量瓶，稀释至刻度，得到五种不同浓度的标准溶液。

3. 样品的前处理

移取七喜样品 25mL 置于 250mL 容量瓶中，加入 5mL 氢氧化钠（1.0mol/L），再加乙酸锌溶液（200g/L）、亚铁氰化钾溶液（100g/L）各 25mL，用二次蒸馏水定容、混匀，放置20min，用双层滤纸过滤后离心，待测。

4. 高效液相色谱定性鉴定

① 接通电源开关，打开检测器，启动高压泵，待稳定后，打开 Waters 的 Empower 软件。

② 用微量注射器注入样品溶液 10μL 于进样器，待流动相平衡后进样，得到色谱图，进行数据处理，在色谱图上分别标记出峰时间。

③ 注入标准样品溶液 10μL 于进样器，在相同的色谱条件下分析，记录组分的出峰时间。

④ 将样品溶液各峰的保留时间与标准样品的保留时间作对比，找出被定性的色谱峰。

5. 高效液相色谱定量测定

（1）绘制标准曲线

分别用不同浓度的标准溶液进样，每次进样 10μL，重复进样 3 次，以主峰面积对其浓度进行线性回归，求得回归方程。

（2）样品测定

准确移取不同批号的样品，按样品溶液制备方法制备，在上述色谱条件下，用外标法进行测定（重复 3 次），求得样品浓度，计算平均值和相对标准偏差。

五、思考题

1. 利用高效液相色谱定性的方法有哪几种？分别在什么情况下适用？

2. 本实验的色谱原理属于哪一类?

3. 与定性分析相比,用液相色谱进行定量分析时,实验操作中必须注意哪些问题?

4. 除外标法,液相色谱中还可以采用什么方法进行定量分析?

实验二十三

变色材料紫精化合物的合成及性质测定

一、实验目的

1. 掌握紫精化合物的制备方法,了解紫精化合物的变色原理。

2. 掌握称量、溶解、加热、过滤、洗涤、干燥等基本实验操作。

3. 熟悉有机化合物表征的常用手段。

二、实验原理

紫精化合物有着合成简便、产率高、结构可调控性强的优点。一般烷基取代基紫精的合成是将 4,4'-联吡啶与卤代烷烃溶解于 N,N-二甲基甲酰胺(DMF)或乙腈溶剂中回流,由于紫精化合物极性较大,反应过程中会从溶液中析出。反应结束后,只需将固体过滤、洗涤、干燥,就可以得到紫精化合物的纯品。本实验利用 2-溴-2'-羟基苯乙酮与 4,4'-联吡啶在 DMF 中反应,制备邻羟基苯乙酮取代基紫精。合成路线见图 23-1:

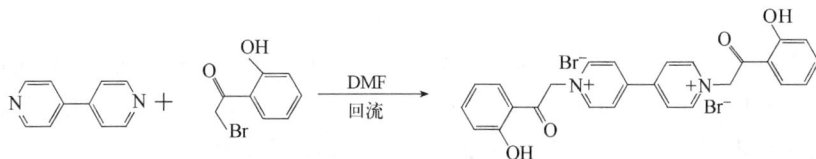

图 23-1 紫精化合物的合成路线

紫精化合物带有两个正电荷(V^{2+}),具有缺电子性。因此,很容易在外界条件如光、热、电或溶剂化等作用下被还原,生成紫精自由基阳离子($V^+\cdot$),也可继续得电子生成紫精电中性产物 V^0(见图 23-2),这三种不同电荷的紫精的颜色有着显著的差别。一般紫精双阳离子 V^{2+} 的紫外光谱在 200~300nm 区域显示吡啶环的特征吸收峰,而在可见光区无吸收。当紫精 V^{2+} 得到一个电子转变成 $V^+\cdot$ 后,由于吡啶 N 的电荷不同,电荷可以在整个吡啶环上离域,紫精自由

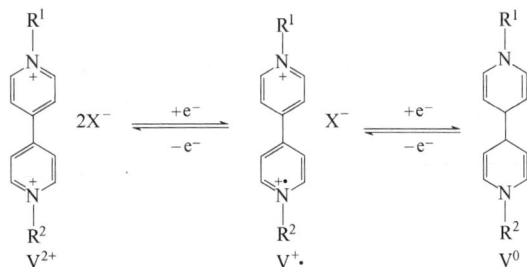

图 23-2 紫精得失电子的氧化还原过程

基阳离子 V⁺·通常会呈现比较深的颜色，而自由基不稳定很快又可以失去一个电子变回原来的物质，故紫精化合物可以呈现丰富而可逆的颜色变化。

本实验中的邻羟基苯乙酮取代基紫精，其分子中的亚甲基氢具有一定的活泼性，在偏碱性物质存在时易于脱离，使分子结构由酮式向烯醇式结构转化（见图 23-3），分子结构共轭体系增大，溶液颜色通常会加深，故该紫精化合物具有可逆还原及酮式-烯醇式转化两种变色原理。

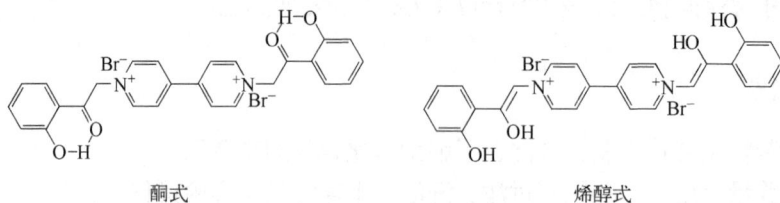

图 23-3　邻羟基苯乙酮取代基紫精酮式和烯醇式的结构式

三、实验仪器与试剂

1. 仪器

磁力搅拌器（杭州庚雨仪器有限公司 ZNCL-GS），电子天平（梅特勒 AL-104），真空干燥箱（上海慧泰仪器制造有限公司 DZF-6050），紫外-可见分光光度计（日本岛津公司 UV-3600i Plus），核磁共振光谱仪（Bruker Advance/AV 500 MHz），高分辨质谱仪（Agilent 6200）等。

2. 试剂

4,4′-联吡啶，2-溴-2′-羟基苯乙酮，丙酮，无水乙醇（EtOH），甲醇（MeOH），N,N-二甲基甲酰胺（DMF），N,N-二甲基乙酰胺（DMA），二甲基亚砜（DMSO），浓盐酸，浓氨水。所有试剂均为分析纯。实验用水为化学实验中心自制去离子水。

四、实验步骤

1. 紫精化合物的合成

称取 0.31g（2mmol）4,4′-联吡啶及 1.08g（5mmol）2-溴-2′ 羟基苯乙酮倒入反应瓶中，加入 8mL DMF 溶剂，溶液在 120℃回流 30min，有黄色沉淀生成，反应结束冷却到室温，减压抽滤收集沉淀，用 DMF 和丙酮分别洗涤沉淀 3 次，真空干燥，称重，计算产率。

2. 紫精化合物的变色性能测试

（1）溶剂化显色实验

取 10μL 3×10^{-3}mol/L 紫精化合物的水溶液分别溶解在 3mL 甲醇、乙醇、DMF、DMA 及 DMSO 溶剂中，配成浓度为 1×10^{-5}mol/L 的溶液，观察紫精化合物在不同溶剂里的溶液显色情况。

（2）热致变色实验

将 3×10^{-3}mol/L 的紫精化合物水溶液浸泡过的滤纸，自然晾干后贴到小烧杯外壁，分别将 25℃、40℃、60℃、80℃的水倒入烧杯中，观察滤纸在不同温度下的颜色变化。

（3）对 NH₃ 的可逆显色反应实验

① 用注射器从浓氨水试剂瓶中抽取 NH₃，注射到紫精样品表面，观察样品颜色变化，接着从浓盐酸试剂瓶中抽取 HCl 注射到变色后的样品表面，观察并记录现象。重复以上步骤至少 5 次，验证颜色变化的可逆性。

② 将浸泡过 $3×10^{-3}$ mol/L 紫精化合物水溶液的滤纸自然晾干，抽取 NH₃ 喷在滤纸上，观察 NH₃ 对滤纸的显色情况。

③ 用紫精化合物水溶液在滤纸上书写，晾干，抽取 NH₃ 喷在滤纸上，观察字体显色过程。

五、思考题

1. 表征紫精化合物的常用手段有哪些？
2. 化合物的热致变色性质可应用于哪些方面？
3. 查阅资料，了解更多紫精化合物与胺类物质的显色反应。

实验二十四

Barton-Zard 反应合成取代吡咯

一、实验目的

1. 学习 Barton-Zard 反应制备取代吡咯的原理及实验方法。
2. 巩固柱色谱分离的基本操作。
3. 了解通过核磁共振氢谱（¹H NMR）表征物质结构及波谱解析的基本方法。

二、实验原理

1. Barton-Zard 反应简介

Barton-Zard 反应是制备吡咯及其衍生物的常用方法，广泛用于天然产物、具有生物活性药物中间体的合成中。该方法常使用硝基乙烯和异氰酸酯为原料，在碱的催化下发生缩合。早在二十世纪七十年代，Schöllkopf 及其同事在研究金属稳定的异氰酸酯碳负离子（或称为 α-金属化异腈）的反应性时，发现通过碱催化的异氰基乙酸乙酯和硝基烯烃的环化反应，可得到 β,β-二甲基取代的吡咯产物［图 24-1（a）］。除硝基烯烃外，1984 年，Magnus 等报道了乙烯基砜类化合物与异氰基乙酸乙酯环化，同样可得到吡咯衍生物［图 24-1（b）］。在此基础上，Barton 和 Zard 等系统研究了硝基烯烃与异氰酸酯碳负离子合成取代吡咯的反应普适性和官能团兼容性［图 24-1（c）］。由于该方法原料易得、反应普适性和官能团兼容性好，现被称为"Barton-Zard 反应"。需要指出的是，该命名中未包括 Schöllkopf 和 Magnus 等早期研究者。因此，Zard 后来建议将其更名为 "Schöllkopf-Barton-Zard 反应"，以彰显 Schöllkopf 的开创性贡献。

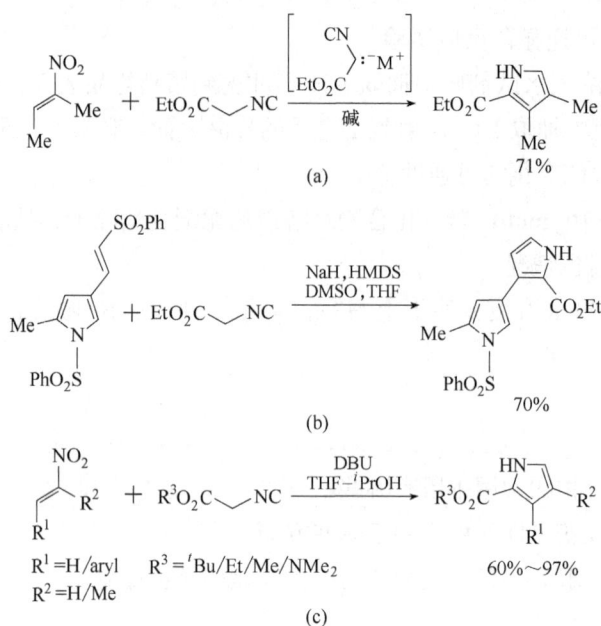

(a)

(b)

(c)

$R^1 = H/aryl \quad R^3 = {}^tBu/Et/Me/NMe_2$
$R^2 = H/Me$

图 24-1　Schöllkopf-Barton-Zard 反应示例

2. 反应机理

Schöllkopf-Barton-Zard 反应中，除以硝基烯烃为主要原料外，还可采用乙烯基（亚）砜或者氰基取代的烯烃为反应原料。其中，硝基烯烃常以 4-乙酰氧基-3-硝基己烷为前体，通过碱参与的消除反应原位制备。具体的反应机理（图 24-2）包括以下几个步骤：

① 碱促进的异氰基乙酸酯脱质子，生成相应的共轭碱；

② 共轭碱进攻硝基烯烃的共轭双键，发生 Michael 加成；

③ 由于异氰基端位碳原子具有两亲性（在此主要体现弱亲电性），进一步发生 "5-endo-dig" 环化得到环化中间体；

④ 最终环化中间体经过质子化/脱质子化、消除离去基团和重排生成吡咯产物。

三、实验仪器与试剂

1. 仪器

三口圆底烧瓶（100mL），滴液漏斗，烧杯（100mL），分液漏斗（250mL），锥形瓶（250mL），干燥管，核磁管（5mm），磁力搅拌器，搅拌子，天平，温度计套管，温度计，冰水浴，色谱柱，试管，薄层色谱板，旋转蒸发仪，油泵，核磁共振波谱仪等。

2.试剂

异氰基乙酸乙酯（AR），4-乙酰氧基-3-硝基己烷（硝基烯烃前体），1,8-二氮杂双环［5.4.0］十一碳-7-烯（DBU，AR），无水四氢呋喃（THF），无水异丙醇（IPA），乙醚（AR），三乙胺（AR），乙酸乙酯（AR），石油醚（AR），盐酸（AR），无水硫酸镁（AR），硅胶（100~200目），氘代氯仿（AR）、二氯甲烷（AR）。

X=SO$_2$Ar/NO$_2$/S(O)Ar/CN

(a)

Michael 加成

[1, 3]   HNO$_2$ H—B

(b)

1) KOH/MeOH
0℃, 3h
2) H$_2$SO$_4$/MeOH
r.t., 0.5h

Ac$_2$O, DMAP
DCM, r.t., 12h

(c)

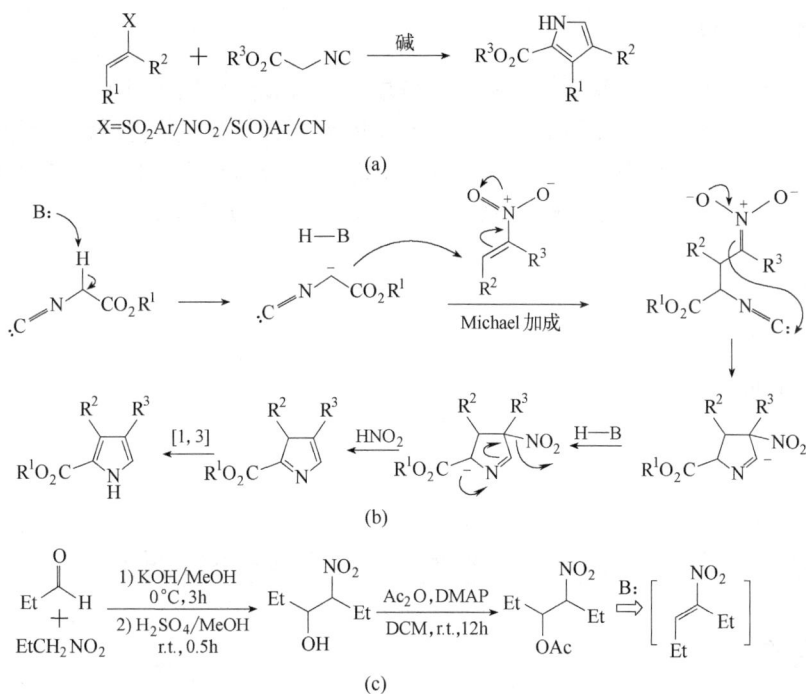

图 24-2　Schöllkopf-Barton-Zard 反应机理

四、实验步骤

1. 3,4-二乙基-2-乙氧羰基吡咯的制备

向 100mL 三口圆底烧瓶中加入 4-乙酰氧基-3-硝基己烷（10.3g，0.054mol）、异氰基乙酸乙酯（5.07g，0.045mol）和 45mL 溶剂（32mL 四氢呋喃、13mL 异丙醇），并分别装上滴液漏斗和温度计。通过滴液漏斗缓慢加入 1,8-二氮杂双环[5.4.0]十一碳-7-烯（DBU，15.2g，0.1mol），滴加过程中借助冰水浴控制反应温度始终保持在 20~30℃之间。DBU 滴加完成后，橙色溶液在室温下搅拌 2h 左右。随后减压除去反应溶剂，将残留物倒入 100mL 烧杯中，并用水（30mL）稀释。在此双相混合物中加入乙醚（30mL），将烧杯中的混合物倒入分液漏斗中。分出水层，水相用乙醚（30mL）萃取两次。合并有机层，有机相用 10%盐酸水溶液（30mL）洗涤两次，硫酸镁（MgSO$_4$）干燥，过滤、减压去除溶剂，得粗产品。

2. 3,4-二乙基-2-乙氧羰基吡咯的纯化

① 柱色谱条件：50g 200~300 目硅胶，湿法装硅，洗脱剂为 20∶1 的石油醚-乙酸乙酯；取 2g 左右粗品溶于少量二氯甲烷和展开剂的混合溶剂中。

② 柱色谱接收方法：从上样起，空白液接收一瓶；随后每 8~10mL 接收一瓶；逐瓶进行薄板检测，中间接收份数较多，可以间隔取点；合并相同组分，旋蒸除去溶剂，油泵进一步除溶剂。

3. 核磁共振氢谱（^{1}H NMR）表征

核磁管中加入 10mg 左右样品和 0.6mL 氘代氯仿，测定该样品的核磁共振氢谱。

五、实验注意事项

1. 异氰基乙酸乙酯具有刺激性气味，在称取时建议佩戴活性炭口罩。

2. 滴加 DBU 过程中，控制反应温度对产率有重要的影响。反应过程中不要让温度降至 20℃以下，这会大大减慢反应速率；同时，DBU 也不要滴加得过快，倘若滴加过快，反应体系的温度会迅速上升（通常高达 65℃），这会导致产率大大降低。

六、思考题

1. 本实验中有机碱 DBU 的用量是多少？为什么？
2. 应如何确定柱色谱展开剂的极性？

实验二十五

以二茂铁为电子传递体的葡萄糖传感器的制备

一、实验目的

1. 了解葡萄糖电化学传感器的制备方法。
2. 学习循环伏安法研究电极反应的基本方法。

二、实验原理

生化传感器是能够感受被测生化物质并按照一定规律将其转换成可用信号（主要是电信号）的器件或装置，它通常由敏感元件、转换元件及相应的机械结构和电子线路组成。酶是具有选择性催化特定底物反应的高分子物质，多数为蛋白质，具有分子识别作用，常被用作相应底物响应的传感器敏感材料。

葡萄糖氧化酶（GOD）是一种需氧脱氢酶，其辅基为黄素腺嘌呤二核苷酸（FAD）。无过氧化氢酶时，GOD 能催化氧化葡萄糖生成葡萄酸内酯，氧化态 GOD-FAD 作为脱氢酶从葡萄糖分子中带走两个 H 形成还原态 GOD-FADH$_2$，同时消耗一分子氧生成过氧化氢。早期研制的葡萄糖氧化酶电极多根据氧的消耗或过氧化氢的生成量来测定葡萄糖的含量。

葡萄糖氧化酶电极是研究最早、最多、最成功的酶电极。利用葡萄糖氧化酶电极测定葡萄糖的含量在医学临床诊断和发酵过程监控方面具有重要的实际意义。葡萄糖氧化酶电极由葡萄糖氧化酶膜和电化学电极两部分组成。当葡萄糖溶液与酶膜接触时，将发生如下反应：

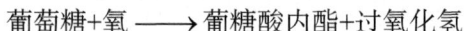

$$葡萄糖+氧 \longrightarrow 葡糖酸内酯+过氧化氢$$

采用氧电极进行测量时背景电流较高，而且要求样品氧含量恒定。采用过氧化氢电极测量时背景电流小，方法灵敏度高，但其工作电位较高，试样中存在的其他还原物质如抗坏血酸、酪氨酸、尿酸等将对测定产生干扰。为了改进葡萄糖电极的性能，提高葡萄糖电极的适用性，可在酶膜中引入电子传递体。电子传递体能加强酶膜与电极间的电子传输，降低工作电位、减少环境的干扰作用，且对样品中的氧含量波动有较强的承受能力。

常用的电子传递体是二茂铁及其衍生物，它们具有可逆的氧化还原性质，二茂铁离子被还原后能在电极表面于一定电位下产生氧化电流。有关反应及顺序可表示为：

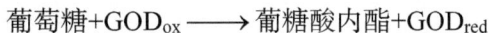

$$葡萄糖+GOD_{ox} \longrightarrow 葡糖酸内酯+GOD_{red}$$
$$GOD_{red}+2[FeCp_2]^+ \longrightarrow GOD_{ox}+2FeCp_2$$
$$2FeCp_2 \longrightarrow 2FeCp_2^++2e^-$$

其中 GOD 表示葡萄糖氧化酶，$FeCp_2$ 表示二茂铁。通过葡萄糖氧化酶电极的氧化电流与葡萄糖浓度成正比。采用二茂铁电子传递体，可使背景电流明显降低，电极的工作电位由 1.2V 降到约 0.3V，大大减少样品中还原性物质的干扰。

三、实验仪器与试剂

1. 仪器

电化学工作站（CHI660C），磁力搅拌器，氮气气源，透析膜，玻璃管（直径约为 2mm，长约 10cm）及其他常规玻璃器皿，三电极体系（热解石墨电极为工作电极，饱和甘汞电极为参比电极，铂电极为辅助电极）等。

2. 试剂

葡萄糖氧化酶，D-葡萄糖，二茂铁（其合成与表征方法另开实验），叠氮化钠（0.006%），热解石墨粉，环氧树脂，导电树脂，磷酸缓冲溶液（0.1mol/L，pH=6.8），发酵样品。

四、实验步骤

1. 工作电极的制备

将二茂铁粉末、热解石墨粉和环氧树脂按 9∶9∶2 比例混匀，制成长为 5mm、直径为 2mm 的棒体。将该棒体封入玻璃管，用树脂黏住，引线端用导电树脂黏接细铜丝。棒体的外露表面经脱脂棉蘸水抛光后干燥。采用 Bourdillon 法将葡萄糖氧化酶固定在上述棒体的外露表面。电极不用时保存于 0.006% 的叠氮化钠溶液中。

2. 二茂铁循环伏安特性的测量

将三电极体系（热解石墨电极作工作电极、饱和甘汞电极作参比电极、铂电极作辅助电极）置于含有 0.5mmol/L 二茂铁和 50mmol/L D-葡萄糖的 0.1mol/L 磷酸缓冲溶液（pH=7）中，在 0.0~+0.5V（vs. SCE）范围内，以每秒 1mV 的扫描速率测量循环伏安特性。然后向上述溶液中加入 0.1mmol/L 葡萄糖氧化酶，再重复循环伏安测量。

3. 葡萄糖电极工作曲线的绘制

将三电极体系置于含有 0、5mmol/L、10mmol/L、15mmol/L、20mmol/L 葡萄糖的 0.1mol/L 磷酸缓冲溶液（pH=6.8）中，于 +0.27V 下测量并记录电流。以电流为纵坐标，葡萄糖浓度为横坐标，采用最小二乘法求得回归直线方程并在坐标纸上绘出回归曲线。计算相关系数。

4. 发酵样品中葡萄糖的测定

发酵液用 4 倍体积的 0.1mol/L 磷酸缓冲溶液（pH=6.8）稀释，然后在 +0.27V 下测量并记录电流。参照回归曲线，求算发酵样品中葡萄糖的浓度。

五、思考题

1. 如何依照实验测得的循环伏安图判断电极反应的可逆性？

2. 生化传感器的主要技术指标有哪些？酶电极的主要特点有哪些？

实验二十六

食品中防腐剂苯甲酸和山梨酸的测定

一、实验目的

1. 通过实验了解食品防腐剂的种类和用途。
2. 学习苯甲酸和山梨酸的紫外吸收光谱特征，并利用这些特征对其进行定性鉴定。
3. 掌握最小二乘法及计算机处理光谱分析数据的方法，并对食品中防腐剂的含量进行定量测定。

二、实验原理

为了防止食品在储存、运输过程中发生变质、腐败，常在食品中添加少量防腐剂。防腐剂使用的品种和用量在食品安全国家标准中都有严格的规定。目前，我国允许使用的防腐剂品种主要有苯甲酸及其钠盐、山梨酸及其钾盐、对羟基苯甲酸乙酯、脱氢乙酸等。其中，苯甲酸又名安息香酸，为一种有安息香或苯甲醛气味的白色有丝光的鳞片或针状晶体，熔点为122℃，沸点为249.2℃，100℃开始升华，其蒸气具有很强的刺激性。苯甲酸具有芳香结构，在波长228nm和272nm处有K吸收带和B吸收带。苯甲酸在酸性条件下可随水蒸气蒸馏，微溶于水（见表26-1），易溶于氯仿、丙酮、乙醇、乙醚等有机溶剂，化学性质较稳定。山梨酸为无色、无臭的针状结晶，熔点为134℃，沸点为228℃。山梨酸难溶于水，易溶于乙醇、乙醚、氯仿等有机溶剂，在酸性条件下可随水蒸气蒸馏，化学性质稳定。山梨酸钾易溶于水，难溶于有机溶剂，与酸作用生成山梨酸。纯净的山梨酸钠水溶液在波长260nm左右处有最大吸收。因此，可以根据它们的紫外吸收光谱特征进行定性鉴定和定量测定。

表 26-1　苯甲酸在 100g 水中的溶解度

温度/℃	4	18	75
溶解度/（g/100g）	0.18	0.27	2.2

三、实验仪器与试剂

1. 仪器

分液漏斗（125mL），铁架台，容量瓶（100mL），吸量管（2mL、5mL），比色管（10mL），蒸发皿（直径6cm），移液器（200μL、1000μL），超声波清洗器，干燥箱，水浴锅，紫外-可见分光光度计（岛津UV-1201型），精密分析天平等。

2. 试剂

氢氧化钠溶液（1mol/L、0.01mol/L），盐酸溶液（6mol/L、0.1mol/L、0.01mol/L），无水乙醚，苯甲酸，山梨酸，糖精钠等。以上试剂均为分析纯。实验用水均为超纯水。

四、实验步骤

1. 样品的预处理

（1）液体样品（酱油、醋、饮料）

吸取 10mL 样品（如果含有 CO_2 或者酒精如何处理？）置于 125mL 分液漏斗中，加 2mL 6mol/L 盐酸溶液，用 15mL、10mL、10mL 乙醚提取 3 次，合并乙醚提取液，用 5mL 盐酸酸化的水洗涤 1 次，弃去水层。乙醚层放入蒸发皿中，于 60℃水浴中挥发乙醚，用 1mL 1mol/L 氢氧化钠溶液溶解残渣，全部移入 10mL 比色管中，以纯水稀释至刻度，同时做试剂空白实验。

（2）固体样品（果冻、果酱、果脯、腌菜、罐头）

将样品捣碎，称取 10g 左右，用适量 1mol/L 氢氧化钠溶液调节到碱性，定容至 100mL，放置 30min，过滤，取 10mL 滤液至分液漏斗，然后按照液体样品处理。

2. 防腐剂苯甲酸和山梨酸的测定

（1）标准溶液的配制

分别准确称取标准品（苯甲酸、山梨酸、糖精钠）0.1g，各加入 10mL 1mol/L 氢氧化钠溶液溶解，移入 100mL 容量瓶中，加水定容。此溶液每毫升含相应的防腐剂 1mg。使用前，用 0.01mol/L 氢氧化钠溶液配制成 0.1mg/mL 的标准溶液。

（2）标准曲线的绘制

吸取标准溶液 0.1mL、0.2mL、0.4mL、0.8mL、1.2mL，分别置于 10mL 比色管中，每管加入与管内标准溶液相同量的 0.01mol/L 盐酸溶液，再分别加入 1mL 0.1mol/L 盐酸溶液，用纯水稀释至刻度。每毫升分别含相应的防腐剂 0.001mg、0.002mg、0.004mg、0.008mg、0.012mg。以 0.01mol/L 盐酸溶液作对比，分别于波长 263nm、230nm、202nm 处测定山梨酸、苯甲酸、糖精钠的吸光度并分别绘制标准曲线。

（3）样品测定

吸取样品处理液 0.2mL（可视含量而定）置于 10mL 比色管中，加入 0.2mL 0.1mol/L 盐酸溶液中和后再多加 1mL，用纯水稀释至刻度。以 0.01mol/L 盐酸溶液作对比，在 190~300nm 波长范围作吸收光谱扫描，根据标准曲线计算样品中相应防腐剂的含量。

3. 计算机数据处理

打开 Windows 操作系统，执行 EXCEL 应用程序，将实验测得的吸光度数据及标准溶液的浓度数据分别填入第一列和第二列单元格，选定上述数据区域，用鼠标点击"图表向导"图标，选择 X-Y 散点图形中的非连线方式，点击"下一步"及"完成"，即可得吸光度与质量浓度数据的散点图。选定这些点后，用鼠标点击打开主菜单上的"图表"，并从图表菜单上选择"添加趋势线"，在"类型"对话框中选择"线性趋势分析"，在"选项"对话框中点击"显示公式"及"显示 R^2"复选框，然后点击"完成"，即可在上述 X-Y 散点图上出现一条回归直线、线性回归方程及相关系数。用相关系数可评价实验数据的好坏。将样品的吸光度数据代入线性回归方程，可得样品溶液中防腐剂的质量浓度。

采用最小二乘法处理标准溶液的浓度和吸光度数据，以求得浓度与吸光度之间的线性回归方程，并根据线性方程计算样品中防腐剂的含量。

五、实验数据记录与处理

1. 记录数据

将实验测定的标准溶液质量浓度（ρ）和吸光度数据填入表 26-2。

表 26-2　实验测定数据

项目	1	2	3	4	5
$\rho/$（mg/mL）					
A					

2. 线性回归计算法

（1）回归直线方程的系数 k 及常数 b 的计算

根据最小二乘法原理，可用式（26-1）和式（26-2）求得回归直线方程 $A=k\rho+b$ 的系数 k 和常数 b：

$$k = \frac{\sum_{i=1}^{n}\rho_i \sum_{i=1}^{n}A_i - n\sum_{i=1}^{n}(A_i\rho_i)}{\left(\sum_{i=1}^{n}\rho_i\right)^2 - n\sum_{i=1}^{n}\rho_i^2} \qquad (26\text{-}1)$$

$$b = \frac{\sum_{i=1}^{n}\rho_i \sum_{i=1}^{n}(A_i\rho_i) - \sum_{i=1}^{n}A_i \sum_{i=1}^{n}\rho_i^2}{\left(\sum_{i=1}^{n}\rho_i\right)^2 - n\sum_{i=1}^{n}\rho_i^2} \qquad (26\text{-}2)$$

将表 26-2 中的数据代入相应公式中计算 ρ_i^2 和 $A_i\rho_i$，并将计算数据填入表 26-3。

表 26-3　计算数据

N	ρ_i	A_i	ρ_i^2	$A_i\rho_i$
1				
2				
3				
4				
5				
$\sum_{i=1}^{n}$				

将表 26-3 数据代入式（26-1）和式（26-2），即可求得回归直线方程的 k 和 b。

（2）绘制标准曲线

将各标准溶液的质量浓度 ρ 代入回归直线方程中，求得相应的吸光度计算值 A'。在坐标纸上以 ρ 为横坐标，以 A' 为纵坐标绘出回归直线，同时将实验测定的吸光度值也标在图上，以方便比较。

（3）计算样品中防腐剂的含量

将实验步骤 2（3）中测得的样品溶液的吸光度 A 代入回归直线方程中，求得样品的乙醚萃取液中相应防腐剂的质量浓度 ρ_x，计算样品中防腐剂的含量。

六、思考题

1. 是否可以用苯甲酸的 B 吸收带进行定量分析？此时标准溶液的浓度范围应是多少？
2. 萃取过程经常会出现乳化或不易分层的现象，应采取什么方法加以解决？
3. 食品中防腐剂苯甲酸、山梨酸及其盐类的最大使用量是多少？

实验二十七

邻氯苯基环戊基酮的制备

一、实验目的

1. 掌握格氏试剂的合成方法。
2. 了解无水无氧操作技术及其在有机合成中的应用。
3. 掌握薄层色谱跟踪反应进程的原理和分离提纯产品的操作方法。
4. 了解红外光谱仪、核磁共振波谱仪的使用方法。

二、实验原理

在无水无氧条件下，溴代环戊烷与镁丝反应制得格氏试剂。然后，格氏试剂与邻氯苯腈发生亲核加成反应，生成亚胺盐，再经过酸性水解得到邻氯苯基环戊基酮。反应式如下：

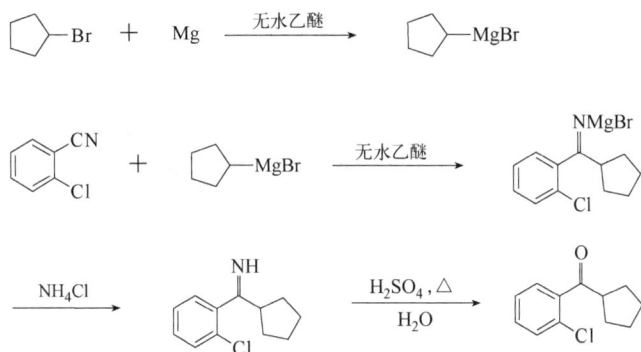

三、实验仪器与试剂

1. 仪器

无水无氧装置，磁力搅拌器，电子分析天平，旋转蒸发仪，展开缸，色谱板，暗箱式三用紫外分析仪，红外光谱仪，核磁共振波谱仪等。

2. 试剂

溴代环戊烷（740mg，0.56mL，5.0mmol），镁丝（120mg，0.005mmol），邻氯苯腈

（344mg，2.5mmol），氯化铵（饱和），无水乙醚，乙醚，稀硫酸（$V_{硫酸}:V_{水}=1:5$）等。

四、实验步骤

在 50mL 的三口烧瓶上装回流冷凝管和恒压滴液漏斗，在氮气氛下，加入 120mg 镁丝及 3.0mL 无水乙醚，在滴液漏斗中加入 740mg 溴代环戊烷和 3.0mL 无水乙醚。搅拌下，向三口烧瓶内滴加 1.0mL 左右溴代环戊烷-乙醚混合液，使反应保持微沸状态（如未反应，可加入一小粒碘以诱发反应）。待反应平稳后，继续滴加滴液漏斗中的剩余混合液，此时搅拌速度可以加快。滴加完毕，继续回流 10min 至镁丝基本反应完全，并使其冷至室温待用。

在另一个同上装置的三口烧瓶中加入 344mg 邻氯苯腈和 6.0mL 无水乙醚，在不断搅拌下，滴加上述已制备好的环戊基溴化镁溶液（约 5~6min 加完）。继续搅拌约 24h，然后在不断搅拌下，将反应物慢慢加入盛有碎冰的烧杯中，加入速度以不使反应过于剧烈为宜。向反应混合物中加入约 10.0mL 饱和氯化铵水溶液，分出醚层，水相用 8mL 乙醚分 2 次提取，合并提取液，用 15.0mL 稀硫酸溶液（1:5）分 3~4 次洗涤醚相，至硫酸层无色为止。合并硫酸洗涤液，并将其加热回流 1h。冷却，再用 15mL 乙醚分 3 次提取硫酸液，合并乙醚提取液，依次用饱和氯化钠溶液、5%碳酸钠溶液和氯化钠溶液洗至中性，用无水硫酸镁干燥。用旋转蒸发仪除乙醚，用薄板色谱（TLC）方法分离粗产品，称量，计算产率，测其沸点并经红外光谱仪、核磁共振波谱仪测定其结构。

五、思考题

1. 为什么格氏试剂不宜长时间保存？
2. 根据产物的核磁共振氢谱，对氢位置进行归属。

实验二十八

手性催化剂配体 BINOL 的合成和拆分

一、实验目的

1. 了解氧化偶联的实验原理。
2. 了解高压液相色谱原理及其在手性拆分中的应用。
3. 掌握实验中涉及的基本操作（例如重结晶）。

二、实验原理

外消旋 1,1'-联-2-萘酚（BINOL）主要通过 2-萘酚的氧化偶联合成，本实验以价廉易得的 $FeCl_3 \cdot 6H_2O$ 为氧化剂，水作为反应介质。反应产物分离回收操作简单、无污染、产率高。反应式如下：

(±)-BINOL

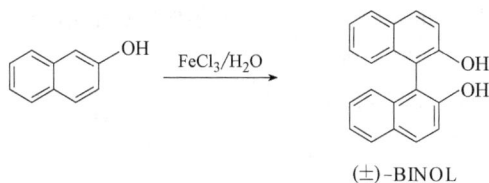

三、实验仪器与试剂

1. 仪器

磁力搅拌器，电子天平，红外光谱仪，高压液相色谱仪（配手性柱），自动旋光仪等。

2. 试剂

2-萘酚，三氯化铁，甲苯。以上试剂均为分析纯。

四、实验步骤

在 50mL 锥形瓶中，将 3.8g（14mmol）$FeCl_3·6H_2O$ 溶解于 20mL 蒸馏水中，然后加入 1.0g（7mmol）粉末状的 2-萘酚，加热悬浮液至 50~60℃，并在此温度下搅拌 1h。冷却至室温后过滤得到粗产品，用蒸馏水洗涤。用 10mL 甲苯重结晶，称量，计算产率，测定熔点。

将上述外消旋体经毛细管电泳仪拆分分别得到左旋体和右旋体。用自动旋光仪测其旋光度，并且与标准样品比较，确定产品的绝对构型。

五、思考题

1. 试述高压液相色谱在手性拆分中的应用原理。
2. 根据实验原理，解释氯化铁在反应中的作用。

实验二十九

氢氧化镍电极的制备及循环伏安曲线的测量

一、实验目的

1. 学会氢氧化镍电极的制备方法。
2. 掌握循环伏安法的原理及循环伏安曲线的测量方法。
3. 了解氢氧化镍电极的循环伏安行为和氧化还原反应机理。

二、实验原理

循环伏安法的原理详见实验六中的相关内容。

镍氢电池是一种新型、高能、环境友好的化学电池，在诸多领域中得到广泛的应用。作为镍氢电池正极的氢氧化镍电极，在 KOH 碱性水溶液中的充放电反应可表示为：

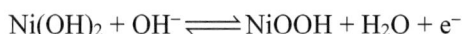

$$Ni(OH)_2 + OH^- \rightleftharpoons NiOOH + H_2O + e^-$$

电极在充电过程中，电极表面的 $Ni(OH)_2$ 同时失去电子和质子（H^+），氧化为 NiOOH，

表面的 H^+ 越过电极-电解质界面进入溶液，与溶液中的 OH^- 结合为水。与此同时，在氢氧化镍电极固相中进行着另一个过程，即随着 $Ni(OH)_2$ 表面 H^+ 浓度的降低，内部的 H^+ 通过固相向电极表面扩散，使反应不断进行下去。当电极放电时，反应逆向进行。$Ni(OH)_2$ 转化为 $NiOOH$ 的反应可视为固相均相反应，充放电过程中电极活性物质可视为含有不同质量分数 $Ni(OH)_2$ 和 $NiOOH$ 的固溶体。氢氧化镍电极的标准平衡电极电位（相当于半充满状态）为 0.49V（vs.SHE），而在不同电池荷电状态（SOC）时的平衡电位是电池荷电状态的函数，荷电状态越高（充电越多），平衡电位越大，充足电时约为 0.5V（vs.Hg/HgO），放电终止后约为 0.35V（vs.Hg/HgO）。氢氧化镍电极的循环伏安曲线如图 29-1 所示。

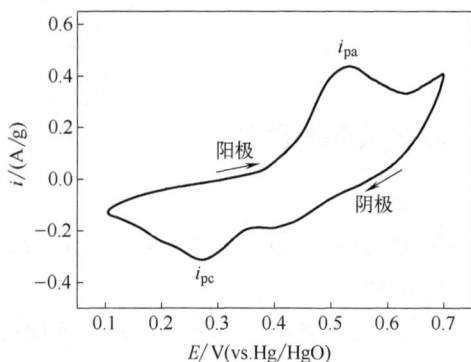

图 29-1　氢氧化镍电极的循环伏安曲线

三、实验仪器与试剂

1. 仪器

电化学工作站（CHI660E），点焊机，电动对辊机，电子分析天平，干燥箱，三室电解池，贮氢合金电极，Hg/HgO 电极等。

2. 试剂

KOH 溶液（6mol/L），氢氧化镍，金属钴粉，乙炔黑，泡沫镍，聚四氟乙烯（PTFE）乳液。

四、实验步骤

1. 氢氧化镍电极的制备

分别称取 $Ni(OH)_2$ 粉 0.15g、钴粉 0.0075g 和乙炔黑 0.0038g，将三者混合均匀后，滴加一定量的 PTFE 乳液，再次混合均匀并调制成膏糊状。将膏状物填充到 1cm×1cm 的泡沫镍集流体中，然后在干燥箱中于 65℃ 下干燥 12h，再用对辊机辊压至约 0.7mm 厚，待测试。

2. 循环伏安测试

以氢氧化镍电极为工作电极、贮氢合金电极为辅助电极、Hg/HgO 电极为参比电极、6mol/L KOH 溶液为电解质，组成三电极测量体系，如图 29-2 所示。循环伏安测试采用 CHI660E 电化学测试系统，装置如图 29-3 所示。在 0.1~0.7V（vs.Hg/HgO）电位范围内测试扫描速率分别为 1mV/s、2mV/s 时的循环伏安曲线。

五、实验数据记录与处理

1. 电极活性物质质量的计算（表 29-1）。
2. 将不同扫描速率条件下的循环伏安曲线打印出来并进行比较。从图中得出不同扫描速率下的氧化峰和还原峰电流及其对应的峰电位，并计算出氧化、还原峰电位之差。

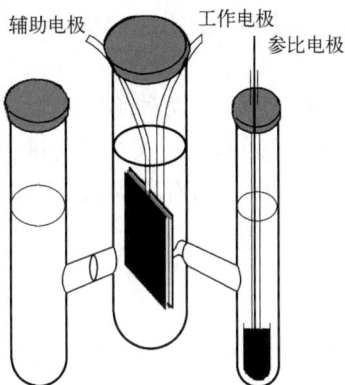

图 29-2　三电极测量体系示意图　　　图 29-3　循环伏安测试系统示意图

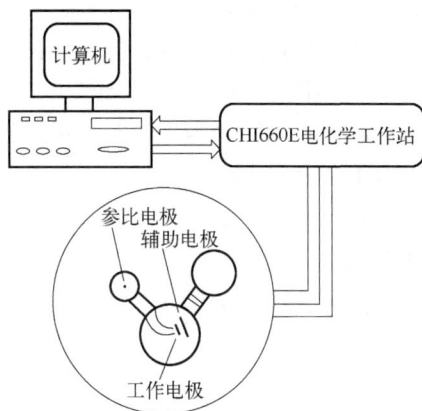

表 29-1　电极活性物质质量的计算

涂覆前质量/g	涂覆后质量/g	涂覆物质质量/g	活性物质质量分数/%	活性物质质量/g

六、思考题

1. 在氢氧化镍电极的制备过程中为何要加入少量的钴粉和乙炔黑？
2. 对于同一体系，为什么在不同扫描速率条件下其氧化、还原峰电流和电位不同？
3. 怎样由循环伏安曲线判别电极反应的可逆性？

实验三十

线性电位扫描法测定镍在硫酸溶液中的钝化行为

一、实验目的

1. 掌握用线性电位扫描法测定镍在硫酸溶液中的阳极极化曲线及其钝化电位。
2. 了解金属钝化行为的原理和测量方法。
3. 了解 Cl^- 的浓度对镍钝化的影响。

二、实验原理

1. 金属钝化的原理和分类

金属的钝化一般可分为化学钝化、电化学钝化和机械钝化。化学钝化即金属在含有钝化剂的介质中表面形成钝态保护膜的现象。若把铁浸入浓硝酸（$d>1.25$）中，一开始铁溶解在酸中并置换出 H_2，这时铁处于活化状态，经过一段时间后，铁几乎停止了溶解，此时铁也不能从硝酸银溶液中置换出金属银，这种现象被称为化学钝化。采用外加阳极电流的方法，使金属由活性状态变为钝态的现象称为电化学钝化或阳极钝化。铁、钨、镍、钼等金属在稀硫酸中均可因阳极极化而发生电化学钝化。在一定溶液中，金属发生反应会在表面形成沉积物而将金属和溶液机械隔离开，使金属腐蚀速度降低，这种钝化称为机械钝化。如铅在稀硫酸溶液、镁在水、银在氯化物溶液中都会发生机械钝化。金属处在钝化状态时，其溶解速度极小，一般为 $10^{-8} \sim 10^{-6} A/cm^2$。

对于金属由活化状态转变为钝化状态的原因，至今还存在两种不同的观点。有人认为金属的钝化是由于在金属表面形成了一层氧化层（物），因而阻止了金属的进一步溶解。也有人认为是金属表面吸附了氧而使金属溶解速度大大降低。前者称为氧化物理论，后者称为表面吸附理论。

2. 影响金属钝化过程的因素

（1）溶液的组成

溶液中存在的 H^+、卤素离子以及某些具有氧化性的阴离子，对金属钝化现象有显著的影响。在中性溶液中，金属一般是比较容易钝化的，而在酸性溶液或某些碱性溶液中要困难得多。这与阳极反应产物的溶解度有关。卤素离子，特别是氯离子的存在，则明显阻止金属的钝化过程。已经钝化了的金属也容易被 Cl^- 破坏（活化），这是由于 Cl^- 的存在破坏了金属表面钝化膜的完整性。溶液中如果存在某些具有氧化性的阴离子（如 CrO_4^{2-}），则可以促进金属的钝化。溶液中的溶解氧则可以降低金属上钝化膜遭受破坏的危险性。

（2）金属的化学组成和结构

各种纯金属的钝化能力大不相同，以 Fe、Ni、Cr 三种金属为例，易钝化的顺序为 Cr>Ni>Fe。因此，在合金中添加一些易钝化的金属，可大大提高合金的钝化能力和钝态的稳定性。

（3）外界因素

温度升高或加剧搅拌，都可以推迟或防止钝化过程的发生。这显然是与离子的扩散有关。在进行测量前，对工作电极（研究电极）活化处理的方式及其程度也将影响金属的钝化过程。

3. 研究金属钝化的方法

研究金属钝化的方法常有两种：恒电流法和恒电位法。由于恒电位法能测到完整的阳极极化曲线，因此在金属钝化现象的研究中恒电位法比恒电流法更能反映电极的实际过程。用恒电位法测量金属钝化有下列两种手段。

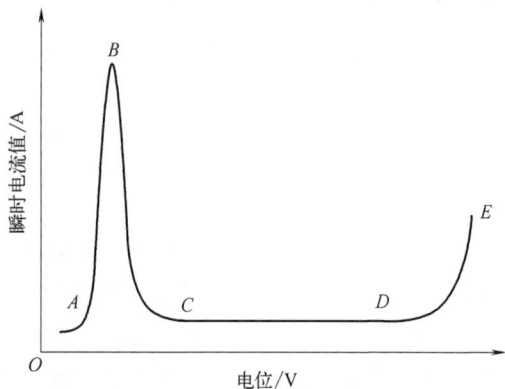

① 静态法。将研究电极的电极电位恒定在某一数值，同时测量相应极化情况下达到稳定后的电流。如此逐点测量一系列恒定电位时所对应的稳定电流值，将测得的一组数据绘制成图，从图中即可得到钝化电位。

② 动态法。控制研究电极的电位随时间线性地连续变化，同时记录随电位改变而变化的瞬时电流值，就可得到完整的极化曲线图（图30-1）。所采用的扫描速率（单位时间电位变化的速率）需要根据研究体系的性质而定。一般来说，电极表面建立稳

图 30-1　动态恒电位法测量金属的阳极极化曲线

态的速率越慢，扫描的速率就越慢，这样才能使所测得的极化曲线与采用静态法的接近。

虽然静态法的测量结果较接近稳态值，但测量时间太长，所以在实际工作中常采用动态法来测量。本实验亦采用动态法。

用恒电位法测量金属的阳极极化曲线时，对于大多数金属均可得到如图 30-1 所示的图形。图中的曲线可分为四个区域。

① AB 段为活性溶解区。此时金属进行正常的阳极溶解。阳极电流随电位的改变服从 Tafel 公式。

② BC 段为过渡钝化区。电位达到 B 点时，电流为最大值，此时电流称为钝化电流 I_{pp}，所对应的电位称为临界电位或钝化电位 Ψ_{pp}。电位过 B 点后，金属开始钝化，其溶解速度不断降低并过渡到钝化状态（C 点之后）。

③ CD 为钝化区。在该区域中金属的溶解速度基本上不随电位而改变。此时的电流密度称为维钝电流密度 I_p。C 点的电位是维持金属钝态所必需的电位，称为维钝电位 Ψ_p。

④ DE 段为过钝化区。D 点之后阳极电流又重新随电位的正移而增大。D 点的电位称为过钝化电位 Ψ_{pt}。此时可能有高价金属离子的产生，也可能出现水的电解而析出 O_2，还可能两者同时出现。

三、实验仪器与试剂

1. 仪器

电化学工作站（CHI660E），点焊机，电解池，烧杯（100mL，内装饱和 KCl 溶液），盐桥，金相砂纸（2 号、6 号），参比电极（饱和甘汞电极），研究电极（1cm×1cm 的镍片），辅助电极（铂片）等。

2. 试剂

① H_2SO_4 溶液（0.05mol/L，AR）；

② H_2SO_4（0.05mol/L，AR）+KCl（10^{-3}mol/L，AR）溶液；

③ H_2SO_4（0.05mol/L，AR）+KCl（10^{-2}mol/L，AR）溶液；

④ 丙酮（AR）等其他试剂。

四、实验步骤

1. 实验准备

洗净电解池，电解池内注入适量上述①被测溶液，采用三电极体系，以 Ni 电极作为研究电极、饱和甘汞电极作为参比电极、铂片电极作为辅助电极。再将 CHI660E 电化学工作站上的四根电极连线与待测电解池正确连接（注意：防止电解池倾倒而使电解液漏出）。

2. 准备镍研究电极

① 裁剪 1cm×1cm 的金属镍片以及适当长度和宽度的镍条，将二者点焊为一体。

② 截取一定长度的玻璃管，套住镍条，随后用 504AB 胶封住镍片一端以及玻璃管下端电解液入口。

③ 先用 2 号，后用 6 号金相砂纸打磨镍研究电极，直至电极表面呈镜面，用蒸馏水冲洗干净。

④ 用脱脂棉蘸丙酮除油，用蒸馏水冲洗。

⑤ 用稀 HCl 除去氧化膜，自来水冲洗后再用蒸馏水冲洗，立即将电极插入被测溶液中。

3. 测量

① 打开计算机，打开 CHI660E 电化学工作站前面板上的电源开关，仪器预热 10min。

② 在 Windows 桌面上启动测试软件"CHI660E"，选择"Linear Sweep Voltammetry"（线性扫描伏安法）测试方法。

③ 先测定镍研究电极相对于参比电极的开路电位（open circuit potential，$\varphi_i=0$），待开路电位达到足够稳定后，再设置测试参数。

④ 设置电位扫描的起始电位（initial potential）为开路电位 $\varphi_i=0$，终止电位（final potential）为极化值 1.3V（相对于①号和②号电解液）或 0.7V（相对于③号电解液）；设置的电位值为相对于参比电极（reference）的电位。在"Scan Rate"框中设置扫描速率为 10mV/s。注意选中"Auto sens"（自动灵敏度）复选框。

⑤ 在启动测试前，在控制工具栏中选择"Preconditioning"（电极预处理）项，选择"Enable Precondition"（启用预处理）复选框后，用恒电位法对研究电极施加-0.5V 的电势进行阴极活化 2min。

⑥ 全部设置完成后，点击测试软件中的运行按钮，开始运行。

⑦ 运行结束后，测试软件界面右上角的倒计时间会消失，把测试数据命名保存后断开电解池的连接线（特别注意：电解池没有连接或没有正确连接时，不能启动测试软件运行；运行没有结束时，不能断开电解池的连接线，否则"悬空"运行会烧坏仪器）。

⑧ 分别调换成上述②、③溶液，重复上述步骤 2、3 进行测量。

4. 实验结束

测试结束后，应先关闭仪器电源，再关闭计算机，然后关闭插线板电源开关。拆断线路，取出研究电极，清洗干净备用。

五、实验结果分析与讨论

1. 标出镍电极阳极极化曲线 Ψ_{pp} 和 I_{pp} 等参数。
2. 比较三条曲线，并讨论所得实验结果及曲线的意义。

六、实验注意事项

1. 连接线路时要注意研究电极、辅助电极和参比电极三根线的颜色。
2. 测定前必须检查线路的导通情况。
3. 电极使用前必须进行阴极活化处理使其处于还原态。
4. 合理调整扫描速率，注意扫描速率对曲线的影响。

七、思考题

1. 测量前，为什么镍电极在进行打磨、除油处理后，还要进行阴极活化处理?
2. 分析氯离子浓度对阳极钝化曲线的影响。

实验三十一

复合相变蓄热材料的制备及导热性能研究

一、实验目的

1. 学习相变蓄热材料的工作原理和制备。
2. 掌握相变蓄热材料性能的测试方法和数据分析。
3. 了解影响相变蓄热材料导热性能的因素。

二、实验原理

（一）背景

1. 相变蓄热材料研究的意义

蓄热技术是一种能够选择不同的蓄热方式，并能应用于不同的环境中的技术，它不但能够解决太阳能在利用过程中的间断性问题，而且能够解决电能峰谷时间分配不平衡的问题，这个特点使其在众多领域中得到广泛的应用。蓄热技术按蓄热形式主要可分为显热蓄热、热化学蓄热和潜热蓄热，其中潜热蓄热即相变蓄热，其利用材料发生相变来达到储存热量的目的，具有储能密度大、成本低、设备简单、稳定性好和相变过程温度基本保持不变等优点。潜热蓄热的优点几乎是显热蓄热和热化学蓄热两者的优点总和。因此，相变蓄热技术成为目前热能存储技术中最受关注的研究方向。

相变蓄热材料是指具有热能存储与温度调控性质的介质，它能吸收存储工业余热、太阳能和废热等能量，并能在需要的时候将这些能量进行释放。相变蓄热材料种类繁多且数量大，从不同角度可对其进行不同的分类：按相变形态可分为固-固相变蓄热材料、固-液相变蓄热材料、固-气相变蓄热材料和液-气相变蓄热材料；按相变温度范围不同，可将其分为低温固-液相变蓄热材料、中温固-液相变蓄热材料和高温固-液相变蓄热材料；按化学组成可将其分为无机固-液相变蓄热材料、有机固-液相变蓄热材料和复合共晶固-液相变蓄热材料。其中有机固-液相变蓄热材料因其在相变过程中具有熔化均一、无毒、无腐蚀性、结晶性能好、稳定性好、相变潜热高、无相分离和过冷小等优点而成为相变蓄热领域中非常重要的一类蓄热材料，被应用于众多领域中。

有机固-液相变蓄热材料主要包括石蜡、脂肪酸、糖醇和聚乙二醇类相变蓄热材料。其中石蜡（paraffin wax，PW）是烃类混合物，通常为乳白色的半透明块状固体，通式为 C_nH_{n+2}，碳原子数为 17~35，呈中性，性质稳定，不易与其他物质发生化学反应，无毒、无腐蚀性，相变温度范围为 42~64℃，固-液相变时体积变化小，潜热值大，在蓄热系统中具有良好的使用价值。而脂肪酸作为常见的有机固-液相变蓄热材料之一，它是指一端含有一个羧基的长的脂肪族碳氢链的羧酸，其通式是 $CH_3(CH_2)_{2n}COOH$。脂肪酸主要来源于无污染的植物和动物。其主要包括辛酸（OA）、壬酸、癸酸（CA）、月桂酸（LA）、肉豆蔻酸（MA）、棕榈酸（PA）和硬脂酸（SA），其碳原子数约为 4~28，熔点在 303.15~347.15K 之间，相变潜热为 140~230J/g。PW 及脂肪酸的热物性见表 31-1。

2. 复合共晶相变蓄热材料的研究状况

随着相变蓄热材料研究的不断推进，相变蓄热材料的应用范围不断扩大，单一相变蓄热材料由于存在相变温度单一等缺陷，无法满足不同应用领域对相变蓄热材料的使用需求，而复合相变材料可有效调节相变温度，扩大应用温度范围，且能克服相变泄漏和导热系数低等缺点，因此研究复合相变蓄热材料具有重要意义。因此，将两种或多种相变蓄热材料复合制备成一系列复合共晶相变蓄热材料，可调控相变蓄热材料的性质，消除单一相变蓄热材料所存在的相变温度单一等缺陷，提高材料的相变潜热、循环稳定性和导热性能等。

表 31-1　PW 及脂肪酸的热物性

名称	分子式	熔点/K	相变潜热/（J/g）
PW	C_nH_{n+2}	315.15~337.15	191.40
SA	$C_{18}H_{36}O_2$	343.15	222.00
OA	$C_8H_{16}O_2$	289.45	148.00
CA	$C_{10}H_{20}O_2$	586.15~586.45	163.00
LA	$C_{12}H_{24}O_2$	314.15~317.15	183.00~212.00
MA	$C_{14}H_{24}O_2$	324.65~326.75	190.00~204.50
PA	$C_{16}H_{32}O_2$	334.15~336.15	203.40~212.00

　　然而相变蓄热材料的熔化和凝固速率，受相变材料导热系数的影响，即使把石蜡和硬脂酸制成复合共晶相变蓄热材料，其导热系数仍然较低（仅为 0.299W/m·K 左右），这还是限制了石蜡-硬脂酸的导热性能，所以需要用添加剂来提高石蜡-硬脂酸的导热性能。膨胀石墨（expanded graphite，EG）具有高导热系数和高比表面积，掺杂在复合材料中可形成导热通路，能够一定程度上提高相变材料导热性，加快热量的传递，减少蓄热时间，提高蓄热性能。这是因为膨胀石墨具有很好的吸附性能和导热性能，液态复合相变材料被吸附在膨胀石墨的微孔结构内，可制备出导热良好的复合相变蓄热材料。因为在毛细作用力和表面张力的作用下，液态复合相变材料很难从膨胀石墨的微孔结构内渗透出来，从而抑制了复合相变材料在蓄热技术中应用时的液态流动问题，同时膨胀石墨具有较高的导热系数，有助于提高复合相变材料的导热性能间隙，因此也能够作为多孔材料添加在材料中以增强导热性能。另外还可以尝试在相变材料中加入普通石墨粉、金属粉末等来改善其导热性能。

（二）原理

1. 低共熔混合物的理论配比

　　低共熔混合物是两种或多种单一组分在相同温度下熔融和凝固组成的混合物，与单一组分相比具有熔点低、沸点低、易蒸发的特点。根据最低共熔理论，两种或两种以上物质在合适的质量比时可形成相变温度较低的低共熔混合物。在以不同比例组成的混合物中，低共熔混合物具有最低的熔融温度及最高的热稳定性，该熔融温度即为相变温度，理论配比和相变温度可通过式（31-1）的施罗德（Schroder）公式进行计算：

$$\frac{1}{T_m} = \frac{1}{T_i} - \frac{R \ln X_i}{H_i} \qquad (i = A、B) \tag{31-1}$$

　　式中，T_m 为低共熔混合物的相变温度，K；T_i 为各组分的相变温度，K；H_i 为各组分的相变潜热，kJ/kmol；X_i 为第 i 组分的摩尔分数；R 为气体常数，8.314kJ/（kmol·K）。

　　本实验采用施罗德公式理论计算石蜡和硬脂酸混合物的最低共熔温度，之后可通过实验和差示扫描量热（DSC）曲线测试实际熔融温度。石蜡的相变温度和相变潜热分别为（273.15+60.30）K 和（191.4×341.44）kJ/kmol，即 333.45K 和 65351.616kJ/kmol；硬脂酸的相变温度和潜热分别为（273.15+68.61）K 和（211.6×284.48）kJ/kmol，即 341.76K 和 60195.968kJ/kmol，代入式（31-1）得：

$$\frac{1}{T_{m/k}} = \frac{1}{333.45} - \frac{8.314\ln X_{PW}}{653513.616} \tag{31-2}$$

$$\frac{1}{T_{m/k}} = \frac{1}{341.76} - \frac{8.314\ln X_{SA}}{60195.968} \tag{31-3}$$

简化得：

$$\frac{1}{333.45} - \frac{8.314\ln X_{PW}}{653513.616} = \frac{1}{341.76} - \frac{8.314\ln X_{SA}}{60195.968} \tag{31-4}$$

另外：

$$X_{PW} + X_{SA} = 1 \tag{31-5}$$

由式（31-4）和式（31-5）可得到在石蜡和硬脂酸的二元低共熔混合物中，石蜡与硬脂酸的理论质量配比是 64.8∶35.2，理论相变温度是 54.27℃，符合目标要求。实验中均按此配比制备二元 PW-SA 低共熔混合物。

2. 差示扫描量热测试

相变材料的差示扫描量热（DSC）法测试是一种常用的动态量热测试技术，在测量热物性参数的应用上已有几十年的历史，常用于科研、生产、质量控制等方面，得到的曲线称 DSC 曲线。与差热分析（DTA）法相比，DSC 法的升温速率呈线性，且样品与参照物无热交换、无温差，保证校正系数不变，因此 DSC 法的精度和灵敏度大大优于 DTA 法。测量时需要一个参照物与样品进行对照，在测定样品的热物性之前，通过程序将参照物进行标定。利用设定的程序控制样品的温度，检测样品和参照物在温度升高时吸收的热量或者温度降低时放出的热量。

利用 DSC 曲线，如图 31-1 所示，可以通过外推法，得到样品的熔融温度，还可以通过焓变计算样品的潜热，这对计算低共熔混合物的理论质量配比，具有重要的理论指导作用。

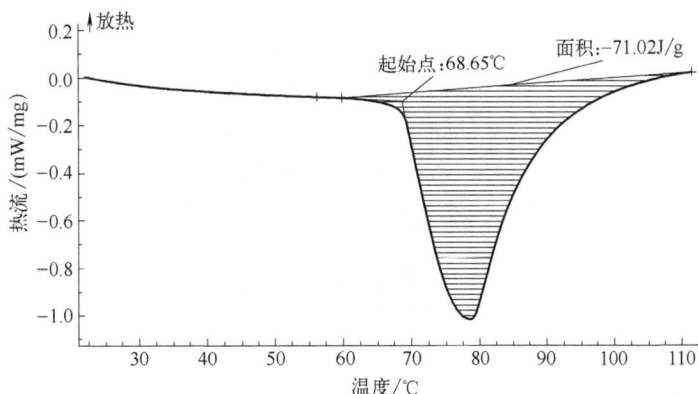

图 31-1　DSC 曲线示意图

3. 导热系数的测量

导热系数是反映材料导热能力的重要参数，表示的是相距单位长度的两平面的温度相差为一个单位时，在单位时间内通过单位面积所传递的热量，单位是 W/（m·K）。导热系数对相变材料的相变传热速率有较大影响，目前主要通过实验的方法来测量材料的导热系数。导热系数的实验测量方法可分为稳态法和瞬态法。稳态法基于傅里叶定律，通过测量样品在稳态热流下的温差来确定导热系数。因此，该方法需要较大的样品和较长的测量时间。瞬态法基于瞬态导热微分方程，通过测量样品温度随时间的变化来确定热扩散率和导热系数。该方法的热方程较为复杂，但测量时间短且对样品要求不高。实际在进行导热系数测量时，要根据材料的物性、样品形态和测量时间等因素确定具体的测量方法。

本实验所用的 TC3200 导热系数测量仪，其工作原理为瞬态热线法，具有测量准确、测量速度快和样品用量少等优点，应用广泛。瞬态热线法将一根热线放在待测样品中间，热线用作热源和测量由此产生的温升的电阻温度检测器。在施加电压的阶跃变化后，热丝产生的单位长度恒定热流被耗散到样品中，热丝和样品都发生了温升。通过建立理想的导线瞬态温升数学模型，可以得到样品的导热系数。瞬态热线法理想模型的基本假设：热线长度无限长、直径无限小、热容可以忽略；待测样品无限大、均匀连续且各向同性、热物性恒定不变；热线与待测样品完全热接触，传热方式仅有导热。

瞬态热线法控制方程：

$$\frac{\partial T}{\partial t} = k\nabla^2 T \tag{31-6}$$

初始条件：

$$\Delta T(r,t) = 0 \tag{31-7}$$

边界条件：

$$\lim_{r \to 0}\left(r\frac{\partial T}{\partial r} \right) = -\frac{q}{2\pi\lambda} \tag{31-8}$$

$$\lim_{r \to \infty} \Delta T(r,t) = 0 \tag{31-9}$$

求解方程可得：

$$\Delta T(r,t) = \left(\frac{q}{4\pi\lambda}\right)\ln\left(\frac{4kt}{r^2C}\right) = \frac{q}{4\pi\lambda}\ln t + \frac{q}{4\pi\lambda}\ln\frac{4k}{r^2C} = G\ln t + A \tag{31-10}$$

$$\Delta T = \Delta T_{w} + \sum_{i=1}^{n}\delta T_i \tag{31-11}$$

式中，ΔT_{w} 为实验测量的温升；δT_i 为测量的温升的修正；λ 为导热系数，W/（m·K）；k 为热扩散系数，m^2/s；q 为单位长度热线的加热功率，W/m；r 为热线的半径，m；C 为欧拉常数，约为 0.5772157。

根据式（31-10）和式（31-11），导热系数可由修正后的热线温升与经过时间的对数之间线性关系的斜率 G 来确定。因此，瞬态热线法是一种直接测量法，不需要通过其他参数计算即可直接得到导热系数。

三、实验仪器与试剂

1. 仪器

综合热分析仪（STA449F5），导热系数测量仪（TC3200），磁力搅拌器，电子分析天平，圆块硅胶模具（3.4cm×0.6cm），烧杯（100mL），玻璃棒，药匙，转移箱（40cm×30cm×10cm），称量纸（10mm×10mm）等。

2.试剂

石蜡（AR），硬脂酸（AR），膨胀石墨（75μm），石墨粉，纳米铜粉。

四、实验步骤

1.低共熔石蜡和硬脂酸混合物的制备

将石蜡和硬脂酸按照质量比为 6.5∶3.5 进行称量，于烧杯中混合，置于磁力搅拌器上 60℃加热搅拌 0.5h，待混合物熔化成均匀液体后，戴上隔热手套，拿起烧杯，把混合样品倒在 2 个圆块硅胶模具中，于室温下彻底冷却后脱模取出，备用。

以同样方法分别制备石蜡和硬脂酸个体样品，备用。

2.复合相变材料的制备

常见的复合相变材料制备方法有多孔介质吸附法、微胶囊封装法和共混熔融法等。由于膨胀石墨为多孔介质，因此本实验中使用多孔介质吸附法。采用搅拌吸附的方法，将石蜡-硬脂酸与膨胀石墨按照 100∶2 的质量比进行混合，加热、搅拌、熔融。另外按 3∶7 的质量比分别制备石墨/石蜡-硬脂酸、纳米铜粉/石蜡-硬脂酸复合相变材料，具体步骤如下：

称取膨胀石墨 0.2g、石蜡 6.5g、硬脂酸 3.5g，先将石蜡和硬脂酸加入烧杯中，置于磁力搅拌器上，60℃用玻璃棒加热搅拌 20min，待石蜡和硬脂酸完全熔化后，加入称好的膨胀石墨，继续搅拌 0.5h 进行吸附，待膨胀石墨完全吸附石蜡-硬脂酸混合基底后，倾倒到聚乙烯模具中，自然冷却，脱模，即得到块状膨胀石墨/石蜡-硬脂酸复合材料。

按相同方法步骤，分别制备石墨/石蜡-硬脂酸、纳米铜粉/石蜡-硬脂酸复合相变材料。

3.复合相变材料的性能测试

（1）DSC 曲线测试

根据测试需要，仪器一直处于开机状态，并至少已提前一天向仪器内部通入氮气保护。测试前先用坩埚钳夹取坩埚在电子天平上去皮称重后取出，再用取样专用镊子夹取相应的相变材料放入坩埚，质量控制在 2~10mg。实际质量以 mg 为单位记录下来。此时升起仪器炉盖，用坩埚钳夹取坩埚放在炉内的 TG-DSC 支架上，下降关闭炉盖，在计算机的软件上设置参数条件：氮气气氛，温度范围为 25~120℃，扫描速率为 10℃/min。设置好所有测试参数后稳定 5min，点击"start"开始测试。测试结束后，利用分析软件分析 DSC 曲线，可以得到所测样品的熔化温度和潜热等参数。

（2）复合相变材料的导热系数测试

为了探究加入不同质量分数的膨胀石墨对石蜡-硬脂酸固-液相变蓄热材料导热系数的影响，判断导热性能是否得到了提高，需要对复合相变材料的导热系数进行测定。TC3200 导热系数测量仪配有专用固体传感器，可以直接对成型的固体样品进行测试。

样品与传感器以夹心饼干的样式放置，具体放置方式如图 31-2 所示，并需要注意以下事项。

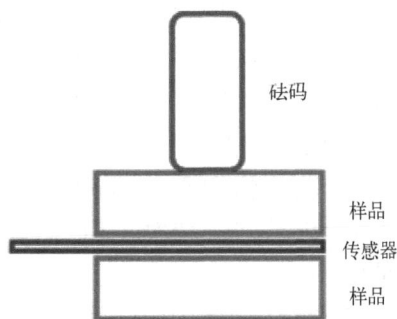

图 31-2 样品放置示意图

① 制作完成的样品最小厚度应大于 0.3mm，最小边长应大于 2.5cm，保证样品能够将传感器完全覆盖。其中两块样品尺寸可不一致，边界可不规则。

② 样品必须要有一个平面与传感器直接接触，且接触面要平整光滑。

③ 装样时，两块样品分别上下紧贴传感器接触面，再分别各置一块石英玻璃上下紧贴样品，水平放置后，在最上侧的石英玻璃上压上 500g 的砝码。为了防止传感器固定部位悬空，下方可搁置一块有机玻璃，保证传感器的固定部位处在水平线上。

导热系数测量过程有如下几步：

① 开机预热。先开主机，后开电脑，系统预热 15min。

② 启动软件。打开电脑，启动桌面上的 "Hotwire 3.6" 测试软件，在启动界面中点击 "检测主机"，连接成功后，确认仪器型号。随后进入传感器界面，根据测试需要导入对应传感器参数，点击 "确定" 即可（图 31-3）。

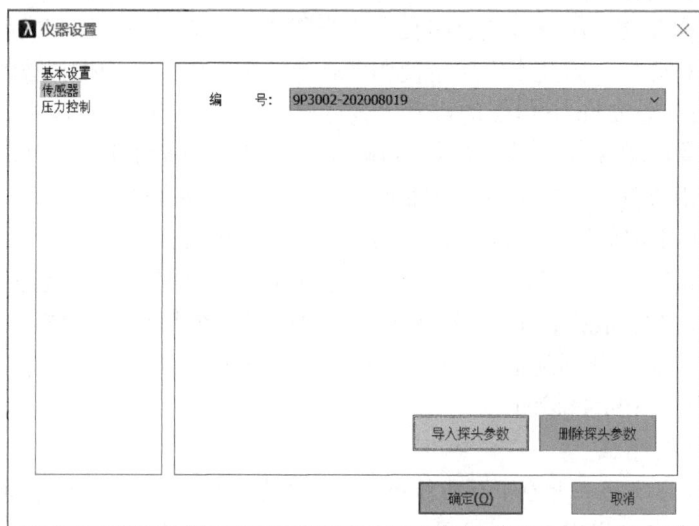

图 31-3　导热系数测量仪硬件设置界面

③ 温度设置及控温。在温度控制页面设置测试温度，等待温度达到平衡。

④ 热平衡监测。在 "导热系数" 页面中，点击 "热平衡监测"（图 31-4）。

当 ΔT 在 3~10min 内 ≤±0.1 时（常温测量至少静置 3min，如果样品本身温度与室温差异较大，则至少需要静置 10~30min），即可停止监测，进入导热系数测量。

⑤ 导热系数测量。在 "导热系数" 页面中，停止热平衡监测，点击 "导热系数测量"，从数据库中选择对应的物质种类和形状，点击 "测量" 即可（图 31-5）。

⑥ 保存测量结果。菜单栏保存原始数据（hwsl 文件），或在数据区域右键 "导出数据结果"，保存测量结果（excel 或 txt 格式）。

⑦ 实验结束。依次取下砝码、上层石英玻璃、上层样品、传感器、下层样品、下层石英玻璃。

⑧ 将传感器收回到保护卡套中，砝码、标样等收回到样品盒中。

⑨ 关掉主机电源、计算机电源，整理实验台，测试结束。

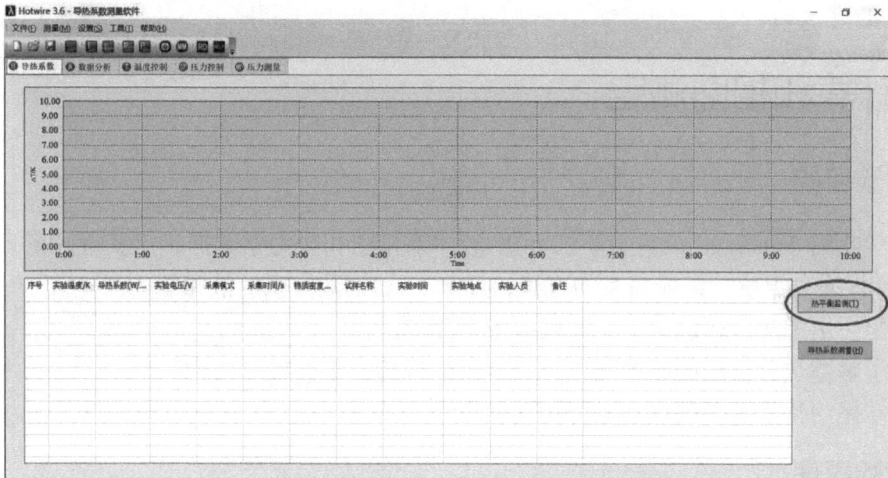

图 31-4 导热系数测量模式选择界面

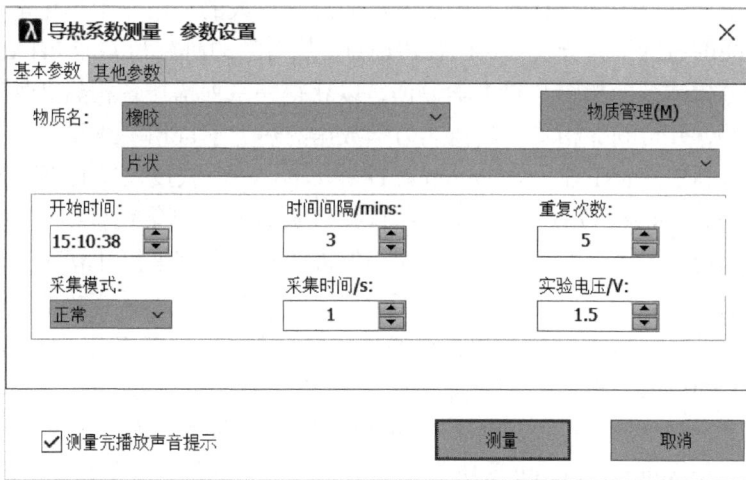

图 31-5 导热系数测量参数设置框

五、实验数据记录与处理

将实验数据填入表 31-2 中。

表 31-2 导热系数的测定记录表

样品	PW	SA	PW-SA	EG/PW-SA	C/ PW-SA	Cu/PW-SA
导热系数/ [W/ (m·K)]						

六、思考题

1. 在复合相变材料的制备中，为什么膨胀石墨不能增加太多?
2. 通过不同复合材料的添加，讨论影响相变材料导热系数的因素。

实验三十二

相图计算和相图测定

一、实验目的

1. 学会用 FactSage 软件分析二元固-液体系相图和热力学数据，以获得一系列描述各相热力学性质和温度、组成关系的方程，计算二元固-液体系的液相线。
2. 学会用差热分析法测定二元固-液体系相图。
3. 了解差热分析法的原理和差热分析仪的构造，学会操作技术。
4. 掌握用化学键参数方法进行相图计算。

二、实验原理

目前相图计算主要利用两种方法：热力学方法和化学键参数方法。热力学方法计算相图是随着热力学、统计力学与计算技术的发展而逐渐形成的一门介于热化学、相平衡原理和计算技术之间的边缘学科分支——CALPHAD。热力学的研究和 CALPHAD 技术的发展已经可以同时分析体系的相图和热力学数据，以获得一系列描述各相热力学性质和温度、组成关系的方程，并可确保相图和其他热力学数据的热力学自相一致性。

加拿大蒙特利尔综合工业大学 Pelton A D 和 Bale W C 教授领导的研究组及德国 GTT 公司的 Hack K 和 Eriksson G 博士研制的相图软件 FactSage，是集化合物和多种溶液（尤其是炉渣、熔锍和熔盐）体系的热化学数据库与先进的多元多相平衡计算程序 ChemSage 为代表的多种功能计算程序为一体的综合性集成热力学计算软件，具有数据库内容丰富、计算功能强大以及 Windows 平台下的操作简易等优势。FactSage 主要由三种模块构成，即数据库模块、计算模块及处理模块。数据库模块包括 View Data、Compound 及 Solution 模块；计算模块包括 Reaction、Predom、EpH、Equilib、Phase Diagram 及 OptiSage 模块；处理模块包括 Results、Mixture 及 Figure 模块等。本实验所采用的是 FactSage 5.4。

差热分析（DTA）法是热分析的一种。它是一种在一定条件下同时加热或冷却被测物质和参比物，并记录二者之间的温度差的技术。因此，它是一种动态分析。物质在加热或冷却过程中，当达到某一温度时，往往会发生熔化、凝固、晶型转化、化合、分解、脱水、吸附等物理或化学变化。相图计算中常用的金属化合物及其熔点详见附录 2。在发生这些变化时伴有焓变，因而产生热效应。这时在体系的温度-时间曲线上会出现停顿、转折，但在许多情况下，体系中发生的热效应相当小，不足以使体系温度有明显的变化，从而曲线停顿、转折并不显著，甚至根本显示不出来。在这种情况下，常将有物相变化的物质和一个参考（或称基准）物质（它在实验温度变化的整个过程中不发生相变，没有任何热效应产生，如 Al_2O_3、MgO 等）在程序控温条件下进行加热或冷却，一旦被测物质发生相变，则在被测物质和参比物之间产生温度差。差热分析就是测定这种温度差与温度关系的一种技术，它可用于分析物质变化的规律，确定其结构、组成或测定其转化温度、相变温度、热效应等物理化学性质。差热分析原理可见实验四。

理论计算与实验测定相结合是以较少的实验工作量构筑高精度相图，并获得一套与相图热力学自相一致的热力学数据的最佳方法。

三、实验仪器与试剂

1. 仪器

微机差热天平（WCT-1A），电子分析天平，氧化铝坩埚，FactSage 5.4 软件。

2. 试剂

α-Al$_2$O$_3$（AR），测量体系所用的试剂（如熔盐、金属或氧化物等）。

四、实验步骤

1. 相图计算

① 打开计算机，进入 FactSage 5.4 软件。在软件首页，选择 Calculate 模式下的 Phase Diagram。

② 点击计算机窗口上的 PhasSage 快捷方式，打开 PhasSage PPT 文件，对照软件，学习软件的操作。

③ 利用软件计算选定的二元熔盐或三元氧化物体系的相图，并记录计算所得数据，绘制相应体系的相图。

2. 相图测定

① 根据计算的二元熔盐体系，将两个纯组分熔盐试剂在烘箱中烘干、研磨备用。

② 按照不同的组成比，在电子天平上分别称取所需试剂的量（控制总量在 5g），记录所称取的各样品的实际质量并计算其实际组成。将称取的试剂放入玛瑙研钵中研磨混匀。

③ 称量空坩埚，记录质量。用仪器配置的药品勺将配制好的待测样品加入称量好的坩埚中，加入量不超过坩埚的三分之一，轻轻抖实使之分布均匀，称量并记录数据。

④ 差热天平操作：抬起炉体，将装有参比样品及待测样品的氧化铝坩埚分别置于相应的热偶板上；放下炉体，开启冷却水（注意：操作时轻抬、轻放）。

⑤ 启动微机，从系统主菜单进入热分析数据站。参照 WCT-D 热分析系统使用说明书，进行仪器系统操作。

⑥ 微机系统操作：屏上箭头指向"新采集"，按压鼠标左键一次。进入"参数设定"界面。

输入"基本实验参数"：操作键盘及鼠标，对实验名称、实验序号、操作者姓名、试样质量等参数正确输入。

输入"升温参数"：设置起始温度（输入数据应小于当前炉温约 10℃）及采样间隔，升温速率一般设为 10℃/min，选择适当的终止温度（一般应高于所选择体系中熔点最高值）；输入完毕，按"确定"钮；将采集的数据保存在 E 盘"相图差热分析实验"文件夹里，保存文件。

⑦ 采集结束，屏上箭头指向"停止"按钮，并确认。

⑧ 利用热分析数据分析菜单操作，对所采集的数据进行 DTA、TG 数据标示，并记录下各个峰的 DTA、TG 实验数据（即质量损失率、T_e、T_m 等数据），确定是否有失重，如有，确定各失重峰的温度，并打印热谱图。

⑨ 实验结束，按仪器说明进行操作，将仪器复原。

五、实验结果分析与讨论

根据所测体系的差热曲线，确定该体系各组分的相变温度，结合相平衡原理和相图知识绘制该体系的相图。

六、思考题

1. 分析影响计算相图与差热所测相图误差的主要因素有哪些。
2. 查阅二元系熔盐相图文献，综述相图计算与相图实验测定的相关应用。

实验三十三

三苯甲醇的制备

一、实验目的

1. 了解格氏试剂的制备、应用和进行格氏反应的条件。
2. 学习和掌握搅拌、回流、水蒸气蒸馏及低沸物蒸馏、重结晶等操作。

二、实验原理

三苯甲醇为无色菱形结晶，熔点为 164.2℃，沸点为 380℃，易溶于乙醇、乙醚和苯，溶于浓硫酸呈深黄色，溶于冰醋酸时无色，不溶于水及石油醚。三苯甲醇作为一种重要的化工原料和医药中间体，可用于合成三苯甲基醚、三苯氯甲烷等重要的有机化合物。三苯甲醇的衍生物是一些三苯甲烷染料合成的中间体。三苯甲醇的主要合成方法有 Grignard 反应合成法和 Friedel-Crafts 反应合成法。Grignard 反应合成法是通过苯基溴化镁格氏试剂与苯甲酸乙酯、二苯甲酮、苯甲酰氯等羰基化合物反应，然后经水解而制得三苯甲醇。实验过程为无水无氧操作，详见附录 1。

本实验的主要反应式如下：

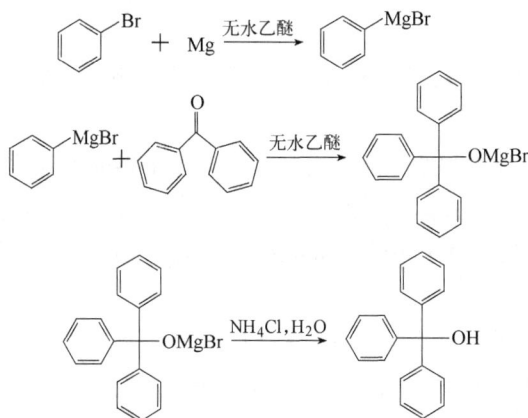

发生的副反应：

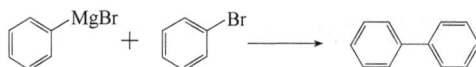

三、实验仪器与试剂

1. 仪器

磁力搅拌器，搅拌子，三口烧瓶（250mL），恒压滴液漏斗（50mL），干燥管，回流冷凝管，烧杯（100mL、500mL），单口茄型瓶（50mL、100mL），分液漏斗（100mL），蒸馏全套及水蒸气蒸馏全套装置，表面皿，防爆冰箱，电子天平，称量纸，乳胶管，乳胶头。

2. 试剂

溴苯，二苯甲酮，镁屑，碘，无水乙醚，稀盐酸，氯化铵（饱和），无水乙醇，无水氯化钙，高纯氮。以上所有试剂均为分析纯。

四、实验步骤

1. 苯基溴化镁的制备

在 250mL 的三口烧瓶上，分别安装回流冷凝管及恒压滴液漏斗，在冷凝管上装上干燥管，以免水蒸气进入。在三口烧瓶中加入搅拌子，并称取 1.5g 镁屑（0.06mol）或去除氧化膜的镁条放入瓶中，再加一小粒碘。在滴液漏斗中放置 6.4mL 溴苯（9.5g，0.06mol）及 25mL 无水乙醚混合均匀。

首先从滴液漏斗向三口烧瓶中滴 10mL 溴苯-乙醚混合液，随即发生反应，碘的颜色逐渐消失（若不反应，可用温水加热）。然后开动搅拌器，继续缓慢滴加其余的混合液，保持反应液呈微微沸腾状态。滴加完毕后，再用温水浴加热回流 1h，以使镁屑作用完全。

2. 二苯甲酮与苯基溴化镁的加成及加成产物的水解

① 将上述反应瓶冷却，在搅拌下，从滴液漏斗向反应瓶中滴加 11g 二苯甲酮（0.06mol）和 30mL 无水乙醚的混合液，观察反应液颜色的变化，滴加完毕后，用温水浴加热回流 1h，使反应完全。

② 用冷水冷却反应瓶，并在搅拌下由滴液漏斗滴入 40mL 左右饱和氯化铵溶液，以分解加成物而生成三苯甲醇。

3. 三苯甲醇粗制品的获得及精制

用倾析法将三口烧瓶中的上层液体转入分液漏斗中（应尽量避免下层无机盐进入分液漏斗而堵塞活塞），分去水层，把乙醚层移入蒸馏烧瓶，在水浴上蒸馏回收乙醚，然后改成水蒸气蒸馏装置，进行水蒸气蒸馏，至无油状物蒸出为止，留在瓶中的三苯甲醇呈蜡状。

冷却后，抽滤，用冷水洗涤，粗产品用乙醇重结晶。产量约 5g。

三苯甲醇为白色片状结晶，熔点为 162~163℃。

五、实验注意事项

1. 溴苯-乙醚混合液滴加速度不宜过快。否则，反应过于剧烈，会产生副产物联苯。

2. 饱和氯化铵溶液的主要作用是使水解下来的 $Mg(OH)_2$ 转变为 $MgCl_2$，若 $Mg(OH)_2$ 仍不消失，可加少许稀盐酸。

六、思考题

1. 本实验的关键是什么？
2. 为使三苯甲醇有较高的产量，在操作上要注意哪些问题？

3. 实验中为什么要进行水蒸气蒸馏？

实验三十四

高准确度自动旋光仪测定牛奶中的乳糖含量

一、实验目的

1. 学会用旋光法测定牛奶中的乳糖含量。
2. 掌握旋光法的测定原理和高准确度自动旋光仪的使用方法。
3. 熟悉高准确度自动旋光仪测定样品前处理的基本方法。

二、实验原理

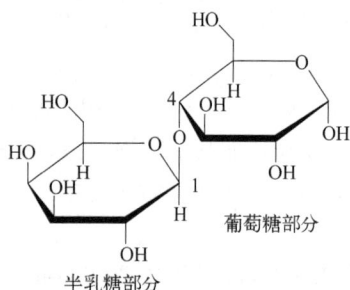

图 34-1　乳糖的结构

牛奶是营养最完备的食品之一，是一种均匀稳定的悬浮状和乳浊状的胶体性液体。牛奶主要成分是水、脂肪、蛋白质、糖类和盐，这些都是人体发育必不可少的物质。

牛奶中的糖主要是乳糖，含量约为 4%~5%。乳糖是一种二糖，它仅存在于哺乳动物的乳汁中，是在乳腺中被合成的。乳糖由 D-半乳糖分子 C1 上的半缩醛羟基和 D-葡萄糖分子 C4 上的醇羟基脱水通过 β-1,4 糖苷键连接而成（结构如图 34-1 所示），易溶于水。

乳糖是还原性糖，具有旋转偏振光的偏振面的能力，即具有旋光性（光学活性），并且绝大部分以 α-乳糖和 β-乳糖两种同分异构体形式存在，α-乳糖的比旋光度 $[\alpha]_D^{20}=+86°$，β-乳糖的比旋光度 $[\alpha]_D^{20}=+35°$。水溶液中两种乳糖可互相转变，乳糖在溶解之后，其旋光度起初迅速变化，然后渐渐变得较缓慢，最后达到恒定值，这种现象称为变旋作用。乳糖在微碱性溶液中，变旋作用迅速，很快达到平衡。但微碱性溶液不宜放置过久，温度也不可太高，以免破坏乳糖。

比旋光度 $[\alpha]_\lambda^t$ 是旋光物质重要的物理常数之一，经常用它来表示旋光性物质的旋光性。通过测定旋光度 α，可以检验旋光性物质的纯度并测定它的含量。

$$\alpha = [\alpha]_\lambda^t \times c \times l$$

式中，$[\alpha]_\lambda^t$ 为旋光性物质在温度 t、波长 λ 时的比旋光度，光源的波长 λ 一般用钠光的 D 线（589nm），温度 t 一般为 20℃或 25℃；l 为旋光管的长度，dm；c 为溶液的浓度，g/mL。

利用旋光仪在波长 589nm 测量乳糖标准溶液的旋光度，绘制乳糖浓度-旋光度的标准工作曲线。测量牛奶样品溶液的旋光度，由标准工作曲线得出乳糖的浓度，

图 34-2　鲁道夫 Autopol Ⅳ-T 高准确度自动旋光仪

即可求出牛奶中乳糖的含量。

旋光仪是测定物质旋光度的仪器。通过对样品旋光度的测定，可以分析样品的浓度、含量及纯度等。本实验所用的旋光仪是鲁道夫 Autopol Ⅳ-T 高准确度自动旋光仪（图 34-2），它带有内置微处理器，并配备内置电控温装置，具有强大的软硬件功能，采用光电检测器及电子自动示数装置，无需人工计算，可即时显示旋光度、比旋光度、浓度及温度等，具有体积小、灵敏度高、读数方便等特点，对目视旋光仪难以分析的低旋光度样品也能适用。

Autopol Ⅳ-T 的主要特点及技术参数：

① 内置微处理器，具有强大的软硬件处理功能。

② 光源：以卤素灯为光源。

③ 光路器件：以方解石为偏振器。

④ 内置温度传感器，测量样品或环境温度，并可将测量结果补偿到标准温度下进行输出。

⑤ 测量范围：旋光度，±89.99°；浓度，0.001%~99.9%。

⑥ 测量结果显示：旋光度、比旋光度、浓度、温度及其他。

⑦ 测量精度：旋光度，0.001°；浓度，0.001%。

⑧ 测量准确度：0.002°（1°以下），0.2%（1~5°间），0.01°（5°以上）。

⑨ 波长选择：365nm、405nm、436nm、546nm、589nm、633nm（6 波长可选）。

三、实验仪器与试剂

1. 仪器

高准确度自动旋光仪（鲁道夫 Autopol Ⅳ-T，0.7mL 温度旋光管（2 支，规格为 40T-2.5-100-0.7），容量瓶（50mL、100mL），吸量管（5mL、10mL），漏斗，滴管，烧杯（100mL、600mL），注射器（1mL）。

2. 试剂

乳糖（AR），氨水（25.0%~28.0%，AR），牛奶样品，乙酸锌溶液（21.9%，AR），亚铁氰化钾溶液（10.6%，AR）。

四、实验步骤

1. 标准溶液的配制

准确称取 5.0000g 乳糖，溶于蒸馏水，转移至 100mL 容量瓶中，滴入 1~2 滴氨水溶液，并定容至刻度，摇匀，此液中乳糖浓度为 0.050g/mL。分别移取此液 2mL、4mL、6mL、8mL、10mL 放入 50mL 容量瓶中，稀释后分别定容至刻度，摇匀，放置 30min 待测。此系列容量瓶中的乳糖浓度为 0.002g/mL、0.004g/mL、0.006g/mL、0.008g/mL、0.010g/mL，分别记为样品 1~5。

2. 样品的前处理

称取 14.000~16.000g 左右牛奶，用蒸馏水转移到 100mL 容量瓶中，体积约 70mL。摇匀，加入乙酸锌、亚铁氰化钾溶液各 2mL，溶液中发生沉淀，滴入 1~2 滴氨水溶液，然后用蒸馏水定容至刻度，摇匀放置 30min，过滤，弃去最初滤液（约 30mL），收集样品溶液，待测。

3. 高准确度自动旋光仪定量测定

① 温度达到室温，依次打开稳压交流电源、电源开关、旋光仪仪器电源，至少预热 15min。

② 对测试方法进行选择，无 TempTrol™ 温度控制系统的样品测试："Temp Control" 选择 "Off"，"Temp Correction" 选择 "Off"。

③ 在控制面板上按 "λ" 键，选择需要的测量波长范围 589nm。"Response Tim" 选择 6s（1~10s 之间），按 "Enter" 确认。

④ 校零：将装有空白溶剂的旋光管靠右放入样品槽中，盖上箱盖；按 "Optical rotation"，"cell length" 选择 "100mm"，按 "Start/Stop" 开始测量；待示数稳定后，按 "Start/Stop" 停止测量，按 "Zero" 键，测量值将全部复位为零值。

⑤ 取出空白溶剂的旋光管，将装有待测样品溶液的旋光管靠右放入样品槽中，盖上箱盖。按 "Optical rotation"，"cell length" 选择 "100mm"，按 "Start/Stop" 开始测量，待示数稳定后，记录 3 次数值。按 "Start/Stop" 停止测量。

⑥ 测试完成后，取出旋光管并及时清洗。

⑦ 依次关闭旋光仪仪器电源、电源开关、稳压交流电源。

五、实验数据记录与处理

将旋光仪分别测定的 5 个标准溶液的旋光度和待测样品溶液的旋光度记录在表 34-1 中。

表 34-1　实验数据记录

牛奶质量：_____g　　　　　　　　　　　　　　　温度：_____℃

样品名	旋光度			
	第一次	第二次	第三次	平均值
样品 1				
样品 2				
样品 3				
样品 4				
样品 5				
待测样品				

1. 绘制标准曲线

测得标准溶液的旋光度，取 3 次的平均值，以旋光度为纵坐标，以乳糖浓度为横坐标，绘制乳糖浓度-旋光度的标准工作曲线。

2. 牛奶中乳糖的含量

根据乳糖浓度-旋光度的标准工作曲线，得到待测样品溶液中乳糖浓度 c，则牛奶中乳糖含量 ω（％）的计算式如下：

$$\omega = \frac{c \times 100\text{mL}}{m}$$

式中，m 为牛奶样品的质量，g；c 为样品溶液中乳糖浓度，g/mL；100mL 为样品溶液的体积。

六、实验注意事项

1. 牛奶样品溶液加入乙酸锌、亚铁氰化钾后，如无沉淀，可再各加 1~2mL 乙酸锌、亚铁氰化钾，促使沉淀产生。
2. 开机顺序依次为稳压交流电源、电源开关和旋光仪仪器电源，关机顺序相反。
3. 旋光仪在使用期间，只有在停止测量时，才能打开箱盖。

七、思考题

1. 配制乳糖标准溶液时，加入氨水溶液的作用是什么？
2. 样品的前处理有哪些注意事项？
3. 牛奶样品中加入乙酸锌和亚铁氰化钾溶液的作用是什么？

实验三十五

一种磺化三苯基膦配体的制备

一、实验目的

1. 了解常见有机膦配体的种类。
2. 理解磺酸基团的亲水性质。
3. 学习磺酰氯水解及苯环 S_NAr 反应。
4. 掌握水溶性化合物的提纯方法。
5. 掌握回流、旋转蒸发、固体打浆和抽滤等操作。
6. 掌握对空气敏感化合物的保护措施。

二、实验原理

1. 有机膦配体的种类

有机膦配体是一类非常重要的配体，在有机催化、发光材料等领域得到了广泛应用，其结构非常丰富。图 35-1 所示为 Suzuki-Miyaura 偶联反应和该反应中常见的膦配体及其钯络合物催化剂。这些膦配体的开发极大地促进了 Suzuki Miyaura 偶联反应在药物合成等领域的广泛应用，目前，该反应已成为药物合成反应中使用频率第二高的反应，仅次于酰胺缩合反应。

Suzuki-Miyaura 偶联反应：

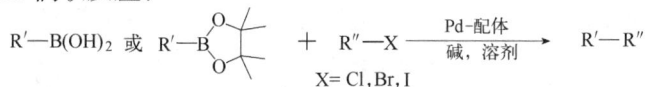

$$R'—B(OH)_2 \text{ 或 } R'—B\begin{smallmatrix}O\\O\end{smallmatrix} + R''—X \xrightarrow[\text{碱，溶剂}]{\text{Pd–配体}} R'—R''$$

$$X= Cl, Br, I$$

常见膦配体和钯络合物：

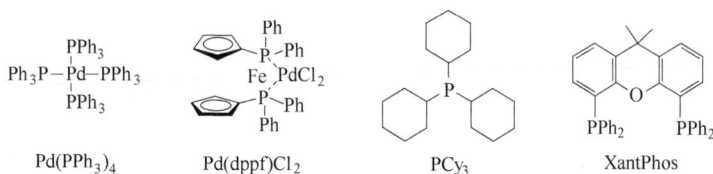

图 35-1

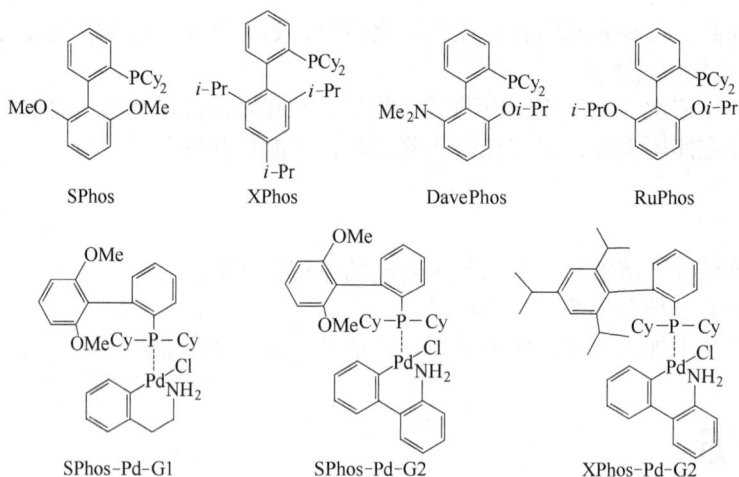

图 35-1　Suzuki-Miyaura 偶联反应与常见膦配体及其钯络合物

　　然而目前设计及合成的大部分膦配体都缺乏水溶性，导致反应后处理比较困难，经常需要用柱色谱等方法纯化。另外，由于大部分膦配体缺乏水溶性，其在生物医药领域应用也很受限制。因此，开发水溶性膦配体具有重要意义。

2. 磺化三苯基膦化合物的结构及应用

　　在膦配体芳香环上引入磺酸基团可以极大地提高其水溶性，含磺酸基的膦配体已被开发并应用于多个领域。图 35-2 为常用的商品化水溶性膦配体，它们在有机催化领域得到了广泛的应用。

　　水溶性膦配体在生物医药领域也具有重要用途。如图 35-3 所示，利用一种双功能化螯合试剂（BFCA）将放射性核素或细胞毒性药物通过络合作用和生物受体连接起来，从而发挥治疗作用。

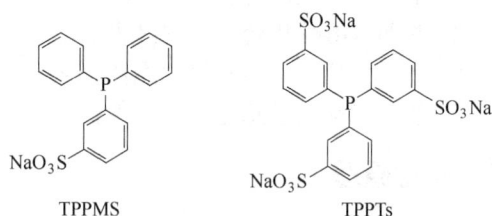

图 35-2　两类常用的水溶性膦配体

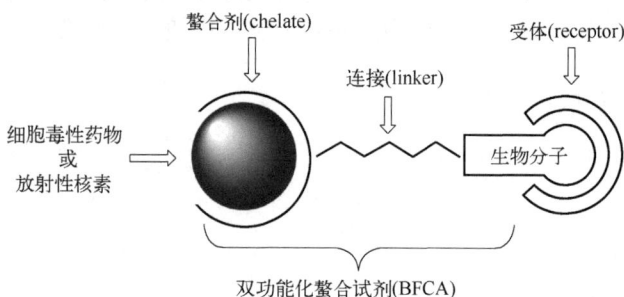

图 35-3　水溶性膦配体在生物医药中应用示意图

　　如图 35-4 所示，利用磺化三苯基膦选择性还原抗体上的半胱氨酸的二硫键，从而可制备新型抗体偶联药物（ADCs），这可能在肿瘤治疗中具有重要应用潜力。

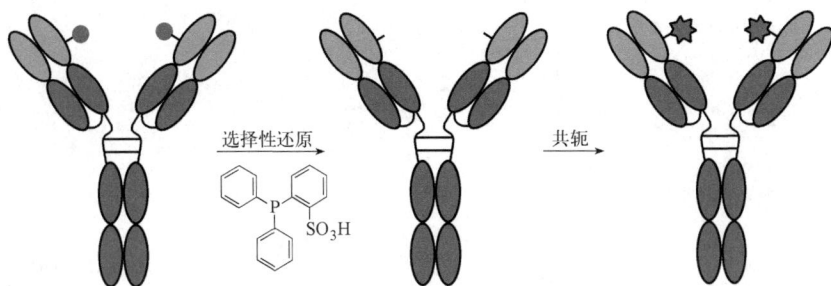

图 35-4　磺化三苯基膦还原抗体中半胱氨酸示意图

磺化三苯基膦作为试剂在复杂活性分子合成中也得到了应用。图 35-5 是利用本实验拟合成的目标分子作为试剂，合成一类水溶性的大环激酶抑制剂的反应过程，最后一步利用高碘酸钠切断二醇结构得到醛并发生 Wittig 反应，实现环化并完成大环激酶抑制剂的合成。

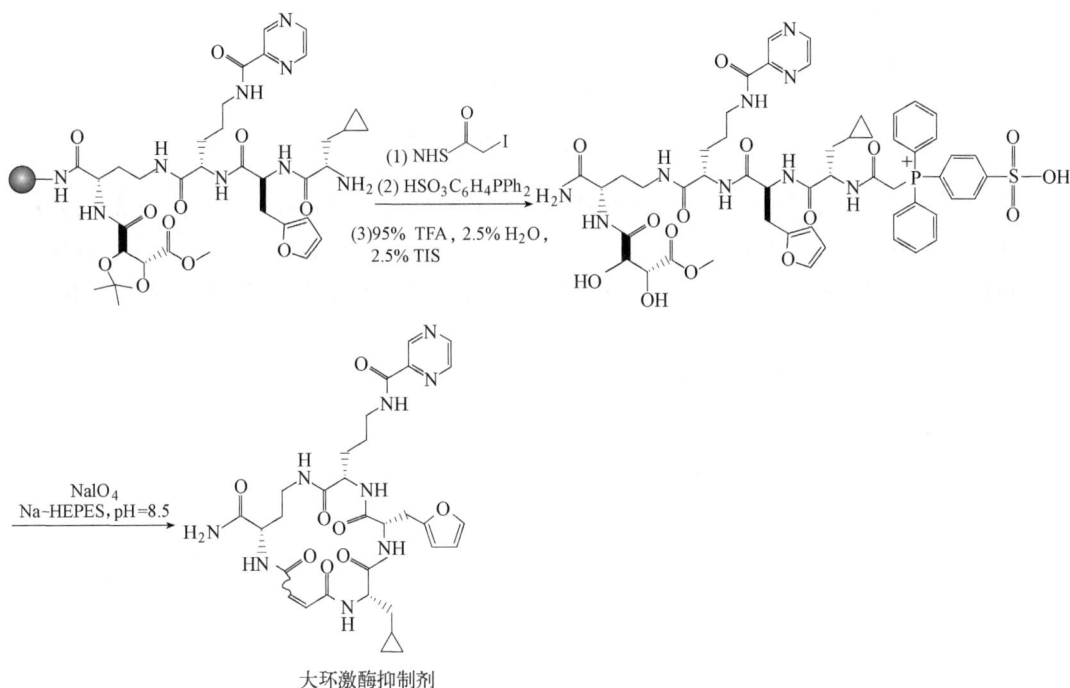

图 35-5　本例拟合成的目标分子应用于大环激酶抑制剂的合成

鉴于磺化膦配体在有机合成、有机催化剂及生物医药领域的重要用途，因此本实验计划合成一种磺化的三苯基膦化合物。

3. 反应原理

目标分子合成的路线如图 35-6 所示。第一步为对氟苯磺酰氯在碱性条件下加热水解，反应完后减压蒸馏除去水。第二步为吸电子芳香卤代烃的 S_NAr 取代反应，其原理为 Ph_2PH（**3**）在氢氧化钾的 DMSO 溶液中夺取质子得到 Ph_2PK，利用膦负离子的亲核性取代磺酸基对位的氟原子，得到中间产物（**4**）。这一步使用 DMSO 作为溶剂可增强氢氧化钾碱性。第三步为酸化产物，将得到的产物经过重结晶、洗涤、过滤操作，得到目标产物（**5**）。

第一步：磺酰氯水解

第二步：S$_N$Ar取代反应

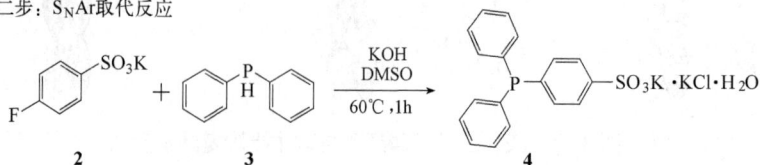

第三步：酸化及重结晶提纯

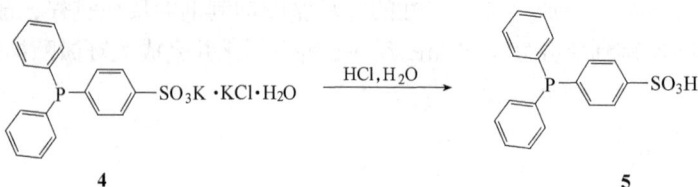

图 35-6　目标分子的合成路线

据文献报道，磺酸钾盐（**4**）在水中溶解度为 10g/100mL（Angew Chem. Int. Ed., 1993, 32，1058）。最终产物（**5**）为白色固体，其核磁共振氢谱数据如图 35-7 所示，^{1}H NMR（400 MHz，DMSO-d$_6$）：δ 7.64~7.58（m，2H），7.43~7.38（m，6H），7.29~7.16（m，6H）。

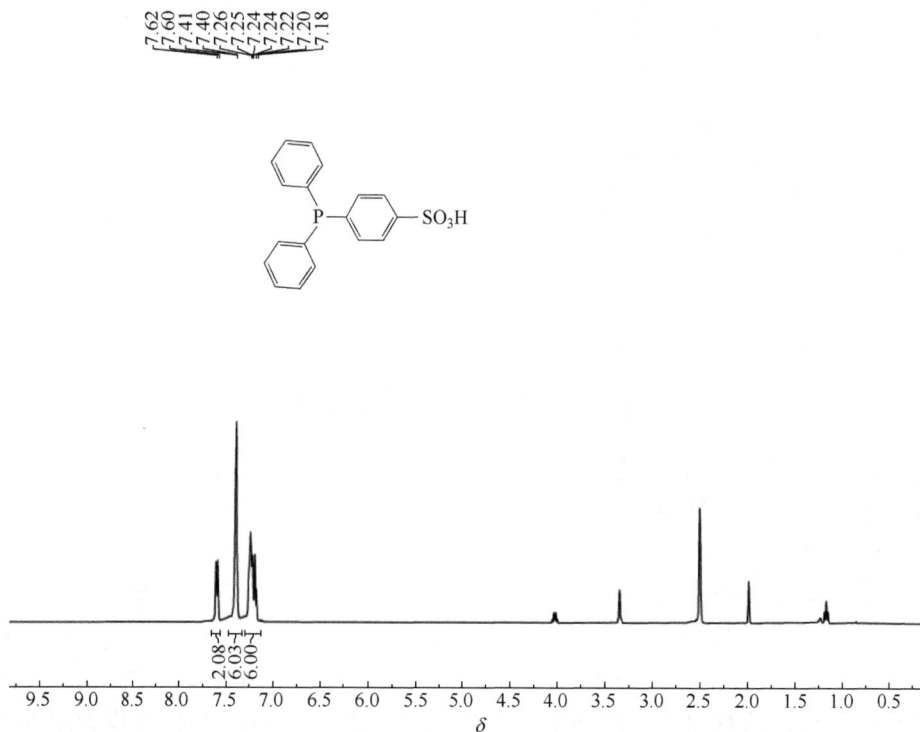

图 35-7　产物的核磁共振氢谱

三、实验仪器和试剂

1. 仪器

电子分析天平（AB104-N），自动控温加热套（Hei-PLATE Mix 'n' Heat Core），数显智能控温磁力搅拌器（SZCL-2），隔膜泵（Vacuubrand，MZ 2C NT），旋转蒸发（EYELA N-1300，OSB-2200），回流冷凝管，圆底烧瓶（100mL），量筒（25mL），布氏漏斗，抽滤瓶（125 mL），烧杯（250 mL），分液漏斗（150 mL），滤纸，滴管，玻璃棒，药匙，气球，玻璃磨口三通。

2. 试剂

4-氟苯磺酰氯（AR），二苯基膦（AR），氢氧化钾（AR），二甲亚砜（DMSO，AR），盐酸（AR），乙酸乙酯（AR），正己烷（AR），pH试纸，氮气钢瓶。

四、实验步骤

1. 磺酰氯水解

用天平称量氢氧化钾（1.68g，30mmol），加入到100mL烧瓶中，加入去离子水15mL，配制成2mol/L的氢氧化钾溶液。烧瓶中加入磁子，开始搅拌。称量4-氟苯磺酰氯（5.84g，30mmol），搅拌下加入上述的氢氧化钾溶液中。然后，装上回流冷凝管，开冷凝水，在电热套上加热回流1~2h。

停止搅拌，冷却烧瓶至40℃后，旋转蒸发除去溶剂（根据真空度调节水温，建议40~60℃），至其质量不再减少为止，得到粉末状固体。

2. S_NAr 取代反应

称量氢氧化钾5.04g（90mmol），加入100 mL的圆底烧瓶中，并用量筒量取DMSO 20mL一并加入圆底烧瓶中，得到氢氧化钾悬浮液。继续称取二苯基膦5.58g（30mmol）加入上述悬浮液中，再将步骤1得到的固体粉末加入。

将气球用氮气置换两次后，充满氮气，用橡皮筋固定到三通的一个支口上。将三通安装到反应瓶上，利用真空泵和气球置换反应液中的空气三次。

利用自动控温加热套将反应液加热到60℃，维持1h，待反应完全后冷却到室温，将反应液倒入装有40mL水（使固体基本溶解）的烧杯（250mL）中，直接用于下一步酸化。

3. 酸化及纯化

将步骤2中得到反应液用冰水冷却后，逐滴加入浓盐酸调节其pH值为1~2，待到固体全部析出，进行真空抽滤，并用少量去离子水洗涤（每次5mL，洗涤2次）。将得到的固体用乙酸乙酯打浆，具体操作：将固体加入25mL圆底烧瓶中，加入乙酸乙酯10mL，并放入磁子，磁力搅拌10min后进行抽滤，并用少量乙酸乙酯洗涤（每次2mL，洗涤2次）。将得到的固体转移到称重好的圆底烧瓶中，通过旋转蒸发除去溶剂残留，从而得到白色固体产物，进行称量，计算产率。

五、思考题

1. 为什么加入二苯基膦后需要置换氮气？为什么后续反应都应该尽量避免长时间暴露在空气中？

2. 磺酸钾盐和产物磺酸在水中溶解度哪一个更高？

3. 为什么第二步使用氢氧化钾+DMSO体系，而不是氢氧化钾+水体系反应？

实验三十六

石墨炉原子吸收光谱法测定葡萄酒中的铜含量

一、实验目的

1. 了解石墨炉原子化器的工作原理和使用方法。
2. 掌握原子吸收光谱法的测定原理和原子吸收光谱仪的操作方法。
3. 熟悉原子吸收光谱仪测定样品前处理的基本方法。

二、实验原理

原子吸收光谱法：从光源发出的待测元素的特征辐射通过样品蒸气时，被待测元素基态原子所吸收，由辐射的减弱程度求得样品中待测元素含量。图36-1是原子吸收光谱分析示意图。

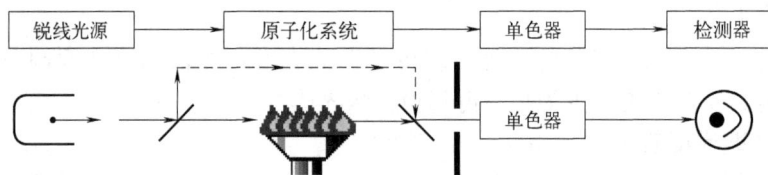

图 36-1　原子吸收光谱分析示意图

在锐线光源的条件下，光源的发射线通过一定厚度的原子蒸气，并被基态原子所吸收，吸光度与原子蒸气中待测元素的基态原子数间的关系遵循朗伯-比尔定律：

$$A = \lg \frac{I_0}{I} = K'N_0L \tag{36-1}$$

式中，I_0 和 I 分别表示入射光和透射光的强度；N_0 为单位体积基态原子数；L 为光程长度；K' 为与实验条件有关的常数。

式（36-1）表示吸光度与蒸气中的基态原子数呈线性关系。实际分析中要求测试的是样品中待测元素的浓度，而此浓度是与待测元素吸收辐射的原子总数成正比的。因此在一定浓度范围和一定光程长度 L 下，可得到：

$$A=KcL \tag{36-2}$$

式（36-2）是原子吸收光谱法的定量基础。它表示在确定实验条件下，吸光度与样品中待测元素浓度呈线性关系。

石墨炉原子化法将样品（液体或固体）置于石墨管中，用大电流（300A）通过石墨管产生高达3000℃的高温，使样品蒸发和原子化。

石墨炉原子化法测定时分三个程序升温，如下所示：

① 干燥：在稍低于溶剂沸点的温度下加热，以除去各种溶剂。
② 灰化：是在保证待测元素没有明显损失的前提下，将样品加热到尽可能高的温度，

使样品的基体在原子化阶段之前已被破坏或蒸发，以减少其他元素的干扰及光散射或分子吸收引起的背景问题（最佳灰化温度由实验决定）。

③原子化：在一定温度下，使待测元素的化合物分解为气态自由原子，一般来说，各种元素的分析信号是原子化的函数，应该使用能得出最大吸收信号的最低温度（最佳原子化温度可由实验决定）。

在结束一个样品的测定后，用比原子化阶段稍高的温度加热石墨管以去除样品残渣，经过净化处理石墨管，便可进行下一个样品的分析。为了防止样品及石墨管氧化，需要在不断通入惰性气体（氮或氩）的情况下进行加热。在原子化时，样品对特征谱线的吸收与样品中某待测元素的含量呈正比关系，经过运算求得待测元素的含量。石墨炉系统的主要作用是在惰性气体保护下，用程序加温的方法使样品分离掉水分和其他杂质，并且不损失原样品中待测元素的含量，使待测元素充分原子化，得以灵敏、准确地测定样品中待测元素的含量。

石墨炉原子化法的最大优点是注入的样品几乎全部原子化，特别是对于易形成耐熔氧化物的元素能够得到较好的原子化效率。当样品含量很低时，或只能提供少量样品时，使用石墨炉原子化法是很适宜的。

葡萄酒含有丰富的营养物质，如多种氨基酸、花青素、有机酸、矿质元素等。葡萄酒中的金属元素，少部分是天然成分，大部分是在葡萄酒生产、加工、贮运等过程中受到污染而产生的；少量的金属元素对人体有益处，但是当金属元素超过一定的含量，就会对人体造成伤害。因此，对葡萄酒中的微量元素的检测是十分必要的。为保证葡萄酒的安全，葡萄酒标准中严格规定了铜的含量≤1.0mg/L。目前，对于葡萄酒中微量元素的检测方法应用较广泛的是原子吸收光谱法。在利用原子吸收光谱法测定葡萄酒中的微量元素时，对酒样的前处理有多种方法，如直接稀释法、蒸发酒精法、高氯酸-硝酸消解法及双氧水-硝酸消解法等。

本实验所用的仪器是 novAA 800D 原子吸收光谱仪（德国耶拿分析仪器股份公司，Analytik Jena），见图 36-2，同时配备火焰分析系统和石墨炉分析系统，单双光束任意选择，满足稳定性和灵敏度要求；配备智能化自动进样器，可自动重新调整进样针取样并进样；配备全面自动化、智能化的软件，自动优化进样条件，并设定分析序列进行样品测试。

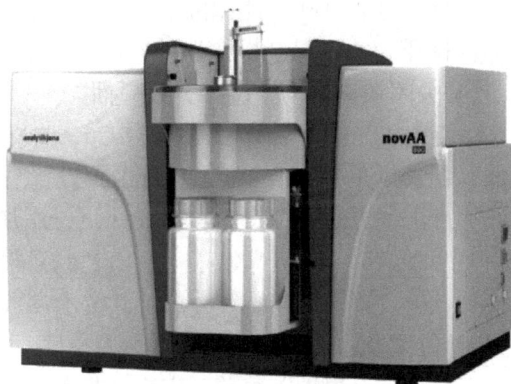

图 36-2　novAA 800D 原子吸收光谱仪

三、实验仪器与试剂

1. 仪器

原子吸收光谱仪（novAA800D），铜空心阴极灯，涂层石墨管，自动进样器（含进样杯），高纯氩气，循环冷水机，加热板（ER-30F），容量瓶（100mL），吸量管（5mL），烧杯

（100mL、600mL），洗耳球，滴管等。

2. 试剂

① 100mg/L 铜标准样品：单元素标准溶液，介质为 HNO_3，国家有色金属及电子材料分析测试中心。

② 0.1mg/L 铜储备溶液：吸取上述铜标准样品 100μL 于 100mL 容量瓶中，用 0.5% HNO_3 溶液稀释至刻度，摇匀，备用。

③ 硝酸（GR）、双氧水（GR）、超纯水等。

④ 稀释液：0.5% HNO_3 溶液（超纯水）。

四、实验步骤

1. 铜系列标准溶液的配制

分别吸取铜储备溶液 1mL、2mL、3mL、4mL、5mL 于 50mL 容量瓶中，用稀释液（0.5% HNO_3 溶液）稀释至刻度，配制成 2.0μg/L、4.0μg/L、6.0μg/L、8.0μg/L、10.0μg/L 标准系列溶液。

2. 葡萄酒样品的前处理

选择 1 种酒样，使用双氧水-硝酸消解法进行前处理。准确移取 1mL 葡萄酒样品于烧杯中，缓缓加入双氧水-硝酸（1:4）混合溶液 2mL，摇匀后转移至 ER-30F 加热板上预热 5min，等溶液由红色变无色澄清后，继续加热产生浓棕色的烟，逐渐变成淡黄色至无色，待烟冒尽时取下，冷却至室温，然后将样品转移至 100mL 容量瓶，用稀释液稀释至刻度，得葡萄酒溶液，摇匀后备用。

3. 仪器参数设置与操作

① 打开氩气瓶总阀，调节气体出口压力约为 0.6MPa。

② 打开电源总闸、计算机电源、仪器主机电源。打开循环冷水机电源开关。

③ 打开 ASpect LS 操作软件，选择分析技术：选择石墨炉，点击"系统检查"，完成后点击"关闭快速启动"进入分析界面。

④ 点击"光谱仪器"，元素选择 Cu，波长为 324.80nm，灯电流为 3.0mA，狭缝宽度为 1.2nm，背景校正 D2 灯扣背景。点击"设置"，点亮铜灯。

⑤ 点击"方法"→点击"谱线"页，添加 Cu 元素→点击"石墨炉"页，编辑石墨炉升温程序并保存→点击"校正"页，设置标准校正模式，并输入样品浓度和位置。

⑥ 点击"自动进样器"→点击"技术参数"页→点击"初始化"→根据需要检查并调节进样针位置及进样深度。

⑦ 点击"石墨炉"菜单→点击"控制"页→空烧石墨炉，点击"开始"。

⑧ 点击"分析序列"→新建分析序列→根据分析序列列表，将样品放到自动进样器相应位置→点击左上角绿色箭头▶运行分析序列。保存测量结果。

⑨ 关闭循环冷水机电源开关，退出操作软件系统→关闭仪器主机电源→关闭计算机电源→关闭电源总闸→关闭氩气瓶总阀。

4. 实验测定

（1）标准曲线的测定

设置好仪器的实验参数，将待测溶液放入自动进样器相应的位置，清洗自动进样器，自动升温空烧石墨管调零。然后运行分析序列，先测空白样品溶液（0.5% HNO_3 溶液），再从稀至浓逐个测量铜系列标准溶液，进样量为 20μL，每个溶液测定 3 次，取平均值。

（2）葡萄酒溶液的测定

在同样实验条件下，测定葡萄酒溶液，进样量为 20μL，每个溶液测定 3 次，取平均值。

五、实验数据记录与处理

1. 绘制标准曲线

测得空白样品的吸光度 A_0，取 3 次的平均值。测得铜系列标准溶液的吸光度 A，取 3 次的平均值，计算得出各溶液的校正吸光度 A'（$A'=A-A_0$）。以校正吸光度 A' 为纵坐标，铜系列标准溶液的浓度为横坐标，绘制铜吸光度-浓度的标准工作曲线。

2. 葡萄酒中铜的含量

测得葡萄酒溶液的吸光度，取 3 次的平均值，得出葡萄酒溶液的校正吸光度 A'_1。根据铜吸光度-浓度的标准工作曲线，得到葡萄酒溶液中铜浓度 c_1，则原葡萄酒样品中铜浓度 c_0 的计算式：

$$c_0 = \frac{c_1 \times 100mL}{1mL}$$

式中，c_0 为原葡萄酒样品中铜浓度，μg/L；c_1 为葡萄酒溶液中铜浓度，μg/L；1mL 是葡萄酒样品的体积；100mL 是葡萄酒溶液的体积。

六、实验注意事项

1. 仪器一般预热 3~5min。每次开机后石墨炉要进行空烧调零。

2. 实验时，要打开通风设备，使废气及时排出室外。

3. 开机顺序依次为氩气钢瓶、电源总闸、计算机电源、仪器主机电源、循环冷水机电源、操作软件系统。关机顺序依次为循环冷水机电源、操作软件系统、仪器主机电源、计算机电源、电源总闸、氩气钢瓶。

七、思考题

1. 石墨炉原子吸收光谱法具有哪些优点？

2. 在实验中通氩气的作用是什么？为什么要用氩气？

3. 石墨炉原子吸收分析的操作中主要应该注意哪些问题？为什么？

4. 配制标准溶液和样品溶液时，为什么加 0.5% HNO_3 溶液进行稀释？

实验三十七

铜纳米溶胶的合成及其在电催化氮气还原中的应用

一、实验目的

1. 了解电催化剂、氮气还原反应、氨产率以及法拉第效率的概念。
2. 掌握紫外-可见分光光度计的基本原理及使用方法。
3. 计算铜溶胶的氨产率以及法拉第效率。

二、实验原理

1. 电催化的定义

电催化是指在电场作用下电极表面或液相中的物质促进或抑制电极上发生的电子转移反应，而电极表面或溶液中物质本身并不发生变化的化学作用。电极是指与电解质溶液或电解质接触的电子导体或半导体，对电化学反应有促进作用的电极称为电催化电极。

2. 电催化氮气还原的意义

NH_3 是全世界需求最高的且具有高利用价值的化学品之一，广泛用于农业肥料、药物制造和工业原料等方面。工业规模产氨过程强烈依赖于 20 世纪初延续至今的传统 Haber-Bosch 法。该法涉及大量的化石燃料，并且存在一些缺点，例如高温（>300℃）、高压（>10MPa）、工厂建造的基础设施复杂、能源消耗巨大（占据超过世界每年总产能的 1%）且可产生大量的二氧化碳（每生成 8mol NH_3 即排放 3mol CO_2）。电催化氮气还原方法条件温和，常温常压下利用电能，在水溶液中发生氮气还原反应即可产生氨气，质子源为水溶液中的 H^+，不需要氢气，对环境友好，提供了一种新型简便且可持续的产氨方式。

3. 电催化氮气还原的简介

电催化氮还原反应（ENRR）是质子耦合电子转移反应，包括 6 个电子的转移。ENRR 在酸性条件下的标准平衡电位 [相对于可逆氢电极（reversible hydrogen electrode，RHE）] 如下所示：

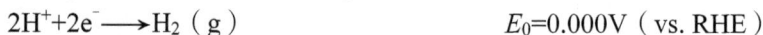

$$N_2（g）+6H^++6e^- \longrightarrow 2NH_3（g） \qquad E_0=0.0577V（vs. RHE）$$

$$2H^++2e^- \longrightarrow H_2（g） \qquad E_0=0.000V（vs. RHE）$$

因此，理论上施加负电位可以驱动 ENRR，但是由于 ENRR 和析氢反应（hydrogen

evolution reaction，HER）的理论过电位十分接近，HER 成为 ENRR 的主要竞争反应，使得 ENRR 法拉第效率普遍较低。目前电催化氮气还原中应用的催化剂有以下几类：

① 金属：金、钯、钌、铑、钼、铁等。

② 金属氧化物：三氧化二铁、三氧化二铬、五氧化二铌、二氧化钛等。

③ 金属氮化物：氮化钒等。

④ 金属碳化物：碳化钛、碳化钼等。

⑤ 金属磷化物：磷化钴。

⑥ 非金属：碳化硼等。

⑦ 碳材料：氮掺杂的石墨烯等。

⑧ 有机材料：聚苯胺膜等。

4. NH$_3$法拉第效率以及产率

NH$_3$ 法拉第效率（FE）以及产率的计算方法如下：

① NH$_3$FE：由合成 NH$_3$ 消耗的电荷量与通过电极的总电荷量计算得出，用以评估催化剂的选择性。

$$FE = (3F \times c_{NH_3} \times V)/Q$$

式中，3 代表每分子氨气需要转移的电子数；F 代表法拉第常数，96485C/mol；c_{NH_3} 代表测得的 NH$_3$ 浓度，μg/mL；V 代表电解液的体积，L；Q 代表电解过程中消耗的总电荷量，C。

② NH$_3$ 产率：单位时间单位催化剂负载面积所产生的氨气的质量，单位为 μg/（h·cm^2），用以评估催化剂的活性。

$$NH_3 \text{产率} = (c_{NH_3} \times V)/(t \times S)$$

式中，t 代表电解时间，h；S 代表催化剂的涂覆面积，cm^2。

5. 靛酚蓝法检测 NH$_4^+$

$$2 \bigcirc\!-\!O^- + NH_3 + 3ClO^- \xrightarrow{\text{催化剂}} {}^-O-\bigcirc-N=\bigcirc=O + 2H_2O + OH^- + 3Cl^-$$

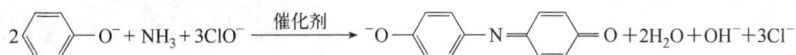

氨气与水杨酸和次氯酸在碱性溶液中发生反应，生成靛酚蓝色物质，在紫外-可见吸收光谱的 655nm 处有特征峰（图 37-1）。硝普钠用作催化剂强化靛酚反应的颜色变化，柠檬酸缓冲液用来稳定反应溶液的 pH 值。

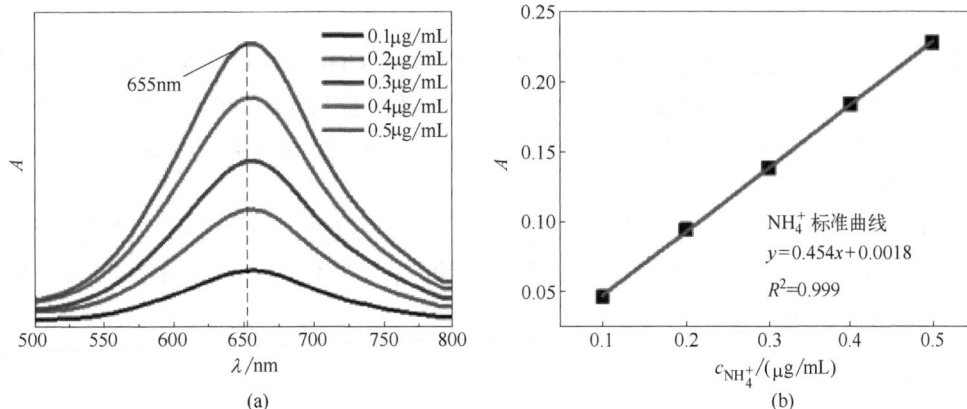

图 37-1　（a）在室温下反应 2h 后，靛酚蓝法测定的不同 NH$_4^+$ 浓度的紫外-可见吸收曲线；
（b）利用 NH$_4^+$ 浓度测定 NH$_3$ 产量的标准曲线

6. 紫外-可见分光光度计的工作原理

分子中的某些基团吸收了紫外-可见辐射光后，发生了电子能级跃迁而产生吸收光谱。由于各种物质具有各自不同的分子、原子和不同的分子空间结构，其吸收光能量的情况也会不同，因此，每种物质都有其特有的、固定的吸收光谱曲线，根据这一特性，可对物质进行定性分析。由于物质浓度的不同，吸收光谱上的某些特征波长处的吸光度也不相同，因此通过对物质吸光度或透过率的测量可判定该物质的含量。这就是分光光度定性和定量分析的基础，也是紫外-可见分光光度计（图 37-2）的工作原理。

图 37-2　紫外-可见分光光度计

7. 电化学测试装置

电化学测试装置见图 37-3 和图 37-4。

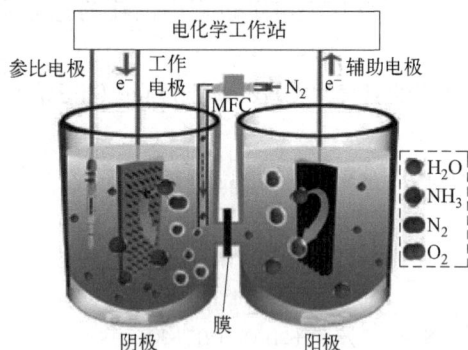

图 37-3　H 型电解池装置示意图

图 37-4　H 型电解池

三、实验仪器与试剂

1. 仪器

紫外-可见分光光度计（TU-1950），电化学工作站（CHI660E），电子分析天平，电解池（H 型），超纯水系统（LaboStar1-DI），数控超声波清洗器（KQ3200DE），恒温磁力搅拌器（JT-2），高速离心机（LG10-2.4A），Nafion117 离子交换膜，石墨电极，Ag/AgCl 电极等。

2. 试剂

无水乙醇，氢氧化钾，聚乙烯吡咯烷酮（PVP），氯化铵，水杨酸，乙酸铜，乙二醇（EG），硝基铁氰化钠（$C_5FeN_6Na_2O$），氢氧化钠，次氯酸钠，Nafion 溶液（5%，质量分数）。以上试剂均为分析纯。

四、实验步骤

1. Cu 溶胶的制备

采用多元醇热还原法，以聚乙烯吡咯烷酮（PVP）作为保护剂，乙二醇（EG）作为溶剂及还原剂，制备出 Cu 溶胶。首先，以 EG 作为溶剂，分别配制 6.36mmol/L Cu（OAc）$_2$·H$_2$O、191mmol/L PVP（指单体的浓度，单体摩尔质量为 111g/mol）。准确量取 10mL Cu（OAc）$_2$·H$_2$O、10mL PVP 于 100mL 三口烧瓶中，将三口烧瓶浸入 180℃的油浴锅中加热 2h。

2. Cu 溶胶的表征

纳米 Cu 在紫外-可见光范围内的 591nm 处存在特征峰，采用紫外-可见吸收光谱（UV-Vis）对用乙二醇稀释 2 倍之后的 Cu 溶胶原液进行光谱扫描，波长范围为 500~800nm。

3. Cu 纳米颗粒的制备

预先称量好空离心管的质量，油浴加热完成后在离心机内离心 15min（8000r/min）。将离心后得到的沉淀物在乙醇和超纯水中各离心一次，每次离心 15min。最后称量离心管和沉淀物的总质量，得到沉淀物的质量。

4. 电极制备

在含沉淀物的离心管中加入相应体积的乙醇和 5%（质量分数）Nafion 溶液［1mg 催化剂对应 90μL 乙醇和 10μL 5% Nafion］于 2mL 透明螺口玻璃瓶中，超声分散 30min 以上，至催化剂均匀分散呈均匀墨水状。分批吸取所配制的催化剂溶液 20μL、20μL、20μL，均匀滴涂在碳纸上，每次滴涂后待烘干再滴第二次。滴涂面积为 0.5cm×1cm，最终得到的催化剂负载量为 1mg/cm^2，红外灯下烘干，待用。

5. 靛酚蓝法测定标准 NH$_4^+$ 曲线

① 0.1 mol/L KOH 溶液：1.4g KOH 定容至 250mL，用作氮还原的电解液以及标准氯化铵溶液的溶剂。

② 10 μg/mL 标准氨溶液：用 0.1mol/L KOH 溶液将 0.003146g NH$_4$Cl 定容至 100mL 容量瓶中。

③ 显色剂的配制：

A 溶液：4g NaOH+5g 水杨酸+5g 柠檬酸钠，去离子水于 100mL 容量瓶定容。

B 溶液：8.9mL 有效氯+4% NaClO，去离子水于 100mL 容量瓶定容。

C 溶液：0.25g C$_5$FeN$_6$Na$_2$O，去离子水于 25mL 容量瓶定容。

④ 系列标准浓度的氯化铵溶液：分别从 10μg/mL 标准溶液取 20μL、40μL、80μL、120μL、160μL 和 200μL 于 20mL 样品瓶中，加入 0.10mol/L KOH 溶液至总体积为 2mL，得到 0.1μL/mL、0.2μL/mL、0.4μL/mL、0.6μL/mL、0.8μL/mL 和 1.0μg/mL 的标准氨溶液。

⑤ 显色反应：在不同浓度标准氯化铵溶液中加入 2mL A 溶液，再加入 1mL B 溶液，最后加入 0.2mL C 溶液。在室温下静置 1h 后，使用紫外-可见分光光度计进行光谱扫描，扫描波长范围为 500~800nm，基于 655nm 波长处的吸光度确定靛酚蓝的形成。于 4mL 0.1 mol/L KOH 中按上述步骤滴加各显色剂的 2 倍作为空白样品，用以基线的校准。将所测吸光度和相应氨气浓度绘制得到标准曲线，利用线性拟合得到的线性方程，计算待测氨气浓度。

6. 电化学测试

构建三电极体系，负载在碳纸上的铜溶胶作为阴极，Ag/AgCl 作为参比电极，碳棒作为辅助电极，电解液为 0.1 mol/L KOH，测试前预先以一定流速（20 mL/min）通入高纯氮气 20min 以除去溶液中的氧气，使溶液中的氮气饱和，并在随后的反应中持续通入 N$_2$，保持流速 20mL/min。选择 20mL/min 的流速可以保证有充足的 N$_2$ 到达电极表面，同时避免大量气泡冲击表面造成干扰。

为了确定电催化氮气还原中施加的电位，需要在氮气饱和的 0.1 mol/L KOH 溶液中对合成的催化剂修饰的碳纸电极进行线性扫描伏安法（LSV）测试，电位范围为-0.965V~1.765V（vs. Ag/AgCl），扫描速率为50mV/s。选定工作站程序，测定 *i-t* 曲线，在-1.4V（vs. Ag/AgCl）下电解 1 h，保持氮气持续通入。每次电解前要通过工作站上的自动 iR 补偿功能对溶液电阻进行补偿，所显示的电位均通过公式转换成相对可逆氢电极电位（RHE）：

$$E(\text{vs.RHE}) = E(\text{vs.Ag/AgCl}) + 0.197V + 0.0591V pH$$

7. 氨产率和法拉第效率的计算

提取阴极室中的电解液 2mL，按标准 NH_4^+ 测定方法测定产氨浓度，并计算其氨产率和法拉第效率。

五、实验数据记录与处理

1. 将标准氯化铵溶液的吸光度记录于表 37-1 中并绘制氨气的标准曲线。

表 37-1 系列标准氯化铵溶液的吸光度

NH₃浓度/（μg/mL）	吸光度	NH₃浓度/（μg/mL）	吸光度
0.1		0.6	
0.2		0.8	
0.4		1	

2. 计算铜溶胶电催化氮气还原产生氨气的产率和法拉第效率，实验数据记录于表 37-2 中。记录 *i-t* 曲线，积分得到 *Q*。

表 37-2 氨产率和法拉第效率的计算

Q/C	吸光度	氨气浓度/（μg/mL）	氨产率/［μg/（h·cm²）］	FE/%

六、思考题

1. 影响氨产率的因素有哪些？
2. 影响氨气标准曲线的线性因素有哪些？
3. 简述对目前电催化氮气还原制氨现状的理解和认识。

实验三十八

耐火隔热材料的制备及其导热系数的测定

一、实验目的

1. 了解无机胶凝材料、聚合物密封材料在船舶制造中的应用；初步掌握无机胶凝材料、聚合物密封材料的制备方法，了解材料耐火隔热的基本原理。

2. 学习导热系数仪的操作使用方法，测量不同材料的导热系数，对比分析影响材料导热系数的因素。

二、实验原理

（一）背景

当电缆、管路贯穿舱壁（甲板）时，需要在贯穿处进行密封，以保证船体的水密和防火完整性不受影响。国际海事组织 IMO A.754（18）耐火测试标准是：A 级分隔，用不燃材料隔热，在规定时间内（A60 级 60min；A30 级 30min），其背火面的平均温度较起始温度（温升）不超过 140℃，且在包括任何接头在内的任何一点的温度较起始温度不超过 180℃。为降低温升，密封材料的低导热性是衡量耐火性能的一个重要指标。A60 级耐火测试图见图 38-1。

(a) 向火面　　　　　　　　　　　　　　　　(b) 背火面

图 38-1　A60 耐火测试图

1. 镁质无机胶凝材料密封

1867 年法国化学家 Sorel 发明的镁质胶凝材料是具有代表性的化学键合胶凝材料之一。相比于水泥胶凝材料，镁质胶凝材料有很多的优良特性，如机械强度高、耐火性好、热传导低等。X 射线衍射仪显示，镁质胶凝材料结晶相中含有较多结晶水。火焰热源作用时，结晶水缓慢释放为水蒸气，每千克水的热耗为 3767.5kJ，有效延迟火焰热源的传递，并稀释可燃物表面的氧气，且燃烧固体产物附着于可燃物表面，形成阻隔层阻止燃烧的进行。镁质材料硬化体的导热系数通常为 0.20~0.25W/（m·K）；镁质材料发泡体的导热系数为 0.055~0.065W/（m·K），因而，镁质胶凝材料是一种有效无机耐火材料。

镁质胶凝材料灌注式密封是目前国内船舶通舱密封常用的一种密封形式，先将防火堵料嵌塞于贯穿框两端电缆与框壁空隙处，封闭通舱框的两端，然后从灌注口灌注镁质胶凝材料，填料在数小时内凝结为固体，起到耐火密封作用，见图 38-2。

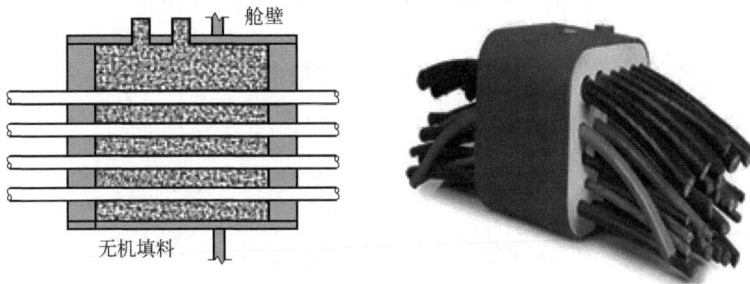

图 38-2　灌注式密封

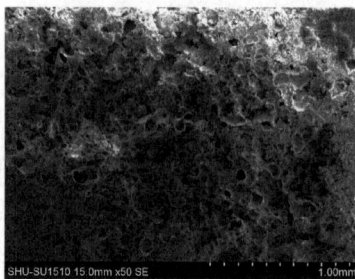

图 38-3　硅橡胶的多孔疏松炭层结构示意图

2. 有机硅聚合物材料密封

室温硫化硅橡胶通常是指由直链聚有机硅氧烷与交联剂反应，使直链分子之间形成化学键进而相互交联形成的具有网状结构的弹性物质，主要应用在建筑物的补强和加固，以及门窗、水槽、中空玻璃、机械的密封等。添加膨胀型阻燃剂的硅橡胶燃烧时表面形成一层多孔疏松炭层结构（图 38-3），起到隔绝火焰和热量传播的作用。

聚合物材料密封是船舶通舱密封的另一种常用形式（图 38-4）。将橡胶套管包裹在通舱电缆或管路上，用有机硅密封材料封堵电缆框的两端，起到耐火密封的功能。

图 38-4　聚合物材料密封

3. 材料的导热性能

热量传递的三种基本方式是对流、辐射与传导。对流是流体与气体的主要传热方式；对于半透明与透明材料，尤其在高温情况下，必须考虑辐射传热；对固态与多孔材料，热传导是热量传递过程中的主要方式，导热系数是描述物体导热性能的物理量。

在某些应用场合，了解材料的导热系数，是测量其热物理性质的关键。例如，耐火材料常被用作炉子的衬套，因为它们既能耐高温，又具有良好的绝热特性，可以减少生产中的能量损耗。航天飞机常使用陶瓷瓦作挡热板。陶瓷瓦能承受航天飞机回到地球大气层时产生的高温，有效防止航天器内部关键部件的损坏。在现代化的燃气涡轮电站，涡轮的叶片上的陶瓷涂层（如稳定氧化锆）能保护金属基材不受腐蚀，降低基材上的热应力。有效的散热器能保护集成电路板与其他电子设备不受高温损坏，散热材料已经成为微电子工业领域的关键材料。

热量的传导基于材料的导热性能——其传导热量的能力。如图 38-5 所示，厚度为 x 的无限延伸平板热传导可用 Fourier 方程进行描述（一维热传递）。

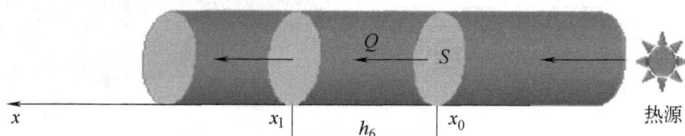

图 38-5　热传导示意图

在 dt 时间内经截面 S 传递的热量为 dQ：

$$\frac{\mathrm{d}Q}{\mathrm{d}t} = -\lambda S\left(\frac{\mathrm{d}T}{\mathrm{d}x}\right)$$

导热系数 λ 表示相距单位长度的两平面的温度相差为一个单位时，在单位时间内通过单位面积所传递的热量，单位是 W/（m·K）。常见材料的导热系数可见附录 3。

（二）原理

1. 镁质胶凝材料

镁质胶凝材料制品以轻烧氧化镁（MgO）、氯化镁（$MgCl_2$）或硫酸镁（$MgSO_4$）、水（H_2O）为基本化合材料，根据制品使用用途和形状要求，加入填充改性材料（有机或无机纤维材料、粉煤灰、矿渣粉末等材料），经搅拌、浇注、成型等工艺，最终制成制品（图 38-6）。

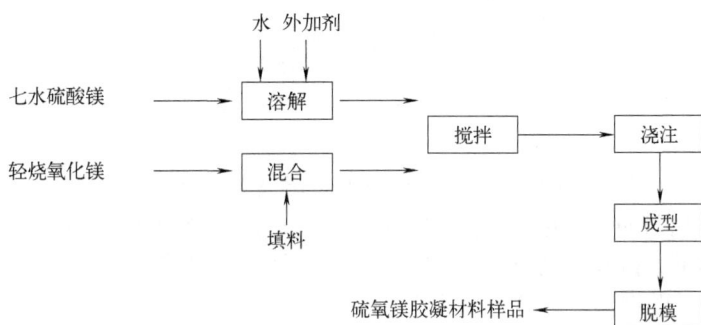

图 38-6　硫氧镁材料的制备流程

2. 有机硅密封材料

硅橡胶的反应机理如图 38-7 所示。交联剂如甲基三甲氧基硅烷、甲基三丁酮肟基硅烷等，遇到空气中的水分发生水解生成硅醇，硅醇中的 Si—OH 与基胶链端的—OH 发生交联反应，最终生成三维网状结构的交联弹性体结构，释放出醇类、酮肟类小分子。

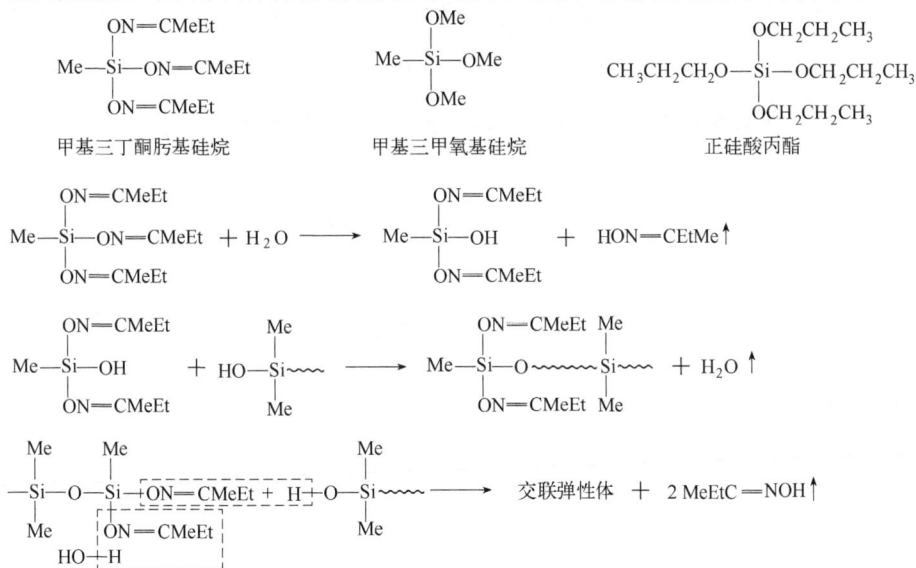

图 38-7　脱肟型硅橡胶的反应机理

3. 导热系数的测定方法

在过去的几十年里，已经发展了大量的导热测试方法与系统。然而，没有任何一种方法能够适合于所有的应用领域，反之对于特定的应用场合，并非所有方法都能适用。要得到准确的测量值，必须基于材料的导热系数范围与样品特征，选择正确的测试方法。使用傅里叶（Fourier）定律所描述的稳态条件的仪器，主要适用于测量中低导热系数材料。使用动态（瞬时）方法的仪器，如热线法或激光散射法，用于测量中高导热系数材料。

瞬态热线法测量原理是基于无限大非稳态导热模型（图 38-8）。加热热线放在待测试样的几何中心，恒定线功率为 q（W/m）。

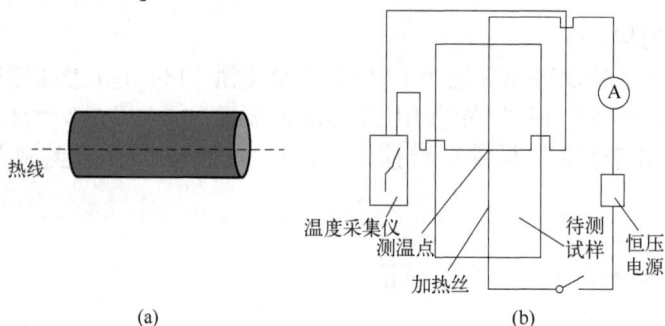

图 38-8　热线法测样品导热系数示意图

设待测试样均匀初始温度为 T_0，热导率为 λ，热扩散率为 a，密度为 ρ，比热容为 c。在时间 $t=0$s 时，打开开关加热，热线开始通电升温，忽略热量向热线轴向传播，令 $\theta=T-T_0$，则可以建立一维瞬态导热微分方程：

$$\frac{\partial \theta}{\partial t} = a\left(\frac{\partial^2 \theta}{\partial r^2} + \frac{\partial \theta}{r \partial r} \right) \qquad t>0,\ 0<r<\infty$$

边界条件和初始条件：

$$t=0,\quad \theta(r,t)=0$$
$$r=r_0,\quad q=-2\pi\lambda r_0 \frac{\partial \theta}{\partial r} = 常数$$
$$r=\infty,\quad \theta(r,t)=0$$

式中，r 为柱坐标中的坐标值；r_0 为加热热线的径向坐标值。则：

$$\theta(r,t) = \frac{q}{4\pi\lambda} E_1\left(\frac{r^2}{4at} \right)$$

$$E_1(x) = -\gamma - \ln(x) - \sum_{k=1}^{\infty} \frac{(-1)^k x^k}{k!k}\ ,\quad \gamma=0.5772157$$

测温装置测得的温度就是热线表面温度，即 $r=r_0$，则：

$$\theta(r_0,t) = \frac{q}{4\pi\lambda}\left[-\gamma - \ln\left(\frac{r_0^2}{4at} \right) - \sum_{k=1}^{\infty} \frac{(-1)^k \left(\dfrac{r_0^2}{4at} \right)^k}{k!k} \right]$$

当热线半径足够小且时间相对长，有 $\dfrac{r_0^2}{4at} \ll 1$，则热线表面温升近似为：

$$\theta(r_0,t) = \frac{q}{4\pi\lambda}\left[-\gamma - \ln\left(\frac{r_0^2}{4at}\right)\right] = \frac{q}{4\pi\lambda}\ln\left(\frac{4at}{r_0^2 C}\right)$$

$$= \frac{q}{4\pi\lambda}\ln t + \frac{q}{4\pi\lambda}\ln\left(\frac{4a}{r_0^2 C}\right)$$

$$= A\ln t + B$$

$$A = \frac{\mathrm{d}\theta(r_0,t)}{\mathrm{d}\ln t} = \frac{q}{4\pi\lambda}, \quad C = \mathrm{e}^{\gamma} = 1.7810725$$

绘制 θ-$\ln t$ 曲线图，曲线图（图 38-9）在有效时间段（$t_{\min}$-$t_{\max}$）内温升和对数时间满足线性关系。

由图中斜率 A 计算被测试样的热导率：

$$\lambda = \frac{q}{4\pi A}$$

三、实验仪器与试剂

1. 仪器

导热系数测量仪（TC3200），电子分析天平，制模框（40mm×30mm×3mm）等。

2. 试剂

轻烧 MgO（AR），七水硫酸镁（AR），α型半水石膏（AR），粉煤灰，短切玻璃纤维，减水剂 F10，硅烷消泡剂，端羟基聚二甲基硅氧烷（107 硅胶，AR），正硅酸丙酯（AR），NH_2-C 型磷氮阻燃剂，2T 碳酸钙（AR），纳米氢氧化铝，偶联剂 KH-550，二月桂酸二丁基锡（AR），二甲基硅油等。

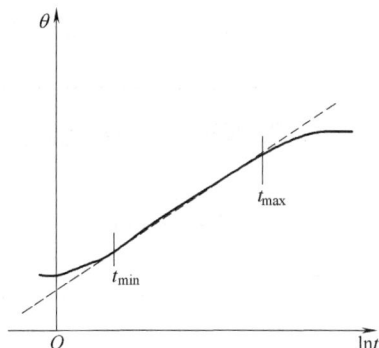

图 38-9　热线法 θ-$\ln t$ 曲线图

四、实验步骤

1. 镁质胶凝材料样品的制备

（1）胶凝浆料的制备

按表 38-1 所示，将固体粉料混合均匀，将 $MgSO_4 \cdot 7H_2O$ 晶体溶于定量水中形成硫酸镁溶液。将粉料与液体料混合均匀，得到胶凝浆料。

（2）无机胶凝材料的成型

把制备好的浆料浇注于规格为 40mm×30mm×3mm 的聚丙烯（PP）模具中，将盛有浆料的模具置于平稳的台面上振荡 60s，去除材料中的气泡，在室温下养护，待样品成型后脱模，烘干得到胶凝材料样品。

表 38-1　镁质胶凝材料实验配比

组分	原料	质量/g	
		样品 M	样品 C
粉体 A（共计 20g）	轻烧 MgO	17.6	—
	短切玻璃纤维	0.4	—
	粉煤灰	2	2
	α型半水石膏	—	15.6
	海泡石粉	—	2.4
	减水剂 F10	0.03	0.03
	羟丙基甲基纤维素	—	0.04
	硅烷消泡剂	—	0.12
液体 B	$MgSO_4 \cdot 7H_2O$	7	—
	水	8	10

2. 有机硅材料样品制备（表 38-2）

表 38-2　有机硅样品实验配比与制备流程

组分	原料	样品 S1/g	样品 S2/g
基料 A（总计 20g）	107 硅胶（黏度 4000 mPa·s）	15	15
	2T 碳酸钙	2	2
	NH_2-C 型磷氮阻燃剂		3
	纳米氢氧化铝	3	
催化剂 B（总计 2g）	二甲基硅油（黏度 100mPa·s）	1	1
	偶联剂 KH-550	0.5	0.5
	二月桂酸二丁基锡	0.02	0.02
	正硅酸丙酯 D-120	0.5	0.5
基料/催化剂		20/2	20/2

3. 有机硅膨胀炭层样品制备

将成型后得到的有机硅样品 S1、S2 放入马弗炉中 1000℃煅烧 30 min，得到多孔的炭层样品 K1、K2。

4. 导热系数的测定

测定以下样品在室温下的导热系数：① 镁质胶凝材料样品 M、C；② 有机硅材料样品 S1、S2；③ 有机硅煅烧样品 K1、K2。

测量步骤如下所示：

（1）放置样品

两块样品将传感器夹住，并用砝码固定，具体要求和操作如下：

① 制作完成的样品最小厚度应大于 0.3mm，最小边长应大于 2.5cm，保证样品能够将传感器完全覆盖。其中两块样品尺寸可不一致，边界可不规则。

② 样品必须要有一个平面与传感器直接接触，且接触面要平整光滑。

③ 装样时，两块样品分别上下紧贴传感器接触面，再分别各置一块石英玻璃上下紧贴样品，水平放置后，在最上侧的石英玻璃上压上 500g 的砝码。为了防止传感器固定部位悬空，下方可搁置一块有机玻璃，保证传感器的固定部位处在水平线上。具体如图 38-10 所示。

（2）导热系数测量过程

① 开机预热：先开主机，后开电脑，系统预热 15min。

② 启动软件：打开电脑，启动桌面上的

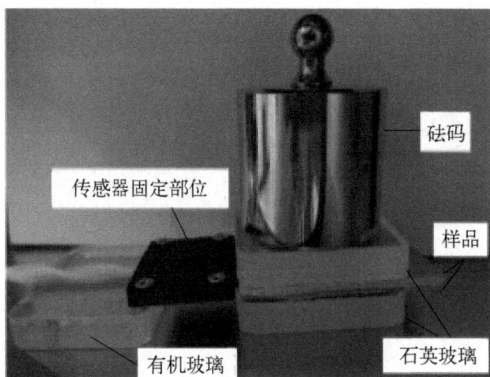

图 38-10　样品放置示意图

"Hotwire 3.6"测试软件，在启动界面中点击"检测主机"，连接成功后，确认仪器型号（图 38-11）；随后进入传感器界面，根据测试需要导入对应传感器参数，点击"确定"即可（图 38-12）。

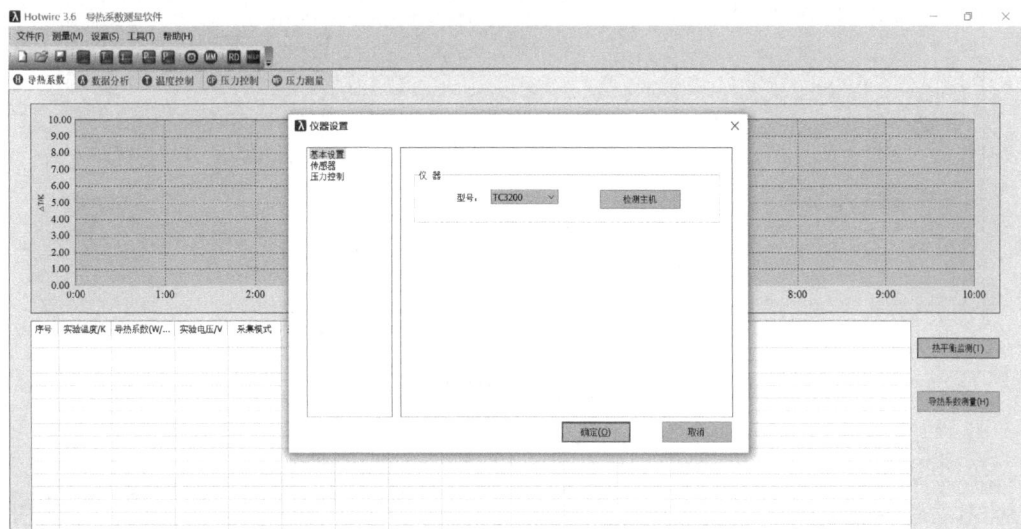

图 38-11　仪器设置界面示意图

③ 温度设置及控温：在温度控制页面设置测试温度，等待温度达到平衡。

④ 热平衡监测：在"导热系数"页面中，点击"热平衡监测"（图 38-13）；当温度监测波动度 ΔT 在 3~10min 内 $\leq \pm 0.1$ 时（常温测量至少静置 3min，如果样品本身温度与室温差异较大，则至少需要静置 10~30min），即可停止监测，进入导热系数测量（图 38-14）。

⑤ 导热系数测量：在"导热系数"页面中，停止"热平衡监测"，点击"导热系数测量"，从数据库中选择对应的物质种类和形状，点击"测量"即可（图 38-15）。

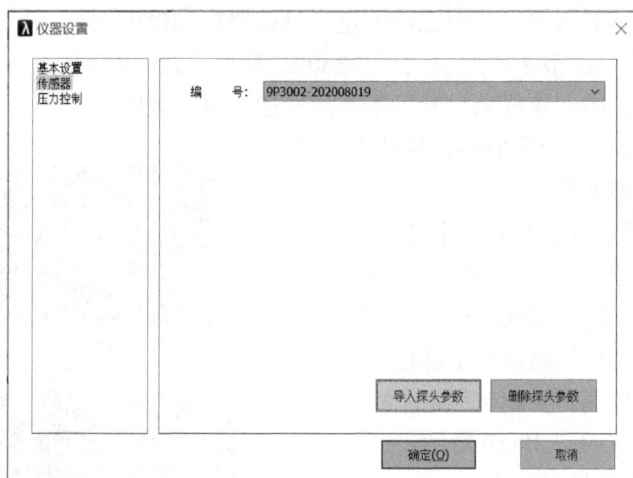

图 38-12　传感器界面示意图

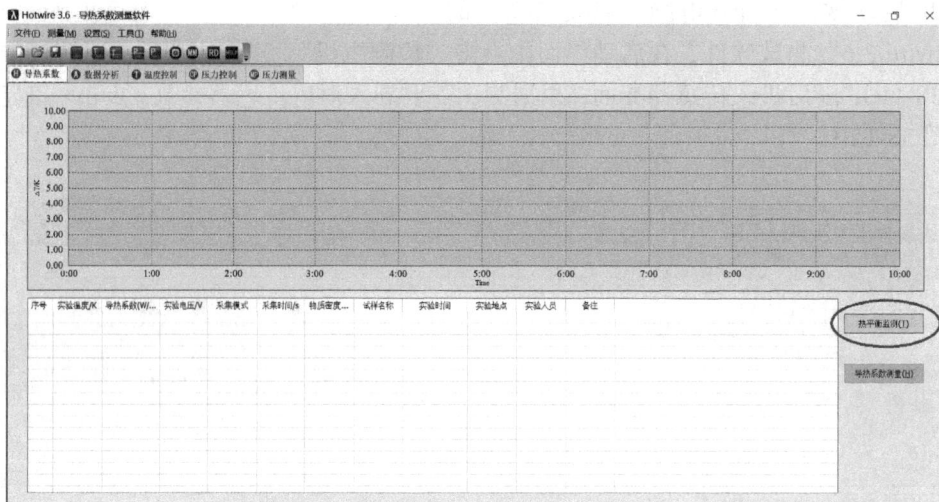

图 38-13　导热系数测量模式选择界面

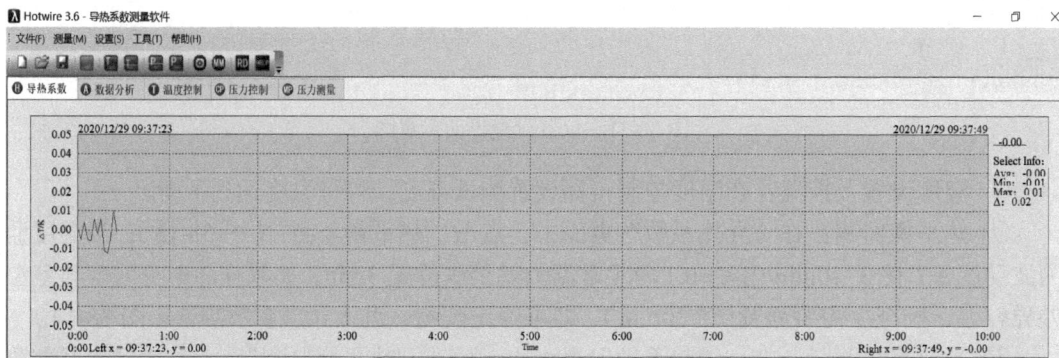

图 38-14　热平衡数据实时监测图

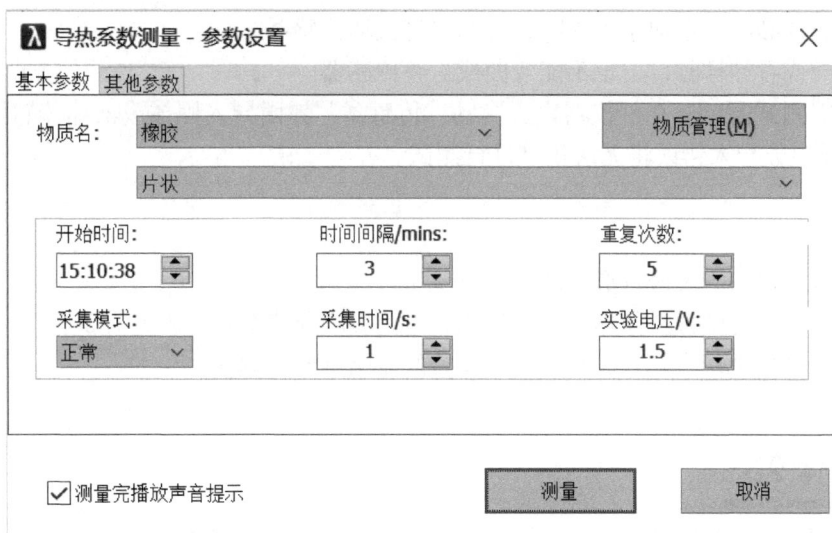

图 38-15　导热系数测量参数设置框

⑥ 保存测量结果：菜单栏保存原始数据（hwsl 文件），或在数据区域右键选择"导出数据结果"，保存测量结果（excel 或 txt 格式）。

⑦ 实验结束：依次取下砝码、上层石英玻璃、上层样品、传感器、下层样品、下层石英玻璃。

⑧ 将传感器收回到保护卡套中，砝码、标样等收回到样品盒中。

⑨ 关掉主机电源、计算机电源，整理实验台，测试结束。

五、实验数据记录与处理

将实验得到的数据填入表 38-3 中。

表 38-3　导热系数的测定记录表

样品		M1	C1	S1	S2	K1	K2
导热系数/ [W/（m·K）]	1						
	2						
	3						
	平均值						

六、实验结果分析与讨论

通过不同材质材料导热系数的对比，讨论影响导热系数的因素。

七、实验注意事项

1. 固体传感器在取放时，应撑开保护卡套，无阻碍地抽出或放入传感器，避免碰擦损伤。

2. 每块样品的质量须小于 1 kg，否则容易损坏传感器。

3. 装样或者卸样时，一定不能弯曲或折叠传感器。

4. 根据测试需要，在"仪器设置"的"传感器"界面导入固体或液体传感器参数时，如果传感器参数导入错误将无法正确进行测试。

八、思考题

1. 列举不同的耐火密封形式的优缺点。

2. 通过不同材质材料导热系数的对比，讨论影响导热系数的因素有哪些。

3. 测试过程中，引起导热系数测量误差的原因可能有哪些？

实验三十九

多巴胺在碳纳米管修饰电极上反应动力学参数的测定

一、实验目的

1. 了解碳纳米管修饰电极的制备方法及其在电化学中的应用。

2. 熟悉循环伏安法判断电极反应可逆性的方法。

3. 掌握利用循环伏安法测定电化学动力学参数的方法。

4. 巩固电化学工作站的使用方法。

二、实验原理

碳纳米管自 1991 年被日本科学家饭岛（Iijima）发现以来，以特有的机械、电学和化学性质及独特的准一维管状分子结构和在高科技领域所具有的许多潜在的应用价值，迅速成为化学、物理及材料科学等领域的研究热点。碳纳米管（CNTs）即管状的纳米级石墨晶体，是由单层或多层石墨片围绕中心轴按一定螺旋角卷曲而成的无缝纳米管，每层 CNTs 是由 1 个碳原子通过 sp^2 杂化与周围 3 个碳原子完全键合后所形成的六边形平面组成的圆柱面，如图 39-1。

根据 CNTs 管壁中碳原子层的数目，其可以分为单层纳米管（SWNTs）和多层

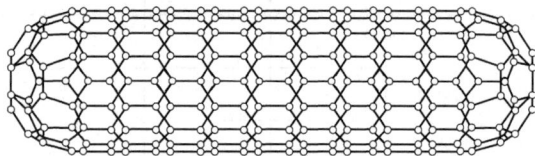

图 39-1　CNTs 的结构示意图

纳米管（MWNTs）两种形式。MWNTs 层数为 2~50 不等，间距约为 0.34nm，与石墨层间距相当。与 MWNTs 相比，SWNTs 由单层圆柱形石墨层构成，直径大小的分布范围小，缺陷少，具有更高的均匀一致性。

碳纳米管独特的电子特性，使其修饰电极时能有效促进电子的传递，不仅可以将碳纳米管本身的物化特性引入电极界面，而且由于碳纳米管具有多孔性、大比表面积效应，以及表面带有各种功能基团等而对某些物质的电化学行为产生特有的催化效应，这些都是其他电极难以比拟的。因此，碳纳米管修饰电极在电分析化学领域中的应用研究引起了广泛关注，目前主要应用于以下几个方面：生物系统中重要分子（如多巴胺）的测定、酶（如

葡糖氧化酶）的固定化、蛋白质（如血红蛋白）的直接电子传递。

多巴胺（DA）是大脑神经系统释放的一种神经递质，对调节大脑机能起着非常重要的作用，与许多疾病的产生亦有密切的关系，例如帕金森病和精神分裂症。因此，建立快速、准确和便捷的多巴胺分析测定方法对临床诊断和病理学研究是非常重要的。

循环伏安（CV）法是电化学测量中经常使用的一种方法，通常采用三电极系统，电极的电位设定如图 39-2 所示，扫描由正向和逆向交替循环进行。循环伏安扫描的结果如图 39-3 所示。正向扫描的电流为还原电流（阴极峰电流），反向扫描的电流为氧化电流（阳极峰电流）。电流随电位的变化在经过一个峰值后逐渐减小，这与电极表面还原物（氧化物）的浓度变化有关。在一定扫描速率下，从起始电位（+0.8V）负向扫描到转折电位（-0.2V）期间，溶液中 $[Fe(CN)_6]^{3-}$ 被还原生成 $[Fe(CN)_6]^{4-}$，产生阴极峰电流（i_{pc}）和峰电位（E_{pc}）；当

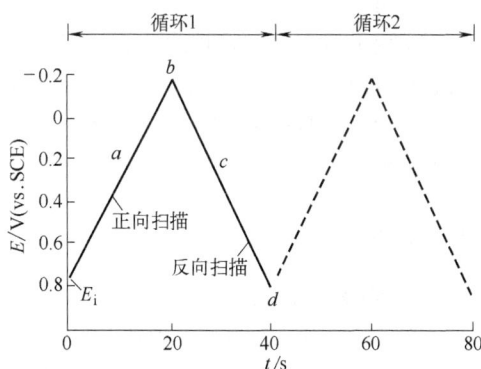

图 39-2 循环伏安法的典型激发信号三角波电位，转换电位为 0.8V 和 -0.2V（vs.SCE）

正向扫描从转折电位（-0.2V）变到原起始电位（+0.8V）期间，在工作电极表面生成的 $[Fe(CN)_6]^{4-}$ 被氧化生成 $[Fe(CN)_6]^{3-}$，产生阳极峰电流（i_{pa}）和峰电位（E_{pa}）。

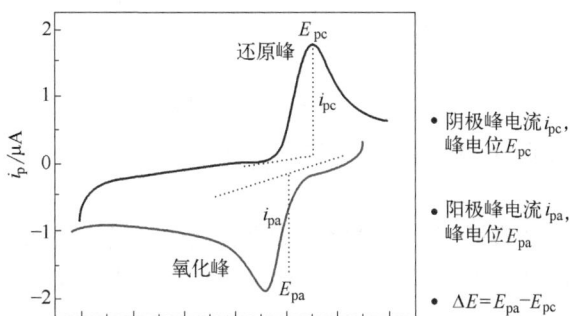

图 39-3 用循环伏安法观测到的电流-电位曲线

对可逆电极反应体系，由循环伏安法得到的电流-电位曲线具有以下特性：

① 阳极峰电流与阴极峰电流相等：

$$|i_{pa}|=|i_{pc}|$$

② 阳极峰电位 E_{pa} 与阴极峰电位 E_{pc} 不随扫描速率和本体浓度 c_o^* 改变，二者之差 ΔE_p 为：

$$\Delta E_p=E_{pa}-E_{pc}\approx 60\text{mV}/n$$

③ 根据 Randle-Sevcik 方程，$i_p=269An^{3/2}D_o^{1/2}v^{1/2}C_o^*$（25℃），峰电流 i_p 正比于电位扫描速率 $v^{1/2}$（v 的单位为 V/s）和本体中氧化物（还原物）的浓度 c_o^*（mol/L）。

式中，i_p 为峰电流，A；A 为电极有效面积，cm^2；D_o 为氧化物（还原物）的扩散系数，cm^2/s；n 为电子转移数。

三、实验仪器与试剂

1. 仪器

电化学工作站（CHI660E），三电极系统（工作电极为玻碳电极，辅助电极为铂电极，参比电极为饱和甘汞电极），超声振荡器，电子天平，麂皮布，烧杯及其他常规玻璃器皿。

2. 试剂

碳纳米管，HNO_3（1:1），丙酮，Al_2O_3 抛光粉，0.1mol/L KNO_3 溶液（含 10mmol/L $[Fe(CN)_6]^{3-}/[Fe(CN)_6]^{4-}$，$H_2SO_4$（1mol/L），0.2mol/LPBS 溶液 [含有 1mmol/L 多巴胺（DA），pH=6.8] 等。所有的试剂均为分析纯，实验用水为去离子后再经蒸馏的水，实验温度在 20℃左右。

四、实验步骤

1. 电极的预处理

将直径为 3mm 的玻碳电极先用金相砂纸（1~7 号）逐级抛光，再依次用 1.0μm、0.3μm、0.05μm 的 Al_2O_3 粉在麂皮上抛光至镜面，每次抛光后先洗去表面污物，再移入超声水浴中清洗，每次 2~3 min，重复 3 次，最后依次用 1:1 HNO_3、丙酮和蒸馏水超声清洗。彻底洗涤后，电极要在 1mol/L H_2SO_4 溶液中用循环伏安法活化，扫描范围为-1.0~1.0V，反复扫描直至得到稳定的循环伏安图为止。在 0.1mol/L KNO_3 中记录 10mmol/L $[Fe(CN)_6]^{3-}/[Fe(CN)_6]^{4-}$ 溶液的循环伏安曲线，以测试电极性能。扫描速率为 50mV/s，扫描范围为 0.1~0.6V。此实验条件下所得循环伏安图中的峰电位差在 80mV 以下，并尽可能接近 64mV 时，电极方可使用，否则要重新处理电极，直到符合要求。

2. 碳纳米管修饰电极的制备

准确称取酸处理过的碳纳米管 1mg，加入 2mL 乙醇中，超声振荡 10min，使其分散成均匀的黑色悬浮液。取 10μL 滴注到玻碳电极上，自然展开铺平，在红外灯下干燥，即得到碳纳米管修饰的玻碳电极。

3. $K_4[Fe(CN)_6]$ 在碳纳米管修饰电极上的电化学响应及电极有效面积的测定

以碳纳米管修饰电极为工作电极、饱和甘汞电极为参比电极、铂电极为辅助电极，在含 10mmol/L $K_4[Fe(CN)_6]$ 的 0.1mol/L KNO_3 溶液中，以 50mV/s、100mV/s、150mV/s、200mV/s、250mV/s、300mV/s、350mV/s，在-0.2~+0.8V 电位范围内扫描，分别记录循环伏安图。读取峰电位和峰电流，判断电极过程的可逆性。根据峰电流与扫描速率的关系计算修饰电极的有效面积。

4. 多巴胺在碳纳米管修饰电极上扩散系数的测定

① 以碳纳米管修饰电极为工作电极，在 1mmol/L 的 DA 溶液中，改变扫描速率为 50mV/s、100mV/s、150mV/s、200mV/s、250mV/s、300mV/s、350mV/s，在-0.2~+0.8V 电位范围内扫描，分别记录循环伏安图。

② 根据峰电流与扫描速率的关系计算 $[Fe(CN)_6]^{4-}$ 的扩散系数 D。

五、实验数据记录与处理

1. 绘制亚铁氰化钾在不同扫描速率下 i_{pa} 和 i_{pc} 与相应的 $v^{1/2}$ 的关系曲线图，由曲线的斜率计算电极的有效面积。

2. 根据亚铁氰化钾的 CV 图，判断电极反应的可逆性。

3. 绘制多巴胺在不同扫描速率下 i_{pa} 和 i_{pc} 与相应的 $v^{1/2}$ 的关系曲线图，由曲线的斜率计算多巴胺的扩散系数。

六、实验注意事项

1. 电化学测定前电极表面要处理干净。

2. 为了使液相传质过程只受扩散控制，电化学扫描过程保持溶液静止。

3. 在 0.1mol/L KNO₃ 溶液中 $K_4[Fe(CN)_6]$ 的扩散系数为 $0.63×10^{-5}cm/s$。

4. 亚铁氰化钾的电子转移数为 1，多巴胺的电子转移数为 2。

七、思考题

1. 循环伏安法中判断电极反应可逆性的依据是什么？

2. 测定多巴胺的扩散系数时为何要先测定电极的有效面积而不直接使用电极的几何面积？

实验四十

酸度对叶酸荧光强度影响的测定

一、实验目的

1. 学习配制不同 pH 的缓冲溶液。

2. 了解荧光分光光度计的基本原理、结构及性能，掌握其基本操作。

3. 了解荧光光谱测试的影响因素，并掌握用标准曲线法定量分析保健品中的叶酸含量。

二、实验原理

1. 荧光的测试原理

（1）荧光光谱法的原理及荧光分光光度计的结构

处于基态的分子吸收能量（电、热、化学和光能）被激发至激发态，然后从不稳定的激发态返回至基态，并发射出光子，此种现象称为发光。发光分析包括荧光分析、磷光分析、化学发光分析、生物发光分析等。

荧光光谱法利用的是物质吸收可见-紫外光成为激发态而又去活化过程（返回到原来基态的过程）发生的光辐射现象。荧光都具有两种特征光谱，即激发光谱与发射光谱，它们是荧光定性分析的基础。溶液的荧光测量是在与激发光垂直的方向进行的，图 40-1 为荧光分光光度计的结构示意图。

荧光定量分析的数学处理比分子

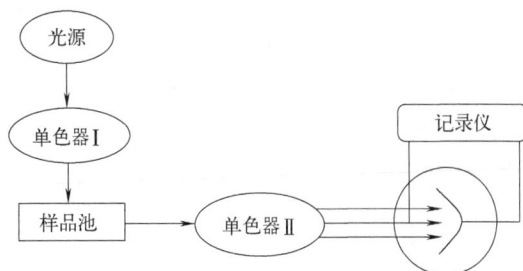

图 40-1 荧光分光光度计结构示意图

吸收光谱复杂。一般来讲，荧光强度 I_f 等于分子所吸收辐射的光强度 I_a 与量子效率 φ 的乘积，即

$$I_f = \varphi_f I_a = \varphi_f I_0 \left(1 - 10^{-\varepsilon bc} \right)$$

如果荧光物质的浓度足够低，则

$$I_f = 2.3 \varphi_f I_0 \varepsilon bc = kc$$

式中，ε、b、c 分别为摩尔吸光系数、比色皿厚度及被测物质的浓度。这表明被测物质的浓度与荧光强度成正比，这就是荧光定量分析的理论基础。

（2）荧光产生条件

① 分子具有与辐射频率相应的荧光结构。

② 吸收特征频率的光后可产生具一定量子效率的荧光，即量子效率 φ 足够大：

$$\varphi = \frac{发射的光量子数}{吸收的光量子数}$$

（3）影响荧光强度的因素

① 跃迁类型：具有 π-π* 及 n-π* 跃迁结构的分子才会产生荧光。

② 共轭效应：共轭程度越大，荧光越强。

③ 刚性结构：分子刚性越强，分子振动少，与其他分子碰撞失活的概率下降，荧光量子效率提高。

④ 取代基：给电子基增强荧光，吸电子基降低荧光。

⑤ 溶剂效应：溶剂的极性或与溶剂作用而改变荧光物质结构都可增加或降低荧光强度。

⑥ 温度：温度升高，荧光强度下降。

⑦ pH 值：具酸或碱性基团的有机物质，在不同 pH 值时，其结构可能发生变化，因而荧光强度将发生改变；对于无机荧光物质，因 pH 值会影响其稳定性，因而也可使其荧光强度发生改变。

⑧ 荧光猝灭：碰撞猝灭、静态猝灭、转入三重态的猝灭、发生电子转移反应的猝灭、自猝灭。

2. 叶酸的荧光性能

叶酸（folic acid）是一种广泛存在于绿色蔬菜中的 B 族维生素，在人体内参与氨基酸及核酸的合成，并能与维生素 B_{12} 共同促进红细胞的生成。国外研究人员发现，叶酸可引起癌细胞凋亡，对癌细胞的基因表达有一定影响。叶酸微溶于水，其钠盐在水中溶解度较大，不过其钠盐溶于水后受光照会分解为蝶啶和对氨基苯甲酰基谷氨酸钠。叶酸在空气中稳定，但受紫外光照射即分解失去活力，其在酸性溶液中对热不稳定，加热易分解，但在中性和碱性环境中比较稳定，100℃下受热 1h 也不会被破坏。

叶酸稀溶液的荧光比较弱，直接测定灵敏度不高。在浓度为 1×10^{-4}~1×10^{-5}mol/L 的水溶液中，叶酸的最大激发波长为 365nm，最强发射峰位于 449nm。在入射和出射狭缝均为 5nm 时，浓度为 1×10^{-4}mol/L 的叶酸水溶液的激发和发射光谱见图 40-2。

3. 标准曲线法

标准曲线法即配制一系列标准浓度试样测定荧光强度，绘制标准曲线，再在相同条件下测量未知样的荧光强度，在标准曲线上求出浓度。具体测试步骤为：

① 打开电脑和 RF-5301 PC 系统的开关，点击桌面的 RF-5301 PC 的快捷图标，启动仪

器的控制程序。

② 从"Acquire Mode"菜单中选"Spectrum",进入光谱模式。

③ 从"Configure 设置"菜单中选择"Spectrum Parameters",出现图 40-3 所示对话框,设置参数。

④ 若样品激发光谱的最大发射波长或发射光谱的最大激发波长未知,则在上述对话框中设置合适的激发发射狭缝宽度、灵敏度,放置标样,在光度计按键中点击 Search λ,在弹出的对话框中选择激发光和发射光的范围以及激发光的波长的间隔,点"Search"键,等待一段时间,由仪器给出最优波长。

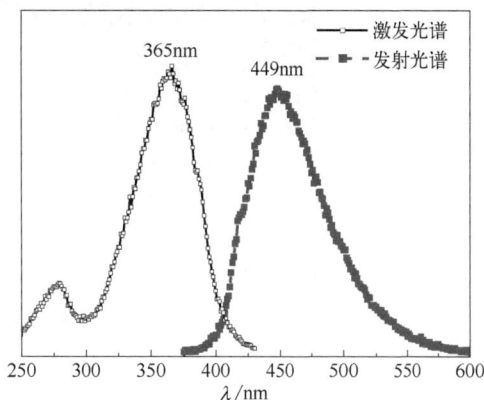

图 40-2 叶酸水溶液的激发和发射光谱

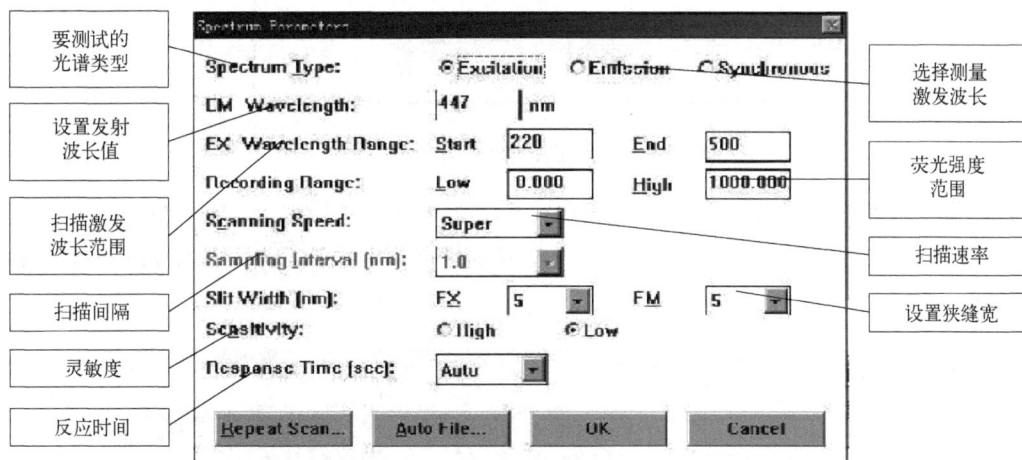

图 40-3 光谱参数设置框

⑤ 扫描完成后出现的谱图见图 40-4。

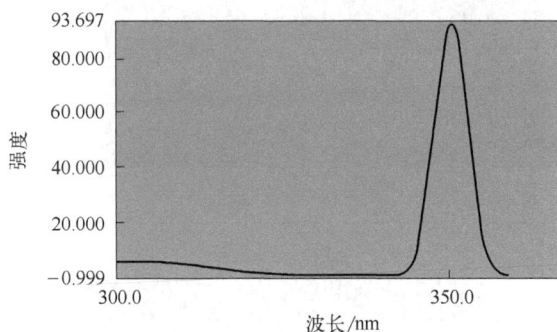

图 40-4 激发光谱图

⑥ 对定量分析的参数进行设置。

菜单栏中选择"Acquire Mode"→"Quantitative",进入定量模式,选择"Configure"→"Parameters",在弹出的参数对话框中选择方法、激发发射光波长、激发发射狭缝宽度、灵敏度、反应时间、单位、浓度以及强度范围(图 40-5)。

点击"Method",在下拉菜单中选择"Multipoint Working Curve"后,弹出如图 40-6 所示对话框。

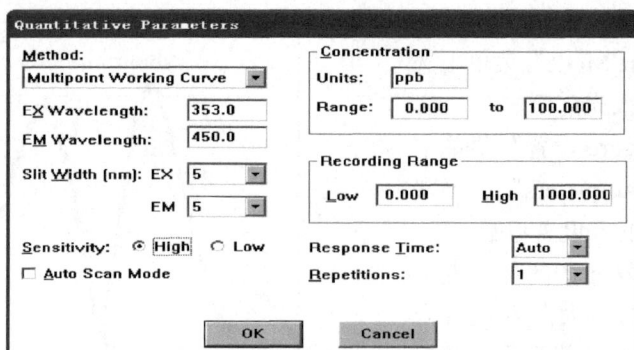

图 40-5　定量分析参数设置界面

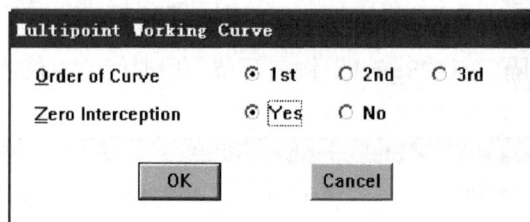

图 40-6　多点工作曲线参数设置对话框

选择工作曲线的次数、是否过原点（图 40-6 为 1 次，过原点），点击"OK"。

⑦ 将第一个标准样品装入样品池中，在光度计按键中点击![Standard]，进入标准曲线制作界面，见图 40-7。

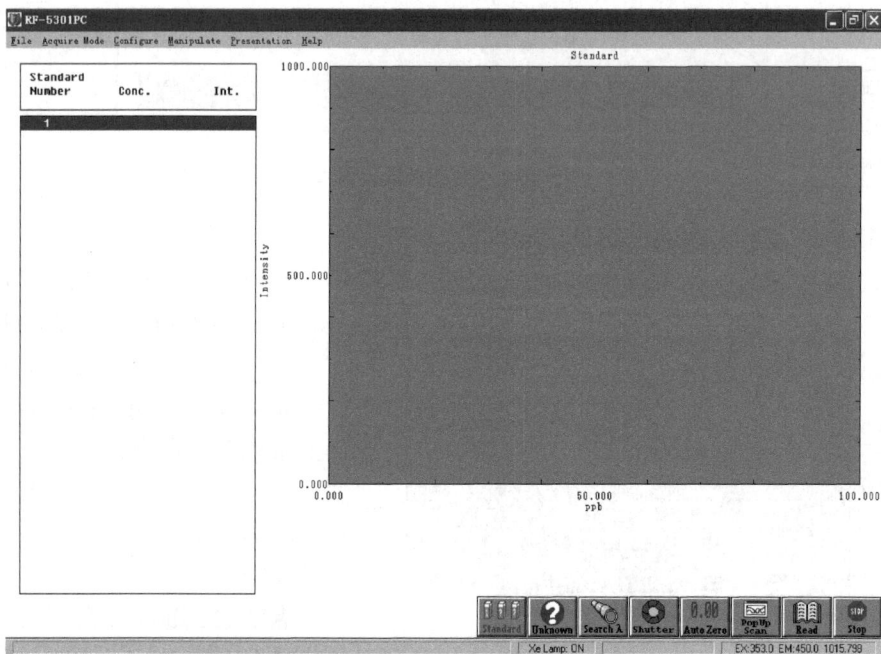

图 40-7　标准曲线制作界面

放入空白溶剂即蒸馏水，点击 [Auto Zero]，放入标准样品，点击 [Read]，弹出如图 40-8 所示 "Edit" 对话框，输入标准样品浓度，点击 "OK"。

⑧ 以此测完 7 个标准样品后，软件显示工作曲线并给出曲线方程（勾选 "Presentation" "Display Equation" 可见），如图 40-9 所示。

⑨ 在工作曲线绘制完成后，可以定量测定未知样品的浓度，点击 [Unknown]，将未知样品放入样品池中，点击 [Read] 开始浓度的测定（图 40-10）。

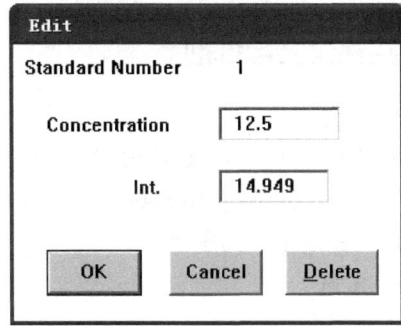

图 40-8　标准样品浓度编辑框

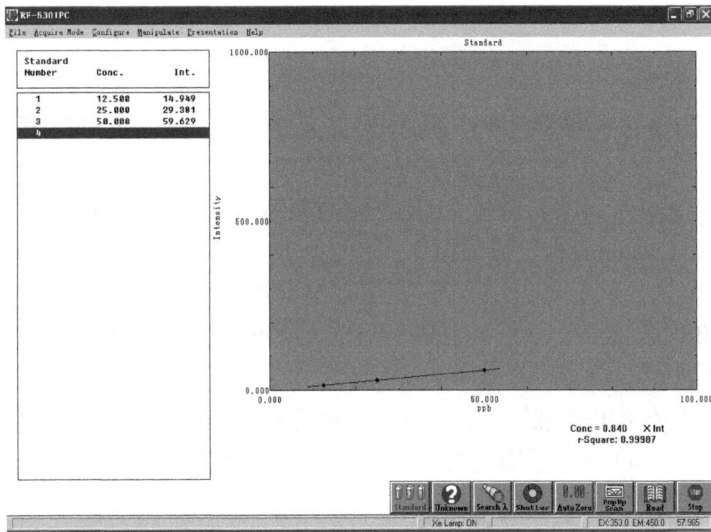

图 40-9　标准工作曲线及曲线方程

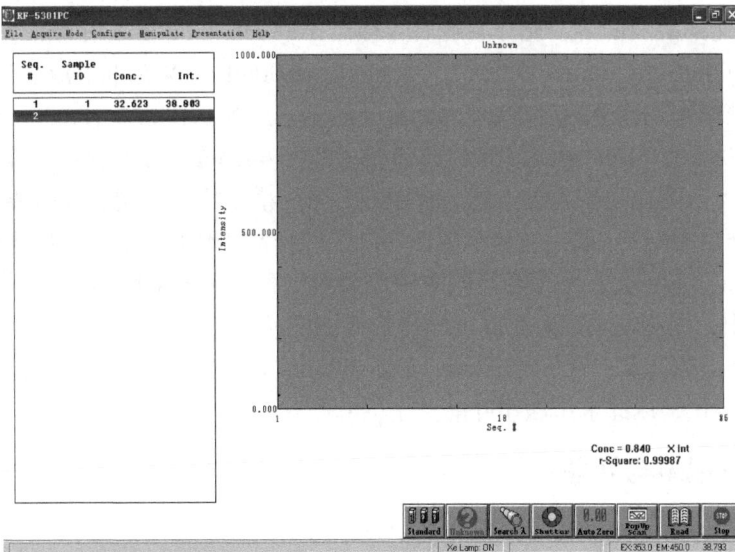

图 40-10　未知样品测试界面

⑩ 最后，在 File 菜单中选择"Save"，储存获得的数据。

三、实验仪器与试剂

1. 仪器

荧光分光光度计（RF-5301PC），pH 计，电子分析天平，容量瓶（10mL、50mL、1000mL），棕色玻璃瓶（50mL、1000mL），烧杯（100mL、500mL、1000mL），移液管（5mL），一次性滴管，称量纸，药匙等。

2. 试剂

叶酸标准品（BR），磷酸氢二钠（AR），磷酸二氢钾（AR），氢氧化钠（AR），铁质叶酸片。

四、实验步骤

1. 缓冲溶液的配制

A 液：0.0667mol/L 磷酸氢二钠（Na_2HPO_4）溶液。准确称量 9.465g 磷酸氢二钠，用高纯水溶解，定容于 1000mL 棕色容量瓶中。

B 液：0.0667mol/L 磷酸二氢钾（KH_2PO_4）溶液。准确称量 9.070g 磷酸二氢钾，用高纯水溶解，定容于 1000mL 棕色容量瓶中。

将 A、B 液分别冷藏于 4℃冰箱中，使用时按不同比例混合，利用 pH 计测量，即可得到不同 pH 的 PBS 缓冲溶液。A、B 液体积配比及所得缓冲溶液 pH 值可参考附录 4。

2. 叶酸溶液的荧光测试

称取 2.2mg 左右叶酸标准样品，并将其分别溶解在 pH 为 5.91、7.38 和 8.04 的 PBS 缓冲溶液中，定溶于 50mL 棕色容量瓶中，配制出三种浓度为 $1×10^{-4}$mol/L 叶酸溶液，避光静置 30min 后，测试其荧光发射光谱。

3. 标准曲线法定量分析叶酸含量

① 叶酸标准溶液（2mg/L）的配制：准确称取 2mg 叶酸标准样品于烧杯中，加入几滴 0.1mol/L 氢氧化钠溶液助溶，充分溶解后转移至 1000mL 容量瓶，用蒸馏水定容。准确吸取 0.50mL、1.00mL、2.00mL、3.00mL、4.00mL、5.00mL 叶酸标准溶液，分别置于 10mL 容量瓶中，用蒸馏水定容至刻度。此系列标准叶酸的浓度为 0.10mg/L、0.20mg/L、0.40mg/L、0.60mg/L、0.80mg/L、1.00mg/L，在 E_x=365nm、E_m = 449nm 处按照仪器工作条件从稀到浓测定荧光强度。以荧光强度为纵坐标、叶酸的含量为横坐标，绘制标准曲线。

② 待测样品的配制：取一粒研细的医用叶酸片样品于烧杯中，加入几滴 0.1mol/L 氢氧化钠溶液溶解，再转移至 50mL 容量瓶中用蒸馏水定容。准确吸取 5.00mL 样品母液，置于 50mL 容量瓶中，用蒸馏水定容至刻度，得到待测样品。

③ 待测样品的测定：在 E_x=363nm、E_m = 445nm 处测定样品的荧光强度，在标准曲线上找出对应的含量，以此求出医用叶酸片中的叶酸含量。

五、实验数据记录与处理

1. 将三种 pH 下叶酸的最大发射波长记录于表 40-1 中。
2. 叶酸标准溶液、待测样品的浓度和荧光强度记录于表 40-2 中。

表 40-1　三种 pH 下叶酸的最大发射波长

项目	5.91	7.38	8.04
E_m/nm			
荧光强度			

表 40-2　叶酸标准溶液、待测样品的浓度和荧光强度

项目	1	2	3	4	5	6	待测样品
浓度/（mg/L）							
荧光强度							

3. 根据仪器所绘标准曲线，记录待测样品的浓度，并计算医用叶酸片中叶酸的含量，用 mg/片表示。

六、实验结果分析与讨论

根据测试结果，试述酸度对叶酸荧光峰位置和强度分别有什么影响。

七、实验注意事项

1. 荧光分光光度计的样品池是四面透光的方形池，取用时必须捏着对棱，切勿碰脏池身表面。

2. 液体样品在样品池中的液面不要超过样品池高度的 2/3，装样时手应拿在样品池口附近位置。

3. 配制标准溶液时，为了减少仪器误差，取不同体积的同种溶液应用同一移液管。

4. 在使用荧光分光光度计时，须按照既定程序进行。在测定系列标准溶液的浓度和荧光强度时，必须按顺序放入测定。

八、思考题

1. 缓冲溶液选择的原则是什么？
2. 试解释荧光光谱法较吸收光谱法灵敏度高的原因。
3. 试述荧光分光光度计与紫外-可见分光光度计在结构上的不同点。
4. 在测定分子荧光强度时，为何要在与入射光成直角的方向上进行测量？
5. 配制叶酸标准溶液和待测样品时，为何加入氢氧化钠溶液助溶？

实验四十一

石蒜中加兰他敏和力可拉敏的提取及含量测定

一、实验目的

1. 按照实验内容完成目标物的提取，并准确测定其实际含量。
2. 熟悉复杂体系缓冲液的配制及 pH 计的使用。
3. 熟悉索氏萃取、液-液萃取等实际样品前处理方法的基本原理及基本操作。

4. 熟悉旋转蒸发仪、液相色谱仪等仪器的结构、原理和基本操作。

5. 了解色谱法定性和定量分析的基本原理，并学会应用液相色谱及相关仪器对实际样品进行处理和分析。

二、实验原理

加兰他敏和力可拉敏是存在于石蒜属植物鳞茎中的两种重要生物碱，它们的化学结构如图 41-1 所示。临床研究表明，加兰他敏和力可拉敏都具有很重要的药用价值，其中加兰他敏可改善阿尔茨海默病患者的认知能力且毒副作用小，而力可拉敏则可用于治疗小儿麻痹症、重症肌无力等。

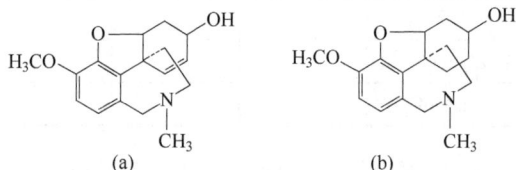

图 41-1　加兰他敏和力可拉敏的化学结构

（a）加兰拉敏（galanthamine）；（b）力可他敏（lycoramine）

目前，石蒜生物碱的提取主要采用溶剂加热回流法，此方法耗时长、效率低、溶剂消耗大，且杂质多不易提纯。最近有人采用微波辅助提取法提取石蒜中的石蒜碱、力可拉敏和加兰他敏三种生物碱，与传统的溶剂回流法比较，这种方法能有效地缩短提取时间、减少溶剂污染和提高提取效率。但是微波辅助提取法对仪器要求较高，不利于方法的推广。本实验采用经典的索氏提取技术对石蒜中力可拉敏和加兰他敏两种生物碱进行提取，方法简便、快速、重现性好。同时使用离子对高效液相色谱法对不同品种石蒜中两种生物碱的含量进行了准确的测定。

三、实验仪器与试剂

1. 仪器

磁力搅拌器，索氏提取器，旋转蒸发仪，流动相过滤装置，调压器，电加热油浴锅（自制），循环水式真空泵，电子天平，pH 计，离心机，高效液相色谱仪，相关玻璃仪器等。

2. 试剂

石蒜（自备），甲醇（GR），乙腈（GR），三氯甲烷（AR），盐酸（AR，2%），氨水（AR），三乙胺（AR），磷酸二氢钾（AR），二次蒸馏水，力可拉敏和加兰他敏对照标准品（HPLC 测含量≥98%）等。

四、实验步骤

1. 溶液的配制

标准溶液：将加兰他敏和力可拉敏分别配制成 267.6μg/mL、241.2μg/mL 的甲醇溶液。

磷酸盐缓冲液（pH=3.8）：称取 2g 左右磷酸二氢钾，加 100mL 水溶解，加 1.4mL 三乙胺，用磷酸调 pH 至 3~4，加水至 1000mL，摇匀即得。

2. 样品的预处理

将石蒜切碎，称取 2g，用滤纸包严，放置于索氏提取器中，在圆底烧瓶中加入 80mL 甲醇，在回流条件下，索氏提取 3 h。用旋转蒸发仪将提取液旋干，溶于 10mL 2% HCl，再用氨水调节 pH 至 10。用 45mL 三氯甲烷分 3 次萃取上述溶液，取下层乳浊液，再次用旋转蒸发仪旋干。最后用甲醇定容至 10mL 容量瓶中。

3. HPLC 分离及测定

① 加兰他敏和力可拉敏标准样品的分离条件：

色谱柱：ODS 色谱柱（250mm×4.6mm，5μm）。

流动相：磷酸盐缓冲液-甲醇-乙腈（92.5：5：2.5，体积比）。

检测波长：214nm。

柱温：25℃。

流速：1.0mL/min。

进样量：20 μL。

② 通过保留值定性方法进行分析。

4. 方法评价

（1）标准曲线及其线性范围

分别配制力可拉敏和加兰他敏系列标准溶液，在上述色谱条件下测定，以峰面积对其浓度进行线性回归，计算测定结果（如表 41-1）。

（2）精密度试验

取混合对照品溶液，在上述色谱条件下，连续进样 5 次，以各组分峰面积分别计算各组分峰面积相对标准偏差（RSD 值）（加兰他敏 _____ %，力克拉敏 _____ %）。

（3）重复性试验

取同一石蒜样品，配制待测样品溶液 5 份，进样分析，以外标法测定并计算含量，计算各组分含量的 RSD 值（加兰他敏 _____ %，力克拉敏 _____ %）。

（4）加样回收率试验

分别称取同一石蒜样品 5 份，加入适量标准样品，按照以上方法提取并测定，计算加样回收率［加兰他敏 _____ %，RSD（n=5）_____ %；力克拉敏 _____ %，RSD（n=5）_____ %］。

5. 实际样品的分析

n 个不同产地和品种的石蒜样品经抽提预处理后，用外标法测定，测定结果列入表 41-2。

五、实验数据记录与处理

1. 标准曲线及其线性范围（表 41-1）

表 41-1　标准工作曲线、线性范围、相关系数的测定

化合物	线性方程	线性方程相关系数（r）	线性范围/（μg/mL）
加兰他敏			

2. 实际样品的测定（表 41-2）

表 41-2　实际样品的测定（n=5）

样品编号	含量/（mg/g）		RSD/%	
	加兰他敏	力克拉敏	加兰他敏	力克拉敏
1				

样品编号	含量/（mg/g）		RSD/%	
	加兰他敏	力克拉敏	加兰他敏	力克拉敏
2				
3				
4				
5				

六、思考题

1. 液相色谱定性方法有哪些？
2. 简述正相色谱和反向色谱的区别。
3. 从分离机理上解释流动相中三乙胺的作用。
4. 简述色谱操作的注意事项。

实验四十二

SnO_2 纳米棒的溶剂热合成及掺杂对其气敏性能的影响

一、实验目的

1. 了解一维氧化锡纳米材料的研究意义、研究进展及其结构、性能的常见表征方法。
2. 学会用溶剂热法制备一维氧化锡气敏材料，并通过材料微观形貌的改变和掺杂来提高气敏元件的气敏性能。
3. 学会用 X 射线衍射技术和透射电子显微术来表征产物，并能对所得的数据、图片进行分析。

二、实验原理

纯 SnO_2 属于四方晶系，金红石结构，空间群为 D_{4h}^{14}（P_{42}/mnm）。单位晶胞中有 6 个原子，其中 2 个 Sn 原子、4 个 O 原子，如图 42-1 所示。每个 Sn 原子（红色小球模型）位于由 6 个 O 原子（蓝色小球模型）组成的近似八面体的中心，而每个 O 原子也位于 3 个 Sn 原子组成的等边三角形的中心，形成 6∶3 的配位结构。晶胞参数分别为 a=473.7pm，c=318.5pm，c/a=0.673。O^{2-} 和 Sn^{4+} 的离子半径分别为 140pm 和 72pm。SnO_2 的电子构型为 Sn 的 $5s^25p^2$ 形成导带，O 的 $2s^22p^4$ 形成价带，每个 O 的 2p 轨道接受 Sn 的两个电子形成稳定的八面体，由于 Sn 的 5s 为一宽带，从而形成的 SnO_2 为宽带半导体。

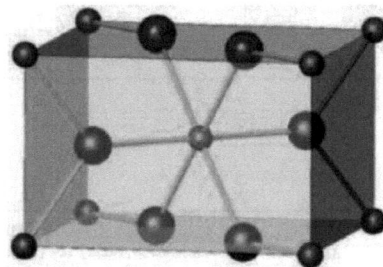

图 42-1　氧化锡的晶体结构示意图

气体传感器是对气体中所含特定成分的物理、化学性质做出迅速感应，并将其转化为适当的电信号或光信号输出，从而对气体种类及浓度做出检测的装置。半导体气敏材料的敏感机理是表面吸附、表面反应和材料电学性能变化共同作用的结果，即在正常的情况下，环境中的氧分子以不同的形式（O_2^-、O^-、O^{2-}等）在材料表面吸附，束缚材料中的电子，引起 n 型半导体的电导减小，而与还原性气体（乙醇、氢气、一氧化碳、甲烷等）接触时，它们将与表面的负氧离子发生氧化还原反应，释放负氧离子束缚的电子，引起材料的电导增大，体现气敏效应。

纳米材料由于其粒径小、比表面积大，可以为吸附、表面反应提供更多的活性位点；此外，当材料的粒子尺寸为纳米级，特别是晶粒尺寸在空间电荷层的数量级时，整个粒子的性能不仅仅是粒子表面的性能，均会随表面气、固反应而发生改变，使材料显示出优异的气敏性能。但 SnO_2 纳米粉体由于选择性差及在较高工作温度条件下易团聚等缺点，极大影响其实际应用。氧化锡一维纳米晶材料具有的表面效应、体积效应和量子尺寸效应，使其物理和化学性质明显优于普通材料，尤其是研究中发现氧化锡一维纳米晶材料避免了普通 SnO_2 纳米粉体在工作温度下的团聚现象，极大地提高了气敏元件的长期稳定性。掺杂是提高金属氧化物气敏性能的有效途径，实际上，许多气敏材料就是通过掺杂改性来进一步提高其灵敏度和选择性的。

本实验以二价无机盐 SnC_2O_4 为锡源，在含 NaOH 的碱性矿化剂的醇-水混合体系中，通过溶剂热反应制备 SnO_2 纳米棒，并对 NaOH 的添加量在合成 SnO_2 纳米棒的过程中起到的作用进行研究，另外通过添加络合剂草酸（$H_2C_2O_4$）来控制 SnO_2 在溶剂热反应中的生成速率。本实验还用浸渍法掺杂 Pr、Dy 于 SnO_2 纳米棒中，研究 SnO_2 纳米棒掺杂后制备的气敏元件在 350℃工作温度下的气敏性能。

三、实验仪器与试剂

1. 仪器

恒温磁力搅拌器，马弗炉，超声波清洗器，离心机，高压釜，玛瑙研钵，带 Pt 引线的陶瓷管，瓷舟，气敏元件测试系统（HW-30A），X 射线衍射仪（Rigaku D/max-2550V），透射电子显微镜（JEM-200CX），电子天平等。

2. 试剂

草酸锡，草酸，氢氧化钠，无水乙醇。所用试剂均为分析纯。去离子水（自制）。

四、实验步骤

1. SnO_2 棒状纳米结构的制备

实验在溶剂热条件下利用醇-水混合体系通过含 Sn^{2+} 的盐和含 OH 的碱性矿化剂的化学作用制备 SnO_2 棒状纳米结构。水热反应在容积为 50mL 且通过螺栓密封的钢制高压釜中进行，从而形成高温、高压的水热合成条件。一般取 40mL 水热反应溶液转入高压釜中，转入高压釜前的溶液要通过磁力搅拌器在烧杯里充分混合。水热反应得到的固体粉末经过离心、干燥得到不同的测试样品。以样品 2 为例，具体实验过程如下：

① 制备一定浓度的氢氧化钠溶液。NaOH 用量见表 42-1。将 0.65g 氢氧化钠置于烧杯中，用 20mL 去离子水溶解，烧杯放在磁力搅拌器上，不停搅拌溶液以便氢氧化钠溶解。

② 根据实验需要加入 0.31g SnC_2O_4，不断搅拌使其分散均匀后，再加入 20mL 无水乙

醇，继续搅拌 30 min 使其充分混合，得到均匀的水热反应溶液。

③ 将混合均匀的水热反应溶液转入 50mL 的高压釜中，螺栓旋紧密封，并置于烘箱中在 250℃条件下保温 24h。

④ 关掉烘箱使高压釜自然冷却至室温，取出打开即可获得一定量的沉淀产物。这些产物经过去离子水和无水乙醇离心若干次除杂质离子后，置于 60℃烘箱中烘干，得到固体粉末。

表 42-1　实验条件一览表

样品编号	NaOH 用量	添加剂及用量	形貌
1	0.37g	无	不规则
2	0.65g	无	均匀棒状
3	0.84g	无	棒状
4	0.65g	$H_2C_2O_4$，0.38g	管状

2. 气敏元件的制作

气敏元件按传统方法制成旁热式烧结型元件，具体制作步骤为：

在玛瑙研钵中加入少许样品 2，研磨均匀后滴入少量黏合剂，调成糊状后用竹签均匀涂于带 Pt 引线的陶瓷管外面（结构见图 42-2），涂好的陶瓷管立于瓷舟内放在红外灯下烘干（约 25min）后，于马弗炉中 600℃煅烧 1h，以除去材料中所用的黏合剂，然后自然冷却后备用。将涂有气敏材料的陶瓷管的 4 个电极丝焊接在底座上，然后将加热丝从陶瓷管中穿过并将其两端也焊接在底座上，制成气敏元件。为了改善器件的性能，增加元件的稳定性，将焊好的元件置于专用的老化台上，通 5V 直流电压，老化 240h。同样，用样品 2+0.5% Pr、样品 2+0.5%Dy 在 600℃退火 1h 后的产物制备元件。

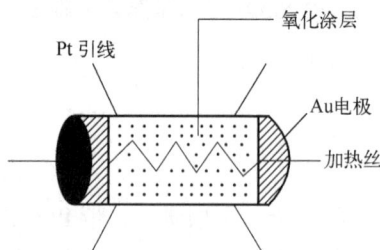

图 42-2　气敏元件示意图

3. 气敏性能测试

采用静态配气法，在 HW-30A 气敏元件测试系统上进行气敏元件性能测试。基本测试电路如图 42-3 所示。图中，V_h 为加热电压，V_c 为测试回路电压，V_{out} 为负载电阻 R_L 上的电压。测试系统的主要技术参数为：测试通道数，30 路；采集速度，1 次/s；系统综合误差，±1%；电源，220V，50Hz；加热电压 V_h，0~6V，连续可调；回路电压 V_c，2~10V，连续可调；负载电阻 R_L，可换插卡式。通过测试与气敏元件串联的负载电阻 R_L 上的电压 V_{out} 来反映气敏元件的特性。在本实验中，定义元件的灵敏度 $S=R_a/R_g$，R_a 和 R_g 分别为元件在空气中和被测气体中的电阻值。定义响应时间 t_{res} 为

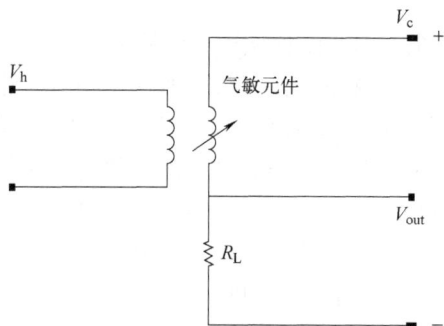

图 42-3　元件测试系统电路示意图

元件接触被测气体后，负载电阻 R_L 上的电压由 U_0 变化到 $U_0+90\%$（U_x-U_0）所需的时间，恢复时间 t_{rev} 为元件脱离被测气体后，负载电阻 R_L 的电压由 U_x 恢复到 $U_0+10\%$（U_x-U_0）所用的时间。测试气体包括：异丁烷、甲醇、CO、氨水、氢气、甲醛、硫化氢和乙醇。

4. SnO₂纳米棒的表征

对样品 2 用透射电子显微术（TEM）和 X 射线衍射（XRD）技术进行形貌表征，并对照片与 X 射线衍射谱图进行分析。

5. NaOH 的添加量对 SnO₂形貌的影响

纳米结构的制备不仅取决于材料本身的结构特性，而且同外部的合成条件及环境密切相关。在其他条件不变的情况下，比较改变 NaOH 添加量后得到的不同溶剂热合成样品在透射电子显微镜下形貌的变化，并分析 NaOH 用量改变后产品形貌改变的原因。

6. 草酸对 SnO₂ 纳米结构的影响

分析添加草酸后，样品形貌的改变及其可能的原因。

7. SnO₂ 纳米棒掺杂改性的初步研究

① 测试样品 2 及通过浸渍法掺杂 Pr、Dy 后所得样品在工作温度为 350℃时的材料气敏性能。共测试 8 种气体即异丁烷、甲烷、一氧化碳、氨气、氢气、甲醛、硫化氢和乙醇（除氢气浓度为 $100cm^3/m^3$，其余气体浓度均为 $50cm^3/m^3$），画出灵敏度对气体种类的条形图。

② 在步骤①所得结果的基础上，测试气体浓度对材料气敏性能的影响。在工作温度为 350℃时，测试不同浓度下硫化氢、乙醇气体对样品 2 及通过浸渍法掺杂 Pr、Dy 后所得样品的气敏性能的影响，以浓度为横坐标、灵敏度为纵坐标作图，进行对比分析。

③ 测试样品 2 及通过浸渍法掺杂 Pr、Dy 后所得样品对硫化氢、乙醇气体的响应恢复性能。测试条件：工作温度 350℃，负载电阻 R_L 为 4.7kΩ，环境温度为 16℃，环境湿度为 24%RH。

五、实验结果分析与讨论

从机理角度解释以上实验结果。

六、思考题

1. 简述一维氧化锡纳米材料的研究意义和纳米材料的常见制备方法。
2. 纳米材料结构、性能的常见表征方法有哪些？
3. 简述水热/溶剂热法合成的原理及其合成产物的特点。
4. 试通过查文献介绍在醇-水体系中合成一维氧化锡纳米材料的研究进展。

实验四十三

氰基桥联铜（Ⅰ）配位聚合物的合成及其结构表征

一、实验目的

1. 了解金属-有机配位聚合物的最新研究进展和其在气体存储、分离以及光、电、磁、催化等领域的应用。

2. 按照实验内容完成合成，获得产物。

3. 巩固用 X 射线衍射仪、元素分析仪、荧光分光光度计、热分析仪对产物的结构和性能进行表征，并掌握数据的分析方法。

二、实验原理

配位聚合物（coordination polymer）是配位化学研究中的新领域。它是由金属中心和有机配体以配位键方式键合而形成的具有一维、二维或三维结构的聚合物或零维的低聚物。配位聚合物的研究是从配位化学研究发展而来的，同时它又属于超分子化学的一个分支。不同于仅是通过原子间的共价键结合而成的分子，配位聚合物中既有共价键、配位键又包含分子间弱作用力如氢键、π-π 堆积等。配位聚合物常表现出一些独特的化学、物理性质。它们的研究已是当今超分子化学研究领域热门课题之一，而且它把"晶体工程学"的概念成功引入超分子体系的组装制备之中。氰基由于其配位方式灵活多样的特点，在配合物的合成中可以作为良好的桥联基团，与相同或者不同的金属配位，构成各式各样类型的配位聚合物。这些小分子配体连接金属形成的配合物，具有特殊的电、磁、光学等性质，在功能配合物中有着重要的地位。

氰基桥联配位聚合物的设计合成是基于所谓的砖块与泥灰的办法，通常以包含过渡金属中心原子的配合物为建筑砖块，以氰基配合物阴离子为黏合剂，通过自组装反应获得一维、二维、三维氰基桥联配位聚合物。目前，已获得大量的氰基桥联配合物的磁性数据，其中类普鲁士蓝化合物有较高的 T_c 值，有一些已达到了室温，这些重要的实验结果既引起了人们的极大兴趣，也促进了人们对氰基桥联配合物的设计合成和磁性的研究。

本实验选用 1,10-菲罗啉（phen）和 2,2′-联吡啶（bipy）两个二齿螯合配体为共配体，合成三个一维的含［Cu（CN）］$_n$ 链的配位聚合物，并对这些配合物进行单晶结构分析，以及红外、荧光性质和热稳定性质的研究。

三、实验仪器与试剂

1. 仪器

磁力搅拌器，过滤装置，带四氟乙烯内衬的水热反应釜，元素分析仪（elementar UNICUBE），红外光谱仪（A370），热重分析仪（STA 449F5），荧光分光光度计（RF-5301），X 射线衍射仪（Apex Ⅱ CCD），真空干燥箱，磁天平等。

2. 试剂

铁氰化钾（AR），1,10-菲罗啉（AR），2,2′-联吡啶（AR），氰化亚铜（Adrich 公司），无水乙醇（≥99.7%，AR）。所用试剂均为分析纯。

四、实验步骤

1. ［Cu$_3$（CN）$_3$（phen）］$_n$ 的制备

将 CuCN（0.4mmol）、1,10-phen（0.2mmol）、K$_3$Fe（CN）$_6$（0.2mmol）加入 8mL 去离子水中，搅拌 10min。将上述混合物转移到 15mL 带聚四氟乙烯内衬的水热反应釜中，密闭加热到 170℃并保持 1 天，然后以每小时 10℃的速度冷却到室温。得到浅黄色片状晶体，分别用去离子水和乙醇洗涤产物。根据 CuCN 计算产率。

2. ［Cu₂（CN）₂（phen）］ₙ的制备

将 CuCN（0.4mmol）、1,10-phen（0.2mmol）、K₃Fe（CN）₆（0.2mmol）加入 10mL 去离子水中，搅拌 10min。将上述混合物转移到 25mL 带聚四氟乙烯衬的水热反应釜中，密闭加热到 170℃并保持 24h，然后以每小时 10℃的速度冷却到室温。得到橙色菱柱状晶体，分别用去离子水和乙醇洗涤产物。根据 CuCN 计算产率。

3. ［Cu₇（CN）₇（bipy）₂］ₙ的制备

将 CuCN（0.4mmol）、2,2′-bipy（0.2mmol）、K₃Fe（CN）₆（0.1mmol）加入 8mL 去离子水中，搅拌 10min。将上述混合物转移到 15mL 带聚四氟乙烯内衬的水热反应釜中，密闭加热到 180℃并保持 48h，然后以每小时 10℃的速度冷却到室温。得到浅黄色块状晶体，分别用去离子水和乙醇洗涤产物。根据 CuCN 计算产率。

4. ［Cu₃（CN）₃（phen）］ₙ、［Cu₂（CN）₂（phen）］ₙ和［Cu₇(CN)₇(bipy)₂］ₙ的结构表征

① 分子式与元素组成的确定。

② 晶体结构测定及解析。

③ 配合物的热重分析和荧光分析。

④ 配合物的红外光谱测定及解析。

五、思考题

1. 通过文献检索简单介绍金属-有机配位聚合物的最新研究进展和应用。

2. 配合物发光有几种类型？本实验中的配合物发光属于哪一种？

3. 简述配合物作为发光材料的特点。

4. 试根据配合物 X 射线衍射数据分析配合物中金属的配位环境及氰基的配位类型。

实验四十四

天然核酸的纯化及与小分子化合物相互作用的研究

一、实验目的

1. 学会一种天然核酸的纯化方法，并学会用核酸电泳检测 DNA 的片段大小，以及运用平衡透析法获得纯核酸溶液。

2. 学会用紫外光谱等方法研究核酸与小分子的相互作用。

3. 学会分析光谱数据，根据图形变化的趋势来判断小分子和核酸相互作用的类型、结合方式。

4. 培养查阅文献资料及阅读文献的能力。

二、实验原理

药物小分子与核酸相互作用的研究近年来取得了重大的进展，科学家试图寻找设计小分子药物的规律，寻求对核酸的序列结构具有特异性识别能力的小分子，从而控制基因的

表达。核酸与小分子的相互作用一般分成两种类型即插入结合和沟槽结合。插入结合是将小分子的一个平面芳香发色团插入核酸相邻的两个碱基对之间；沟槽结合则是指小分子进入核酸的小沟部位引起核酸结构波动。

核酸与许多化合物发生可逆的相互作用，包括水分子、金属离子及其复合物、有机小分子、蛋白质等，其中分子量小于1000Da的有机小分子化合物与核酸的非键相互作用是研究最广泛的，也是最重要的。属于此范围内的分子或离子主要指从简单到复杂的金属复合物、许多药物小分子、结构复杂的抗生素。

1. 核酸的种类

DNA是双螺旋核酸，是由四种脱氧核苷酸通过3′,5′-磷酸二酯键连接起来形成的长链聚合物，两条单链通过氢键连接起来，使特定的碱基配对（A-T和G-C）形成碱基对。DNA的一级结构是指脱氧核糖核苷酸的种类、数量及单链分子上碱基的排列顺序。DNA的双螺旋结构是其二级结构的主要特征，两条多核苷酸长链以相反的方向盘绕同一条轴，两条螺旋形成凹槽，一条较深，一条较浅，分别称为大沟（major groove）和小沟（minor groove）。DNA是柔性的生物大分子，因此DNA双螺旋存在多种构型，如A、B、Z型等。A型和B型均为右手双螺旋DNA，Z型为左手双螺旋。DNA以何种构象存在，很大程度上取决于所处的外部环境（离子强度、盐浓度、抗衡离子种类、湿度）。B型DNA是大多数天然DNA的存在形式，其结构特点是反平行的两条多核苷酸围绕同一中心轴旋绕而形成右手双螺旋；Z-DNA［如poly（dGdC）］是一种典型的左手螺旋，两条dG和dC交替形成的寡核苷酸链反向平行排列，通过Watson-Crick碱基配对，缠绕成一个左手螺旋。

生物体内还有三股螺旋核酸和四股螺旋核酸及其他特殊结构的核酸存在，它们在生命的各个过程中具有重要作用。核糖核酸RNA与DNA的区别是A-U、G-C配对，即U代替T。

在科学实验中用到的核酸有人工合成的低聚物（寡聚物，oligomer），也有从动植物体内提取的天然核酸，天然核酸一般含有很多杂质如蛋白质，所以在使用之前要提纯。本实验中选用一种天然核酸小牛胸腺（calf thymus）DNA进行提纯，它是B型双螺旋核酸，G-C含量为42%，性质稳定。

2. 核酸与小分子的共价结合作用

药物与核酸共价结合的序列特异性识别能力较强，顺铂是临床上较为成功的化学治疗药物，能够与DNA小沟中的同一条链上的相邻碱基鸟嘌呤上的一个氮原子共价结合，形成链内加合物，使DNA分子弯曲并发生解旋，进而起到抗癌作用。丝裂霉素C（mitomycin C）是研究最广泛的一种氮丙啶类抗生素，在酶的存在下，它使DNA甲基化，产生两个活性部位，进而共价结合在DNA的大沟处。

3. 核酸与小分子非共价结合作用

核酸与小分子药物非共价结合的作用位点多，有较强的选择性，在基于作用机理的药物设计中研究较多。这种结合作用又可以分为外部静电结合（external electrostatic binding）、沟槽结合（groove binding）和插入结合（intercalative binding）三种。

① 外部静电结合。核酸是一种高度带电的多聚阴离子，磷酸根部分强烈影响它的构象及其反应。如金属离子（碱金属离子）及一些带正电荷的小分子作为反荷离子（抗衡离子）在核酸的外部形成静电层，稳定核酸的构象。这种沿着核酸螺旋外部的静电结合一般是非

特异性的。

② 沟槽结合。核酸的大沟和小沟在电势能、氢键结合特点、空间位阻效应及水解作用等方面存在很大差别。蛋白质与 DNA 的特异性结合一般通过与 DNA 的大沟作用，而药物小分子多数结合在核酸的小沟部位。如非稠环芳香类（如呋喃、吡咯和苯）化合物能通过改变自身的构型从而在核酸的小沟 A-T 富集区域结合 [图 44-1（a）]。

③ 插入结合。平面或近乎平面的芳香杂环化合物及芳香环阳离子能够插入核酸的碱基对平面之间，见图 44-1（b）。由于药物与核酸骨架的扭转键合作用，药物的插入位点的产生使得碱基对之间分离，同时引起双螺旋长度增加和部分解旋 [图 44-1（b）]。

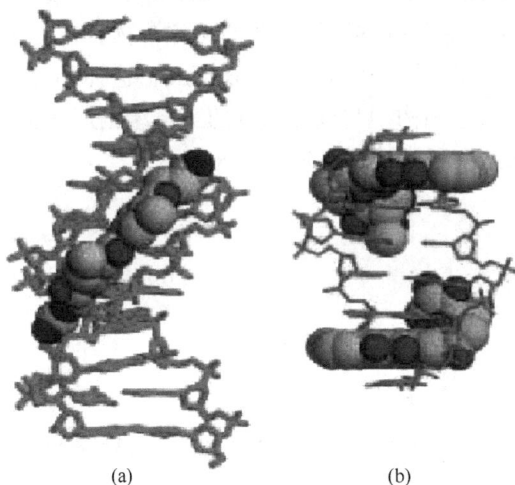

图 44-1　药物与核酸的典型非共价结合作用

（a）沟槽结合；（b）插入结合

4. 核酸与小分子相互作用的研究方法

以 DNA 为例，UV-Vis 吸收光谱法是研究 DNA 与小分子相互作用的最为方便的研究方法。含有碱基生色团的双螺旋结构 DNA 分子，其 UV-Vis 吸收光谱在 260nm 附近有一强的吸收峰，且某些分子如金属配合物亦有吸收带，可根据相互作用前后 DNA 或其他分子的吸收带的变化对二者相互作用模式进行判断：

① 对于 DNA 的吸收光谱来说，如导致分子的轴向变化即其构象变化，则产生减色效应及红移现象，且变化越大减色效应越明显；如导致 DNA 双螺旋结构的破坏，则产生增色效应。

② 对于金属配合物等分子的特征吸收带，如该分子与 DNA 发生嵌插结合，则该分子的吸收峰出现减色效应和红移现象，且作用越强减色效应越明显；如该分子与 DNA 发生外部静电结合或沟槽结合，则其紫外-可见吸收光谱峰将出现较小的红移，并且其减色效应也不明显。

此外，通过热变性检测在某一波长下 DNA 双螺旋随温度升高的解旋情况，可了解到小分子对 DNA 稳定性的影响。

5. 小分子化合物的种类

沟槽结合药物中最常见的是小沟结合药物，它们能够选择性地作用于 DNA 双螺旋结构中的 A-T 富集区，通过氢键、范德华力等作用，非嵌入地缠绕在核酸小沟部位，阻止 DNA 的复制，起到抗癌、抗病毒的作用。典型的沟槽结合药物有以下几种：偏端霉素（distamycin）、Hoechst33258 染色液、DAPI 染色液、三氮脒（berenil）、聚酰胺（polyamide）。

平面疏水性的化合物能够有效地充满由于核酸的螺旋延长并且部分解旋时碱基对之间产生的空间，插入结合的药物分子一般主要通过范德华力和静电作用与邻近碱基对发生相互作用。可极化的化合物能够很好地插入 G-C 碱基对之间，因为 G-C 碱基对比相应的 A-T

碱基对的偶极矩大。结合的典型药物有溴化乙锭(ethidium bromide)、柔红霉素(道诺霉素)(daunomycin)和阿霉素(adriamycin)、放线菌素 D(actinomycin D,AcD)。此外还有大量的顺铂类抗癌药物、卟啉类化合物、花青染料类物质、金属有机配合物等。

本实验中选用噁嗪(oxazine)这种小分子,它是弯月状的阳离子化合物,是一种荧光染料,空间构型与核酸碱基的三链结构形状类似,含有潜在的药效团,能够特异性地与DNA-RNA 杂和体结合。其分子式如下:

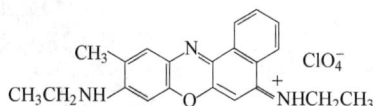

三、实验仪器与试剂

1. 仪器

磁力搅拌器,高速离心机,漩涡振荡器,移液器,紫外-可见分光光度计,荧光分光光度计,超声波破碎仪,核酸电泳仪,电化学工作站,超声波清洗器等。

2. 试剂

Na_2HPO_4,NaH_2PO_4,Na_2EDTA,$NaCl$,小牛胸腺 DNA,Tris 饱和酚(酚-氯仿-异戊醇),溴化乙锭(EB),DNA Marker(DL2000),核酸电泳上样缓冲液(loading buffer),透析袋,荧光染料分子噁嗪等。以上试剂均为分析纯。实验所用超纯水是经蒸馏器蒸馏,再经 Milli-Q Ⅱ 超纯水系统处理而得的,其电阻率为 $18.2M\Omega/cm$。

四、实验步骤

1. 天然核酸小牛胸腺 DNA 的纯化

(1)缓冲溶液的配制

① 磷酸盐缓冲溶液(BPES buffer)的配制:6mmol/L Na_2HPO_4,2mmol/L NaH_2PO_4,1mmol/L Na_2EDTA,185mmol/L NaCl;

② 磷酸盐缓冲溶液(BPE buffer)的配制:6mmol/L Na_2HPO_4,2mmol/L NaH_2PO_4,1mmol/L Na_2EDTA。

(2)DNA 的纯化

将约 50mg 小牛胸腺 DNA 溶解在 20mL BPES 缓冲溶液中,4℃静置 48h。小牛胸腺 DNA 完全溶解在磷酸缓冲溶液中,溶液呈乳白色黏稠状。用超声波破碎仪将 DNA 片段打碎,不同品牌和型号的超声波破碎仪的功率不同,一般是 250W 和 750W。若选用功率小的仪器,则强度可以选择 30%;若选择功率大的仪器,则强度可以选择 10%。破碎的时间为 10s,间隔时间为 3s,分 6~10 次完成。每次取出 1μL 做核酸电泳以确定片段大小。天然核酸的长度为几千甚至几万碱基对(bp),想要获得的碱基长度一般为 200~800bp。

2. 核酸电泳法检测纯化产物的片段长度

利用琼脂糖凝胶电泳来检测 DNA 片段的大小。

实验条件:

TAE 电泳缓冲溶液:40mmol/L Tris-乙酸盐,1mmol/L EDTA。

琼脂糖浓度为 2%;溴化乙锭(EB)染色。

DNA Marker:DL2000。

上样量 5μL，时间约 30min。

紫外灯照射下在凝胶成像仪成像。

3. 小牛胸腺 DNA 的酚氯仿提纯

将小牛胸腺 DNA 溶液加到 EP 管中，加入等体积的 Tris 饱和酚（酚-氯仿-异戊醇）溶液，盖紧管盖。振荡混合水相和有机相。在室温下离心混合物 3min（1500 r/min）或于室温下放置直到有机相和水相分离。除去上层有机相。反复抽提一次，直到两相之间没有白色丝状悬浮物出现为止。

4. 小牛胸腺 DNA 的透析

通过平衡透析法除去核酸溶液中的酚和氯仿。选择截留分子量为 3500（M_w=3500）的透析袋。首先将透析袋在缓冲溶液中浸泡过夜，然后将透析袋一侧用夹子夹住，之后将酚和氯仿抽提后的 DNA 溶液放入透析袋中。将透析袋放入装有 BPE 缓冲溶液的 1000mL 的烧杯中，在磁力搅拌器上搅拌 24h，其间每隔 8h 换一次缓冲液。平衡透析后将透析袋中的核酸溶液取出，然后进行下一步实验。

5. 小牛胸腺 DNA 的基本性质检测

通过紫外-可见光谱确定 DNA 的纯度。取 30μL 纯化后的 DNA 加入 2970μL 的 BPE 缓冲溶液。扫描 340~220nm 的紫外-可见光谱。

6. 染料分子噁嗪与小牛胸腺 DNA 的相互作用研究

选用噁嗪这种小分子，它的紫外吸收光谱如下：在 340~900nm 之间有一个吸收峰，峰位置在 580nm 附近，其摩尔吸光系数 ε_{578}=34000。

通过紫外-可见光谱测定噁嗪与小牛胸腺 DNA 相互作用。配制 5μmol/L 噁嗪的 BPE 缓冲溶液，取 30μL 纯化后的 DNA 加入 2970μL 的 BPE 缓冲溶液，再用小牛胸腺 DNA 溶液对噁嗪溶液进行滴定，扫描 220~340nm 的紫外-可见光谱。

五、实验注意事项

1. 天然核酸形状如柳絮，溶解时不用称量，一般不用手直接接触，戴手套取出一些直接溶解在溶液中。

2. 做核酸电泳时，用 EB 染色毒性较大，一定要戴手套。

3. 核酸一般比较昂贵，用量要节约。

六、思考题

1. 用超声波破碎仪打碎 DNA 片段时，要注意些什么？

2. 通过紫外-可见光谱，试分析 DNA 的纯度。

实验四十五

聚电解质复合纳滤膜的制备及性能研究

一、实验目的

1. 初步了解海水淡化及膜分离技术。

2. 利用 LbL 技术制备聚电解质复合纳滤膜。

3. 研究所制备复合纳滤膜的性能。

二、实验原理

1. 研究意义

膜分离技术已逐渐成为水处理、化学工程等领域的一项重要分离技术，并将成为解决人类资源和环境危机的重要手段。我国是世界上 13 个淡水资源最缺乏的国家之一。解决淡水资源问题的一个主要途径就是海水淡化。反渗透及纳滤技术是近几十年来发展最快的海水和苦咸水淡化技术，也是最具发展前景的技术。此外，纳滤膜技术在工业废水、生活污水等废水处理领域以及各种工业分离过程中也有着广泛的应用前景。

2. 背景知识

膜分离技术是指用人工合成或天然的高分子薄膜，以外界能量或化学位差为推动力，对双组分或多组分的溶质或溶剂进行分离、分级、提纯和富集的方法。它适用于分离那些难以分离、浓度低且分子结构相似的物质。膜分离技术发展至今已有两百多年的历史，直到 20 世纪 60 年代中期，膜分离技术才应用在工业上。膜分离技术主要有微滤（MF）、超滤（UF）、纳滤（NF）和反渗透（RO）。作为当代新型高效分离技术，膜分离技术具有投资低、能耗低、建设周期短、对环境影响小等特点，逐渐得到广泛应用，并成为解决人类资源和环境问题的重要手段，在海水淡化、废水处理与回收、物质的分离与提纯等众多领域有着广阔的应用前景。

纳滤膜的出现填补了反渗透膜和超滤膜之间的技术空白，完善了膜分离过程。纳滤膜截留分子量介于反渗透膜和超滤膜之间，约为 200~2000，由此推测其孔径在 1nm 左右。纳滤膜大部分为荷电膜，包括荷正电膜、荷负电膜和双极膜等。因此纳滤膜的分离同时具有两个特性：筛分效应和电荷效应。分子量大于纳滤膜截留分子量的物质，被膜所截留，称为膜的筛分效应；而溶液中的高价离子与纳滤膜上所载电荷的静电相互作用，称为膜的电荷效应，又称 Donnan 效应。

层层自组装（layer-by-layer self-assembly，LbL）技术具有方法简单、成膜物质丰富等优点。1990 年以来，Decher 等人使用 LbL 技术在基底上构筑了自组装聚电解质多层膜（polyelectrolyte multilayers，PEMs），并由此提出了带相反电荷的聚电解质在液-固界面通过静电作用层层自组装形成多层膜的技术。该技术可以较方便地实现分子尺寸范围内对多层膜结构的控制，已成为构筑具有独特性能多层膜的一种重要方法。该技术在传感器、微反应器、药物载体及控释胶囊、生物分子器件、图案化纳米器件等领域研究广泛。

聚电解质多层膜各层之间的作用力主要是静电作用，但氢键、亲水/疏水作用、配位作用、电荷转移、特异性生物识别，甚至强的粒子间毛细管力等都可作为成膜推动力。需要特别指出的是，在一个 LbL 体系中，其成膜推动力一般都不是唯一的，而是多种推动力同时不同程度地存在，它们均对多层超薄膜的连续沉积和稳定性的保持起着不可忽视的作用。

聚电解质多层膜成膜过程的关键在于吸附下一层聚电解质时，存在表面电荷过度补偿现象，使表面带上相反的电荷，从而保证了膜的连续生长，同种电荷的排斥力又使每一层的吸附量不至于无限地增加。电解质在膜表面沉积时，不仅与表面层聚电解质发生静电作用，而且能穿透 2~3 个膜层与其前后的 4~5 个聚电解质层作用，产生交叉渗透现象，导致膜层具有"模糊"性质。

三、实验仪器与试剂

1. 仪器
PH 计，电导率仪，电子分析天平，层层自组装实验装置，膜性能测试装置等。

2. 试剂
聚苯乙烯磺酸钠（PSS，Aldrich），聚烯丙基氯化铵（PAH，Aldrich）或聚二烯丙基二甲基氯化铵（PDDA，Aldrich），盐酸（AR），氯化钠（CP），氯化镁（AR），硫酸镁（AR），硫酸钠（AR），氯化锰（AR），聚醚砜（PES）多孔基膜。

3. 仪器装置
膜性能测试装置见图 45-1，膜性能表征的工艺流程见图 45-2。

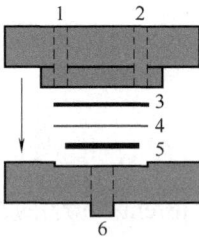

图 45-1　膜性能测试装置

1—进水孔；2—出水孔；3—密封圈；

4—测试样品；5—支撑垫片；6—采样孔

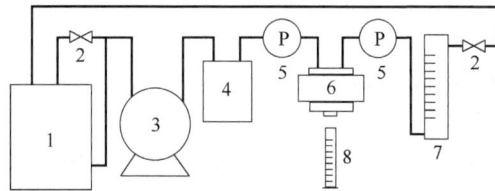

图 45-2　膜性能表征的工艺流程

1—储液箱；2—调节阀；3—泵；4—缓冲器；5—压力表；

6—膜性能测试装置；7—流量计；8—量筒

四、实验步骤

1. 复合纳滤膜的制备
（1）聚电解质溶液的配制

在室温下分别配制 0.02mol/L（单体摩尔浓度）的 PSS 聚电解质水溶液，含 $MnCl_2$ 0.5mol/L，用盐酸调节 pH 值至 2.1；0.02mol/L PAH 聚电解质水溶液，含 NaCl 0.5mol/L，用盐酸调节 pH 值至 2.3（或配制 0.02mol/L PDDA 聚电解质水溶液，含有 0.5mol/L 的 NaCl，用盐酸调节 pH 值至 5.8）。

（2）多层膜组装过程

① PES 基膜浸入 PSS 溶液 10min，在 PSS 与基膜间的疏水作用下，基膜表面形成带负电的 PSS 初生层，取出用超纯水冲洗 1min。

② 将膜浸入 PAH 溶液中 10min，在静电作用下形成带正电的膜层，取出用超纯水冲洗 1min。

③ 浸入 PSS 溶液中 10min，在静电作用下形成带负电的膜层，取出用超纯水冲洗 1min。

重复上述步骤②和③，以得到所需层数的多层膜。

组装成［PSS/PDADMAC］5 膜及［PSS/PDADMAC］5PSS 膜。

2. 截留率和通量的测定
在 0.5MPa 压力下测试复合膜对 1000mg/L 盐溶液的截留率和通量。测试时，装置流速保持在 100mL/min，首先预压 30min，然后收集透过液，分别得到测试液及透过液浓度，以及透过液体积，并参照式（45-1）和式（45-2）计算膜的通量 F 和截留率 R。

$$F = \frac{V}{A \times t} \tag{45-1}$$

式中，F 为通量，$m^3/(m^2 \cdot d)$；V 为透过液体积，m^3；t 为测试时间，d；A 为膜面积，m^2。

$$R = 1 - c_p / c_f \tag{45-2}$$

式中，R 为截留率，%；c_p 为透过液浓度，mg/L；c_f 为原液浓度，mg/L。

测定基膜通量时，记录每收集 3mL、6mL、9mL 透过液所需时间（t_1、t_2、t_3）；测定组装膜通量时，记录每隔 30min 透过液的体积（V_1、V_2、V_3）。

五、实验数据记录与处理

1. 通量

根据式（45-1）计算溶液的通量。

① 基膜通量计算。

② 组装膜通量计算。

2. 截留率

电导率-浓度存在换算关系，如下所示，式中 κ 为电导率，μs/cm；c 为浓度，mg/L。

$MgSO_4$：1000mg/L 时，$\kappa = 96.51 + 1.25478 c_f$

100mg/L 时，$\kappa = 5.98 + 1.77582 c_p$

Na_2SO_4：1000mg/L 时，$\kappa = 36.52 + 1.51975 c_f$

100mg/L 时，$\kappa = 2.34667 + 1.71042 c_p$

$MgCl_2$：1000mg/L 时，$\kappa = 49.13333 + 2.26012 c_f$

100mg/L 时，$\kappa = 3.57333 + 2.51903 c_p$

NaCl：1000mg/L 时，$\kappa = 20.46667 + 1.97552 c_f$

100mg/L 时，$\kappa = 2.07333 + 2.07921 c_p$

根据上述换算关系，将测得的电导率转化为浓度，再根据式（45-2）计算溶液的截留率。

将以上实验数据的处理结果记录于表 45-1 中。

表 45-1　实验数据处理结果表

膜	测定值	NaCl	Na_2SO_4	$MgCl_2$	$MgSO_4$
基膜	R/%				
	F/ [m^3/ ($m^2 \cdot d$)]				
[PSS/PDADMAC]$_5$	R/%				
	F/ [m^3/ ($m^2 \cdot d$)]				
[PSS/PDADMAC]$_5$PSS	R/%				
	F/ [m^3/ ($m^2 \cdot d$)]				

六、思考题

1. 纳滤膜的主要分离特点是什么？

2. LbL 技术的主要特点是什么？

实验四十六

纳米二氧化锰电极的制备及恒电流充放电行为测试

一、实验目的

1. 了解低温固相反应法制备纳米 MnO_2 电极材料的基本原理，并掌握其合成方法。
2. 掌握纳米 MnO_2 电极的制备工艺。
3. 了解纳米二氧化锰电极的充放电行为和机理。

二、实验原理

超级电容器作为一种储能器件，具有独特的优点，可用于电气设备和混合电动车，近年来引起广泛的关注。与双电层电容器相比，超级电容器除了具有双电层电容外，还具有很高的法拉第赝电容。水合二氧化钌（$RuO_2 \cdot nH_2O$）在硫酸电解液中具有很高的比容量，可达 760F/g，但成本过高限制了其商业应用。与 RuO_2 类似，一些相对廉价的过渡金属氧化物如 NiO、Co_3O_4 等也同样具有赝电容特性，因此受到广泛关注。在各种金属氧化物中，纳米 MnO_2 具有比表面和比容量大、充放电电位范围宽、资源丰富、成本低廉和环境友善等优点，是很具发展潜力的 RuO_2 替代材料。

二氧化锰放电（还原）反应机理较复杂，依放电深度的不同，大致可分为浅度放电时的均相反应和深度放电时的异相反应：

浅度放电：

$$MnO_2 + H_2O + e^- \longrightarrow MnO(OH) + OH^-$$

深度放电：

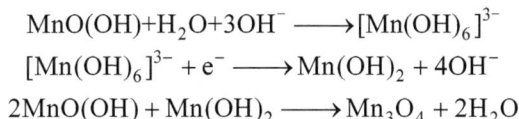

$$MnO(OH) + H_2O + 3OH^- \longrightarrow [Mn(OH)_6]^{3-}$$
$$[Mn(OH)_6]^{3-} + e^- \longrightarrow Mn(OH)_2 + 4OH^-$$
$$2MnO(OH) + Mn(OH)_2 \longrightarrow Mn_3O_4 + 2H_2O$$

浅度放电的产物 MnO（OH）具有一定的电化学活性，因此反应具有一定的可逆性，可以对 MnO（OH）进行充电。若 MnO_2 深度放电，则可形成无电化学活性的异相产物 Mn_3O_4，使反应不可逆。

对于 MnO_2 的结构，较一致看法是，Mn^{4+} 与氧配位呈八面体 $[MnO_6]$ 结构，不同晶型 MnO_2，其八面体堆积方式不同。普遍认为，$\alpha\text{-}MnO_2$ 电化学性能并不是很好，尤其是在水溶液电解质中。

有文章报道了以氢氧化锂（LiOH）碱性水溶液作为电解质的纳米 MnO_2/活性炭（AC）混合电容器的超电容性能。在此报道中，MnO_2 电极的电荷储存机理被认为是 Li^+ 在 MnO_2 电极中的嵌入/脱嵌过程，伴随电极/电解液界面的电荷转移过程，由此产生较大的法拉第赝电容。

本实验即以乙酸锰和草酸为原料，通过固相研磨、低温煅烧的方法来制备纳米 $\gamma\text{-}MnO_2$ 电极材料，固相反应过程可表示为：

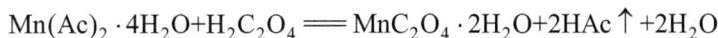

$$Mn(Ac)_2 \cdot 4H_2O + H_2C_2O_4 \Longrightarrow MnC_2O_4 \cdot 2H_2O + 2HAc\uparrow + 2H_2O$$

将前驱体 $MnC_2O_4 \cdot H_2O$ 放在瓷舟中，置于马弗炉中于空气氛中高温煅烧，得到煅烧后产物，煅烧过程中的反应为：

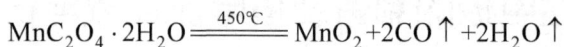

$$MnC_2O_4 \cdot 2H_2O \xrightarrow{450℃} MnO_2 + 2CO\uparrow + 2H_2O\uparrow$$

为了提高产物的氧化度，煅烧后的产物用 2mol/L H_2SO_4 溶液在磁力搅拌及一定温度下酸化处理 2h，再经充分洗涤、抽滤、干燥，即可得到棕黑色粉末样品，即纳米 γ-MnO_2 电极材料。酸化处理过程的反应为：

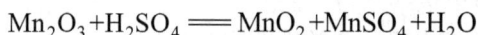

$$Mn_2O_3 + H_2SO_4 = MnO_2 + MnSO_4 + H_2O$$
$$Mn_3O_4 + 2H_2SO_4 = MnO_2 + 2MnSO_4 + 2H_2O$$

将制得的纳米 γ-MnO_2 电极材料制备成粉末电极，再通过恒电流充放电方法来测试纳米 γ-MnO_2 电极（以下简称纳米 MnO_2 电极）在 LiOH 碱性电解质中的放电比容量。

恒电流充放电法是研究电极和电容器电化学性能的一种常用的和最直接的测试方法。被测电极或电容器在恒电流条件下充放电，记录电位或电压随时间的变化数据，由此可得到电极或电容器的充放电曲线（电位或电压-时间曲线），并由此曲线可以计算比容量、比能量、比功率等。

单电极恒流充放电测试采用三电极体系，其中辅助电极为活性炭（AC）电极，参比电极为汞/氧化汞电极。测试仪器为 LAND 电池测试仪。

双电层电容器可以理想地等效为平板电容器。根据平板电容器模型，电容量计算公式为：

$$C = \frac{\varepsilon S}{4\pi d} \tag{46-1}$$

式中，C 为电容量；ε 为介电常数；S 为电极面积；d 为电容器两极板间距离。

由公式 $dQ = idt$ 和 $C = \dfrac{dQ}{d\varphi}$ 得：

$$i = \frac{dQ}{dt} = C\frac{d\varphi}{dt} \tag{46-2}$$

式中，i 为电流，A；dQ 为电量的微分，C；dt 为时间的微分，s；$d\varphi$ 为电位的微分，V。

对于超级电容器，根据式（46-2），恒电流充放电时，若电容 C 为恒定值，则 $d\varphi/dt$ 为一常数，即电位或电压随时间线性变化。因此，理想电容器恒流充放电的电压-时间关系应为一直线，从而可利用恒流充放电数据来计算电极活性物质的比容量：

$$C_s = \frac{It_d}{m\Delta V} \tag{46-3}$$

式中，I 为放电电流，A；t_d 为放电时间，s；ΔV 为电位变化，V。

图 46-1　实际电容器的恒流充放电曲线

但是在实际情况中，超级电容器都有一定内阻，在刚开始充放电的瞬间都会有一个电位突变 ΔV，即电位与时间并不是理想的线性关系，而是有一定的歪曲偏离，见图 46-1。

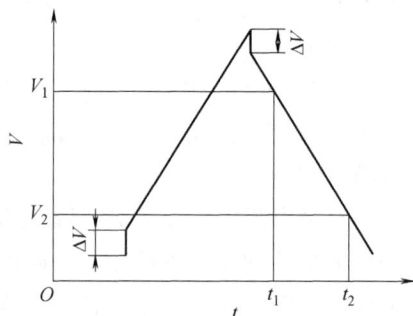

因此电极活性物质的比容量：

$$C_s = \frac{I(t_2 - t_1)}{m(V_1 - V_2)} \qquad (46\text{-}4)$$

三、实验仪器与试剂

1. 仪器

LAND 电池测试系统，点焊机，电动对辊轧机，研钵，瓷舟，马弗炉，磁力搅拌器，干燥箱，电子天平，循环水式真空泵，三室电解池，Hg/HgO 电极等。

2. 试剂

氢氧化锂（AR），草酸（AR），乙酸锰（AR），硫酸（AR），草酸（AR），乙炔黑，活性炭，泡沫镍，镍条，聚四氟乙烯（PTFE）乳液。

四、实验步骤

1. 纳米 γ-MnO₂ 电极材料的制备

按物质的量之比为 1：1.2 称取 Mn(Ac)₂·4H₂O 和 C₂H₂O₄·2H₂O 固体粉末，于研钵中混合均匀并研磨，研磨过程中发生固相反应，充分研磨 40 min 以上，混合物逐渐由粉红色变为白色，并伴随有刺激性气体和水析出。待混合物变成白色浆状后，转入恒温水浴中于 80℃恒温数小时。然后将混合物用蒸馏水洗涤、抽滤，以除去可溶性物质，再置于烘箱中于 120℃干燥 10h，得到前驱体。

将前驱体放在瓷舟中，置于马弗炉中于 450℃空气氛中煅烧 12h，得到煅烧后产物，再将其放入有 2mol/L H₂SO₄ 溶液的烧杯中，在磁力搅拌的条件下于 80℃酸化处理 2h，冷却后用蒸馏水充分洗涤、抽滤，并于 70℃干燥，得到棕黑色纳米 γ-MnO₂ 电极材料。

2. 纳米 MnO₂ 电极的制备

将 MnO₂、乙炔黑和 PTFE 按质量比为 80：15：5 混合，将糊状混合物均匀涂刮到 1cm×1cm 的泡沫镍集流体中，经 70℃干燥 12h 后，辊压至约 0.6mm 厚。

3. 恒流充放电测试

以纳米 MnO₂ 电极为工作电极，活性炭电极为辅助电极，Hg/HgO 电极为参比电极，1mol/L LiOH 溶液为电解质，组成三电极测量体系，如图 46-2 所示。恒流充放电测试采用 LAND 电池性能测试仪，在 0~0.7V（vs. Hg/HgO）电位范围内测试电流密度分别为 50mA/g、100mA/g、200mA/g、300mA/g、400mA/g、500mA/g 时的恒流充放电曲线。

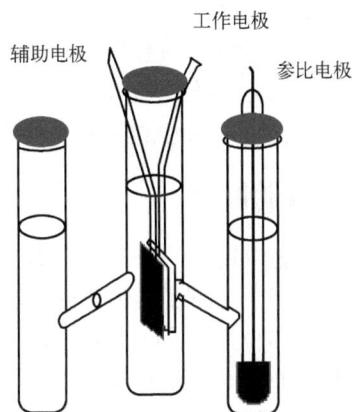

图 46-2　三电极测量体系示意图

五、实验数据记录与处理

在得到不同电流密度下的充放电曲线后，按照图 46-1 所示，将每条曲线自真实开始放电的电位 V_1 和时间 t_1 以及放电结束的电位 V_2 和时间 t_2 记录下来，根据式（46-4）分别计算出不同电流密度下纳米二氧化锰电极的比容量，并填在表 46-1 中。

表 46-1　实验数据记录表

项目	$I/$（mA/g）					
	50	100	200	300	400	500
V_1/V						
V_2/V						
t_1/s						
t_2/s						
C_s/（F/g）						

六、思考题

1. 在制备纳米二氧化锰电极材料的实验中，由低温固相反应得到的前驱体在煅烧后为什么还需要用硫酸酸化？
2. 在二氧化锰电极的制备过程中为何要加入一定量的乙炔黑？
3. 怎样根据恒流充放电曲线来判别电极反应的可逆性，即电极反应的极化大小？

实验四十七

反-2-噻吩基-α-甲酰基-3-（4-硝基苯基）-4-乙酰基-5-甲基-2,3-二氢呋喃的立体选择性合成及其结构表征

一、实验目的

1. 按照实验内容完成合成，获得产物，并学会用薄层色谱监测反应进程、快速柱色谱分离提纯产物及单晶培养。
2. 学会用红外光谱、质谱、核磁共振氢谱、元素分析等数据确定产物结构。
3. 学会分析二维核磁共振氢谱，并结合 X 射线衍射技术确定产物立体构型。

二、实验原理

二氢呋喃是一种杂环化合物，与人类的生活息息相关，其结构片段也普遍存在于具有重要药理、生理活性的天然产物、药物中。如含有 2,3-二氢呋喃骨架的具有抗病原及杀虫机制的印楝素（azadirachtin）。多取代的二氢呋喃不仅是天然产物、重要药物的结构单元，而且是有机合成的重要中间体，可以进一步通过基团转换得到其他许多具有生理活性的化合物。如 2,3-二氢呋喃本身可用作抗肿瘤药的合成中间体，并被广泛用于电子化学品和香料合成中。

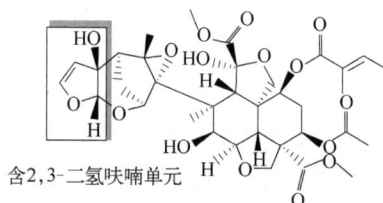

含2,3-二氢呋喃单元

目前报道的较新的制备方法有：

① 活泼亚甲基与不饱和羰基化合物合成：

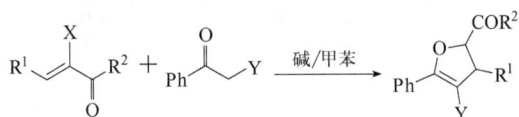

② 环丙烷立体选择性开环：

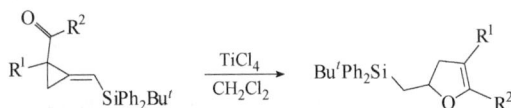

③ ［3+2］环加成反应：

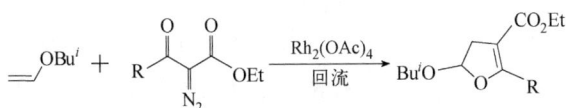

④ 金属催化的分子内合环反应：

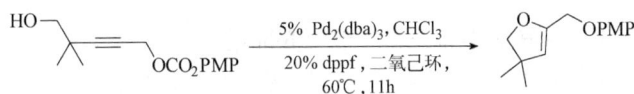

⑤ Feist-Benary 反应：

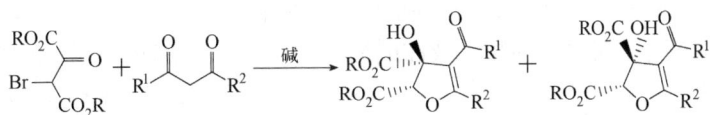

虽然 2,3-二氢呋喃有许多制备方法，但高立体选择性合成多官能团取代的方法很少被报道。可以购买三苯胂与溴代物反应而制备砷叶立德，由于在立体选择性合成中表现出比磷叶立德更高的亲核性和立体选择性，近年来其已日益受到有机化学家的关注。本实验用在空气中稳定的三苯胂先与 2-（2-溴代乙酰基）噻吩制成钟盐，然后于温和的条件下和 3-（4-硝基苯基）亚甲基-2,4-戊二酮在碱作用下反应，能以较高产率、高立体选择性地合成反-2-噻吩基-α-甲酰基-3-（4-硝基苯基）-4-乙酰基-5-甲基-2,3-二氢呋喃。由红外光谱、质谱、核磁共振氢谱、元素分析等多种仪器分析方法确定产物的最终结构，相对构型则由二维核磁共振氢谱（^{1}H-^{1}H NOESY）和 X 射线衍射确定。

反应方程式：

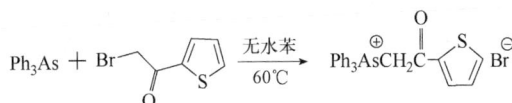

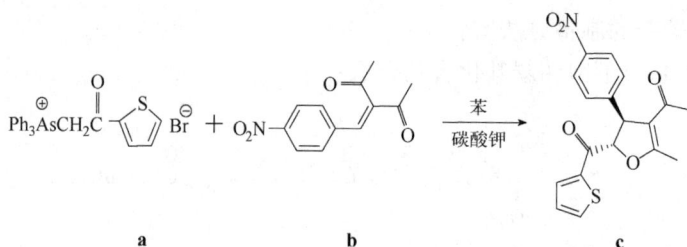

a   b   c

三、实验仪器与试剂

1. 仪器

磁力搅拌器，过滤装置，旋转蒸发仪，调压器，电加热油浴锅（自制），色谱柱（20mm×25cm），熔点仪，红外光谱仪，核磁共振波谱仪，元素分析仪，质谱仪，X射线衍射仪，磁天平等。

2. 试剂

2-(2-溴代乙酰基)噻吩，苯，三苯胂，无水乙醇，4-硝基苯甲醛，2,4-戊二酮，哌啶，冰醋酸，乙醚，浓盐酸，碳酸氢钠，无水硫酸钠，石油醚（60~90℃），乙酸乙酯，碳酸钾。所用试剂均为分析纯。pH试纸（1~14），硅胶（200~300目）。

四、实验步骤

1. 2-(2-溴代噻吩)甲酰基甲基三苯钾盐 a 的制备

将25mmol 2-(2-溴代乙酰基)噻吩溶于25mL无水苯中，室温下向其中加入20mmol三苯胂。升温至油浴温为60℃，搅拌过夜。抽滤，用无水乙醇重结晶得白色固体，计算产率。

2. 3-(4-硝基苯基)亚甲基-2,4-戊二酮 b 的制备

向盛有50mL苯的装有冷凝管的100mL三口烧瓶中，分别加入10mmol 2,4-戊二酮、10mmol 4-硝基苯甲醛、催化量的哌啶及冰醋酸，搅拌均匀后，加热回流，至薄层色谱（TLC）显示原料已消失（约4~6h）后，冷却，加入50mL乙醚和25mL水稀释。将分出的有机层用25mL水洗涤，然后用25mL 1mol/L HCl洗涤2次，再用饱和碳酸氢钠水溶液洗至水层呈中性（pH=7）。分出有机层，加入无水硫酸钠干燥30min，滤除干燥剂，在旋转蒸发仪上将溶剂蒸除，剩余物用快速柱色谱分离提纯［洗脱剂：石油醚（60~90℃）：乙酸乙酯（V：V）=1：1］，计算产率。

3. 反-2-噻吩基-α-甲酰基-3-（4-硝基苯基）-4-乙酰基-5-甲基-2,3-二氢呋喃 c 的制备

在室温下，向盛有25mL苯的50mL的圆底烧瓶中，分别加入1.0mmol 3-(4-硝基苯基)亚甲基-2,4-戊二酮、1.1mmol 2-(2-溴代噻吩)甲酰基甲基三苯钾盐和3mmol碳酸钾，搅拌下升至55℃反应直至薄层色谱（TLC）显示原料已消失（约18h，需搅拌过夜）。冷至室温，过滤除去不溶物，溶剂在旋转蒸发仪上蒸除，剩余物用快速柱色谱分离提纯［洗脱剂：石油醚（60~90℃）：乙酸乙酯（V：V）= 8：1］，计算产率。

4. 反-2-噻吩基-α-甲酰基-3-（4-硝基苯基）-4-乙酰基-5-甲基-2,3-二氢呋喃 c 的单晶培养

取20mg经过快速柱色谱分离提纯的产物 c，置于10mL圆底烧瓶中，室温下加乙酸乙

酯至完全溶解，向乙酸乙酯中滴加石油醚（60~90℃）直至微有浑浊，再加乙酸乙酯至刚好透明，烧瓶上盖上扎有小孔的滤纸，置于通风橱内避光处，使溶剂缓慢挥发至晶体析出。

5. 用核磁共振氢谱、红外光谱、质谱、元素分析等表征产物 c 的基本结构

解析核磁共振氢谱、红外光谱，进行谱峰归属；对质谱中主要碎片峰进行解析，并将分子离子峰结果与元素分析结果比较，确定分子式。

从元素分析结果确定产物的分子组成，质谱结果显示产物的分子量，根据产物的二维核磁共振氢相关谱（图 47-1）的分析，由相邻氢之间在谱图中显示的耦合相关性，可推断这些氢所在碳的连接方式。综合前面的谱图数据分析及反应类型，可推断出产物 c 的基本结构，如图 47-2 所示。

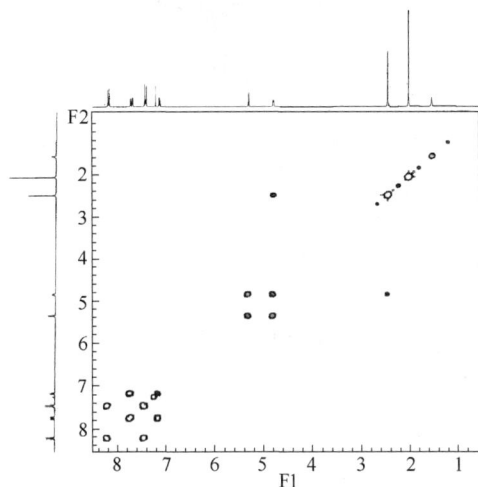

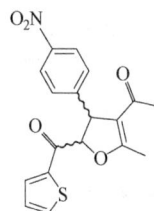

图 47-1　产物 **c** 的 ¹H-¹H COSY 谱图　　　　图 47-2　产物 **c** 的基本结构

6. ¹H-¹H NOESY 和 X 射线衍射联合确定产物 c 的相对构型

解析 ¹H-¹H NOESY 和 X 射线衍射，在教师指导下，通过反应机理讲解，了解相对构型的形成过程及砷叶立德在反应过程中对立体选择性的提高所起到的重要作用。

虽然产物 c 的基本结构已确定，但基于砷叶立德在这类反应中的特点，即生成立体选择性产物，而且本实验中薄层色谱显示制备产物 c 的反应体系最终只有一个产物点，因此有必要确定产物的二氢呋喃环中两个氢相对于环平面的位置。根据产物的 ¹H-¹H NOESY 谱图，推测产物的构型。

通过产物 c 的 X 射线衍射图（图 47-3），可进一步证实以上基本结构及构型推断的正确性。

五、实验注意事项

1. 2-(2-溴代噻吩)甲酰基甲基三苯钾盐 **a** 的制备中需在无水无氧条件下，因三苯膦易氧化且生成的钾盐能溶于水分解。

2. 用于做 ¹H-¹H NOESY 谱图的产物纯度必须很高，否则谱图上会有杂质干扰峰；同时样品量需为 20 mg 以上。

3. 因三苯膦较贵，建议按 1/20 的量来制备钾盐与酮。

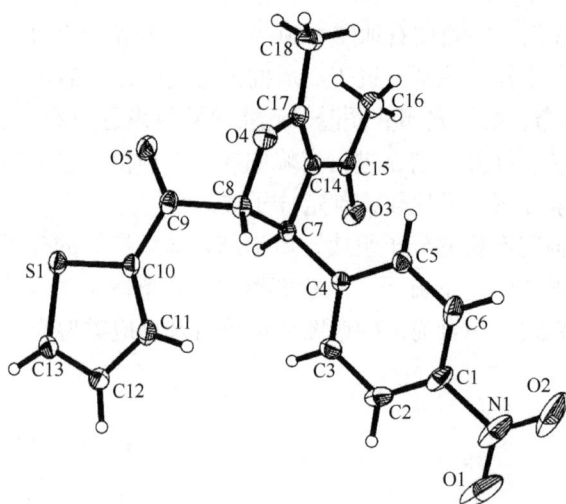

图 47-3　产物 c 的单晶 X-射线衍射图

六、思考题

1. NOE 效应是什么？它能确定化合物的绝对构型吗？
2. 培养单晶的方法有哪些?
3. 薄层色谱监测在无水无氧条件下的反应进程，应如何操作？
4. 从反应机理角度解释产物的相对构型。

实验四十八

二碘化钐促进的 2,3-二对甲氧基苯基-1,3-丁二烯的一锅法合成

一、实验目的

1. 熟悉无水无氧溶剂的制备。
2. 学会在严格无水无氧条件下进行反应；掌握薄层色谱监测反应进程的操作，以及双排管的使用方法。
3. 按照实验内容完成实验，得到产物，并用薄层色谱进行分离提纯。
4. 学会用红外光谱、质谱、核磁共振氢谱及碳谱等数据确定产物结构。

二、实验原理

2,3-二芳基-1,3-丁二烯不仅是合成具有重要药理、生理活性的天然产物或药物，如具有抗癌活性的三氧杂环己烷二聚体（dimeric trioxanes）的中间体，而且是合成官能团化的聚丁二烯以及具有特殊电子性质的共聚物的重要单体。基于此类化合物的重要性，研究新的合成方法一直是当前的一个研究热点。近年来报道的主要合成方法有：
① 2,3-二芳基-1,3-丁二醇脱水。
② 铜（Ⅰ）或镍（Ⅱ）催化 1,4-二取代 2-丁炔或 2,3-二取代基-1,3-丁二烯与芳基格氏

试剂通过与双分子亲核取代反应类似的机理制备 2,3-二芳基-1,3-丁二烯。

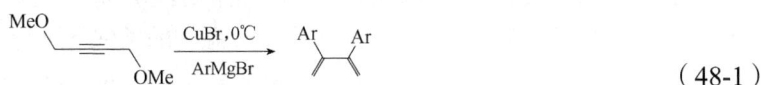

$$\text{（48-1）}$$

$$\text{（48-2）}$$

③ 过渡金属催化的偶联反应。其中一种方法是采用金属钯试剂催化的多组分串联反应，该法的缺点是中间体烯基金属化合物会发生烯基构型异构化。

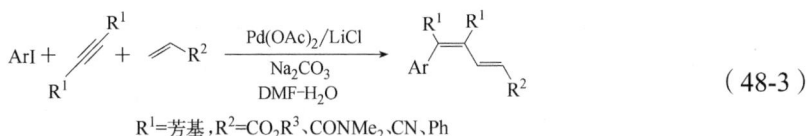

$$\text{（48-3）}$$

$$R^1 = 芳基，R^2 = CO_2R^3、CONMe_2、CN、Ph$$

采用炔基硅试剂则可以避免中间体异构化造成最终产物复杂的情况，得到的烯基硅在钯试剂催化下选择性地与第二分子芳基碘化物 ArI 偶联，高产率地得到 2,3-二芳基-1,3-丁二烯。

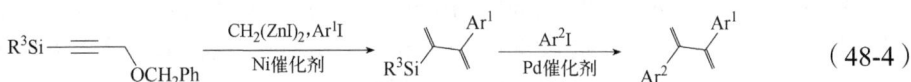

$$\text{（48-4）}$$

用钯／PPh$_3$ 体系还可催化 2,3-二片呐硼基-1,3-丁二烯与芳基碘化物的选择性偶联反应，但前提是要先制备 1-溴-1-锂乙烯这一昂贵试剂。

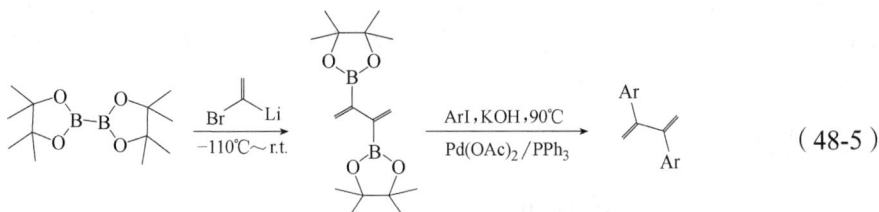

$$\text{（48-5）}$$

烯基卤化物在 100 目金属铟参与下，用钯-碳催化，在很温和的条件下可一步得到二芳基取代的丁二烯。

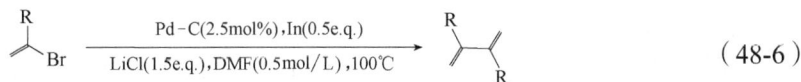

$$\text{（48-6）}$$

以上方法一般需要用到价格不菲的试剂如金属钯试剂，有的制备过程还需要多步反应才能得到所需的烯烃，因此在应用上受到一定限制。

自 1980 年 Kagan 把二碘化钐（SmI$_2$）引入到有机合成以来，SmI$_2$ 作为一种醚溶性的优良单电子转移还原剂和偶联剂，在有机合成中得到了广泛的应用。例如，SmI$_2$ 可促进卤化物与羰基、碳碳重键的偶联反应，也可促进饱和醛酮与含氮化合物中有关官能团的反应。另外，SmI$_2$ 还可促进一些化合物中化学键的断裂，其中包括碳-碳键、碳-杂键和杂原子键，如在反应物的硒原子上发生分子内均裂取代反应而得到稀少的 5-硒吡喃戊糖类化合物。在 SmI_2 存在下，脂肪族醛酮的自身偶联反应、羟醛缩合反应、羰基还原反应的反应速率、产率和立体选择性均可提高，同时反应可在十分温和的条件下进行。

在有机合成中，由羰基化合物发生脱氧偶联生成烯的反应是非常重要的形成碳-碳键的方法，常可用于制备空间位阻较大的烯烃。该方法多使用低价钛促进，一般被称为 McMurry 反应。基于目前少有的芳基酮自偶联反应成烯的报道，本实验尝试利用 SmI_2 可促进分子间偶联反应的特点，用 SmI_2/Ac_2O 体系，由对甲氧基苯乙酮自偶联，一步高产率地合成 2,3-二对甲氧基苯基-1,3-丁二烯。反应方程式如下：

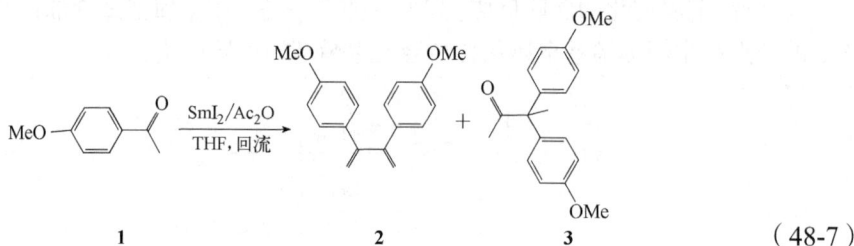

（48-7）

三、实验仪器与试剂

1. 仪器

磁力搅拌器，玻璃注射器（5mL、10mL）及注射针头（9 号、12 号），球形冷凝管，恒压漏斗（25mL），三口烧瓶（25mL、500mL），旋转蒸发仪，调压器，电加热油浴锅（自制），薄层色谱板（自制，20cm×20cm，用前活化），双排管，高纯氮气瓶，熔点仪，紫外灯，红外光谱仪，核磁共振波谱仪，质谱仪，磁天平等。

2. 试剂

对甲氧基苯乙酮，碘（99.8%），钐粉（99.9%），四氢呋喃，乙酸酐，硅藻土，饱和氯化钠，无水硫酸钠，碳酸氢钠，石油醚（60~90℃），乙酸乙酯，羧甲基纤维素钠，GF_{254} 硅胶等。所用试剂均为分析纯。

四、实验步骤

1. 无水无氧四氢呋喃的制备

向盛有 300mL 四氢呋喃（THF）的 500mL 干燥三口烧瓶中，加入 10g 钠丝和 50mg 二苯甲酮，装上带有冷凝装置的接收器（定做），在冷却下，先用连有干燥塔的水泵抽气，并用氮气置换 3 次，然后在氮气保护下回流至溶液变蓝（约 4~5h）。

2. 二碘化钐的制备

在氮气保护下，向装有冷凝管和 25mL 恒压漏斗的干燥的 25mL 三口烧瓶中加入 1.2mmol 的钐粉，然后用注射器加入步骤 1 中处理好的 10mL THF，再快速加入 1mmol 碘，在 50℃搅拌 0.5h，反应体系开始为黄褐色，逐渐变成绿色，最后变成蓝黑色，这时 SmI_2 已经制备好了。

3. 2,3-二对甲氧基苯基-1,3-丁二烯的制备

在氮气保护下，将盛有 1mmol 对甲氧基苯乙酮且带有干燥恒压漏斗的 25mL 干燥三口烧瓶放入 65℃油浴锅中，将步骤 2 中制备好的 1mmol SmI_2 的 THF 溶液用注射器转移至恒压漏斗中，并逐渐滴加至反应瓶中，反应体系变为黄色，用薄层色谱（TLC）监测反应进程至原料

消失。注入 1.2mmol 乙酸酐，回流至反应结束。冷至室温，向反应体系中加入 10mL 饱和碳酸氢钠溶液，用硅藻土过滤除去不溶物，再用乙酸乙酯萃取滤液 3 次，每次用 15mL。有机相用饱和氯化钠洗涤，最后用无水硫酸钠干燥，过滤，溶剂在旋转蒸发仪上蒸除，剩余物用薄层色谱板分离提纯 [展开剂：石油醚（60~90℃）：乙酸乙酯（$V : V$）=40 : 1]，计算产率。

4. 产物的图谱解析

解析核磁共振氢谱及碳谱、红外光谱，进行谱峰归属；对质谱中的主要碎片峰进行解析，并将分子离子峰结果与高分辨质谱结果比较，确定分子式。

五、实验注意事项

1. 制备二碘化钐的四氢呋喃溶液十分关键，直接关系到反应的成败。首先在制备无水无氧的四氢呋喃时，一定要用钠除水除氧，溶剂接收装置必须绝对干燥，可利用双排管，先抽空、加热，再用氮气流冲刷；制备 SmI_2 的装置也须在高纯氮气保护下保持绝对干燥。

2. 用于做核磁共振碳谱的产物纯度必须很高，否则谱图上会有杂质干扰峰；同时样品量需在 20mg 以上。

3. 抽取二碘化钐的四氢呋喃溶液的注射器及针头需事先在真空干燥箱中处理。

六、思考题

1. 为什么二碘化钐的制备要在严格无水无氧条件下操作？
2. 薄层色谱监测在无水无氧条件下的反应进程，应如何操作？
3. 从反应机理角度解释产物 **2** 和副产物 **3** 的生成。

实验四十九

葫芦 [7] 脲大环主体对异喹啉生物碱的荧光传感和选择性键合

一、实验目的

1. 按照文献的方法完成低聚环状化合物葫芦 [7] 脲的合成，学习利用产品与副产物在不同溶剂中的溶解度差异来进行分离提纯的方法。
2. 学习利用荧光光谱法来表征主客体之间的键合和传感行为。
3. 学习利用非线性最小二乘法拟合公式计算包结配位稳定常数的方法。
4. 学会分析超分子配合物的 ^1H NMR 谱图，确定主客体之间的键合模式。

二、实验原理

异喹啉类生物碱主要分布于木兰科、防己科、小檗科、罂粟科等植物中，是一类很重要的生物碱，许多异喹啉类生物碱可以作为药物成分使用。例如，罂粟碱对血管、心脏或其他平滑肌有直接的非特异性松弛作用，用于治疗脑、心及外周血管痉挛所致的缺血及胆或胃肠道等内脏痉挛；L-四氢巴马汀有镇痛、镇静、催眠及安定作用；盐酸小檗碱对细菌具有抑制作用，并使细菌体上表面的菌毛数量减少，使细菌不易附着在人体细胞上。

葫芦脲（cucurbituril）是亚甲基桥连甘脲所形成的一类环状低聚物，结构中含有一个类似赤道的对称平面。葫芦脲具有两端开口的空腔，两个空腔入口完全相同。葫芦脲同环糊精、杯芳烃等合成受体一样，能够利用疏水相互作用来包结络合有机分子。此外，其空腔两端端口含有多个羰基氧原子，可以利用离子-偶极相互作用与正电荷物质键合。葫芦脲固有的本质特征以及它们广泛的包结性质吸引了越来越多的关注。

异喹啉类生物碱与环糊精衍生物的键合行为已有相关研究，例如 G. Puglisi 等报道了罂粟碱与简单 β-环糊精衍生物的包结络合作用，结果发现 β-环糊精和二甲基 β-环糊精可以键合该药物，但键合常数都很小。众所周知，对于有机阳离子化合物，葫芦脲显示出比环糊精更强的键合能力，然而有关葫芦［7］脲（CB［7］）与异喹啉类生物碱的作用的研究却鲜见报道。本实验利用文献报道的方法合成水溶性的葫芦［7］脲大环主体，进而利用荧光光谱、核磁共振技术等方法研究它与 L-四氢巴马汀（P）和脱氢紫堇碱（DHC）等异喹啉类生物碱在水溶液中的键合行为和荧光传感等性能。

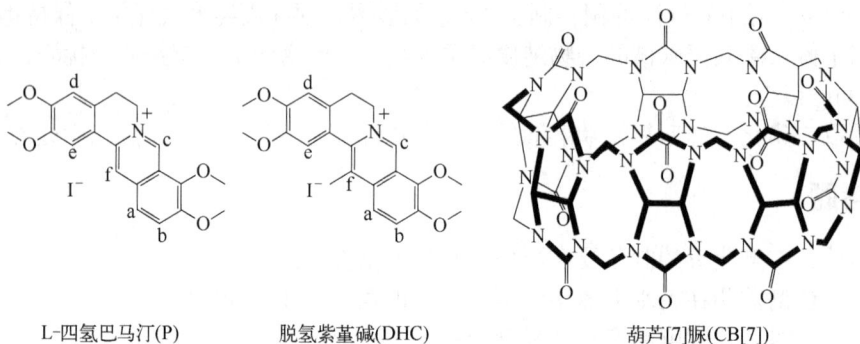

L-四氢巴马汀(P)　　　脱氢紫堇碱(DHC)　　　葫芦[7]脲(CB[7])

三、实验仪器与试剂

1. 仪器

磁力搅拌器，循环水式真空泵，旋转蒸发仪，调压器，电加热油浴锅，精密电子天平，离心机，超声波振荡仪，核磁共振波谱仪，真空干燥箱，荧光分光光度计，荧光工作站等。

2. 试剂

乙二醛（30%水溶液），尿素，浓盐酸，硫酸（9mol/L），甲醛（37%水溶液），丙酮，甲醇，β-环糊精，脱氢紫堇碱（DHC），L-四氢巴马汀（P），十二水合磷酸氢二钠，二水合磷酸二氢钠，蒸馏水等。所用试剂均为分析纯。

四、实验步骤

1. CB［7］大环分子的合成

22.5g 30%乙二醛和19g尿素溶于40mL的蒸馏水中，搅拌下加热至85~95℃，保持20~30min，同时滴加 2.5~4.5mL 浓盐酸保持 pH=1.5~2.0，冷却，过滤，重结晶，得白色晶体甘脲，称量。

将甘脲悬浮于 38mL 9mol/L H_2SO_4 中，油浴加热至 70℃，然后加入 13mL 甲醛（37%水溶液），恒温于 70~75℃，搅拌反应 24h。升温至 95~100℃，继续搅拌反应 12h。此时，有 CB［6］沉淀，将反应物倒入 300mL 蒸馏水中，混合物中加入 1.5L 丙酮以产生沉淀，静置15min，倒掉上层液体，残余固体用 1.5L 水-丙酮（1:4）混合液洗两次。最后的固体中加入 300mL 水-丙酮（1:1）混合液，搅拌几分钟，过滤，用 150mL 蒸馏水洗，过滤的沉淀为 CB［6］。滤液中加入 1.2L 丙酮使产生沉淀，离心（沉淀颗粒太细，不能过滤），得到的固体为 CB［5］和 CB［7］的混合物，真空干燥。将 CB［5］和 CB［7］的混合物溶于 100mL 蒸馏水，超声波振荡使沉淀尽量溶解，静置，分出上层清液。清液中加入 100mL 甲醇产生沉淀，离心，得到的固体为 CB［7］，真空干燥，称量。

CB［7］的合成反应式如图 49-1 所示。

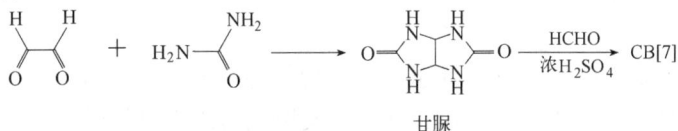

甘脲

图 49-1 CB［7］的合成示意图

2. 核磁共振氢谱表征产物

解析核磁共振氢谱，进行谱峰归属，并与文献值进行比对。

3. 荧光传感行为的测定

① pH=7.2 的磷酸缓冲溶液的配制：将磷酸氢二钠（$Na_2HPO_4·12H_2O$，25.79 g）和磷酸二氢钠（$NaH_2PO_4·2H_2O$，4.37g）溶于 1000mL 蒸馏水中，配成 pH=7.2 的磷酸缓冲溶液（0.1mol/L）。

② 荧光滴定溶液的配制：首先配制生物碱 P 和 DHC 的磷酸缓冲溶液各 25mL，浓度范围在 $1.0×10^{-4}$~$1.5×10^{-4}$mol/L 之间。然后配制大环主体分子 CB［7］的磷酸缓冲溶液 100mL，浓度约为 $2×10^{-3}$mol/L。再取 10 个干净的 10mL 的容量瓶，每个里面分别加入 1mL 上述生物碱 P（或 DHC）溶液，接着加入 0mL、0.1 mL、0.2 mL、0.4 mL、0.7 mL、1 mL、2 mL、4 mL、6 mL 和 8mL 上述 CB［7］溶液，最后用磷酸缓冲溶液均定容至 10mL，摇匀后放置 0.5h 后即可进行荧光测试。

③ 通过荧光分光光度计测定 CB［7］与异喹啉生物碱分子在水溶液中的荧光传感行为，同时和 β 环糊精（β-CD）主体分子进行比较。

4. 键合常数的测定

用荧光滴定的方法，利用非线性最小二乘法拟合公式分别计算 P 和 DHC 生物碱与 CB［7］主体的包结配位稳定常数。

5. 主客体键合模式的确定

采用二维核磁的方法，研究 CB［7］与异喹啉生物碱分子之间的键合模式。

五、思考题

1. 使用非线性最小二乘法进行荧光滴定拟合时，应该注意哪些问题？
2. 与 CB［7］键合后，客体分子核磁共振信号向高场或低场移动各说明了什么？

实验五十

具有二维六角有序结构的介孔碳材料的合成、功能化改性及应用

一、实验目的

1. 合成有序介孔碳材料并进行表征。

2. 结合有序介孔碳材料在电化学方面的应用，研究其有关孔径调节及功能化改性等问题。

3. 巩固 X 射线衍射、扫描电子显微镜、透射电子显微镜、N_2 的吸脱附实验等固体多孔材料的表征方法。

二、实验原理

有序介孔材料是 20 世纪 90 年代迅速兴起的新型纳米结构材料，它一诞生就得到国际物理学、化学和材料学界的高度重视，并迅速发展成为跨学科的研究热点之一。有序介孔材料是以表面活性剂形成的超分子结构为模板，利用溶胶-凝胶工艺，通过有机物-无机物界面间的定向作用，组装成孔径在 2~30nm 之间孔径分布窄且有规则孔道结构的无机多孔材料。在 1992 年，Mobil 公司的科学家们制备出 M41S 系列的有序介孔氧化硅铝材料以后，有序介孔材料引起广大科研人员的注意，它在分离提纯、生物材料、催化、新型组装材料等方面有着巨大的应用潜力。

介孔材料具有超大的比表面积，孔排布高度有序，尺寸分布窄且在较大范围内可调，孔表面有大量的活性中心，易于进行表面修饰和改性，非常适合作主体材料。介孔材料当作主体材料时，可组装多种客体材料，由于孔道限制形成量子点、量子线，因此具有丰富的主客体效应。比如，将染料分子组装到介孔材料中形成良好的光活性物质。

有序介孔碳是一类新型的非硅基介孔材料，它是具有二维六角分子筛结构的纳米碳材料。作为一种新型的纳米结构碳材料，有序介孔碳不同于碳纳米管，它是由具有高度有序排列以及大孔隙率的碳纳米棒组成的，不仅像碳纳米管一样具有良好的电学性质和化学稳定性，也表现出很多碳纳米管所没有的独特性质，例如高度有序的孔结构、易于调控的介观结构、狭小的孔径分布、更大的比表面积（高达 2000m^2/g）和孔体积（可达 1.5cm^3/g）等。

有序介孔碳的应用研究主要集中于水和空气纯化、吸附、催化剂载体、色谱柱和能量存储电容器等领域。近年来，有序介孔碳及其改性物已被用作修饰电极的材料。如：陈洪渊小组用壳聚糖为交联剂通过层层组装将介孔碳 CMK-3-血红蛋白多层膜固定在玻碳电极表面，得到的修饰电极对过氧化氢和氧还原具有很好的电催化效应；贾能勤等研究了多巴胺（DA）和抗坏血酸（AA）在介孔碳修饰电极上的电化学和电催化行为，与玻碳电极相比，介孔碳电极显示出快速电子转移速度和大的响应电流，在 AA 存在下对 DA 表现出高选择性和灵敏度；曾百肇等用介孔碳 CMK-3 与 Pt 纳米粒子的复合物修饰电极固定葡萄糖氧化酶所制备的生物传感器对葡萄糖有良好稳定的响应。

有序介孔碳合成的方法通常是硬模板法，即利用具有规则孔道结构的介孔硅材料（MCM-48、SBA-15 等）为模板，选择适当的前驱物即炭源（蔗糖、糠醇、乙炔等），在酸的催化下使前驱物炭化，沉积在介孔材料的孔道内，然后用 NaOH 或 HF 等溶解掉介孔 SiO$_2$，就得到了孔径均匀、高度有序的介孔碳。

常用的多孔材料的表征方法有：X 射线衍射（XRD）、N_2 吸脱附、透射电子显微镜（TEM）、扫描电子显微镜（SEM）、固体魔角旋转核磁共振（固体 MAS NMR）、傅里叶变换红外光谱（FTIR）、热重-差热分析等。

已有的研究证明，介孔碳本身具有电催化性能，可以加速电子转移速度，对某些物质具有非常高的检测灵敏度、特殊的选择性、很好的稳定性，可以降低过电位，增加峰电流，改善分析性能。从目前发表的报道看，介孔碳的电催化活性要高于碳纳米管，所以将介孔碳作为电极修饰材料和用来制备选择性传感器极有前景。

实验证明，主客体组装有序介孔碳复合材料，或将其功能化改性可以提高其传递电子和电催化的性能，也可以拓宽其应用领域和提高检测的灵敏度和选择性。本实验根据实际待测物质的电化学活性，有针对性地将有序介孔碳材料功能化或主客体组装进行改性研究，应用于化学修饰电极。

三、实验仪器与试剂

1. 仪器

恒温水浴装置，温度计，三口烧瓶，搅拌棒或磁子，烧杯，玻璃棒，量筒，移液管，高压水热釜，玻璃砂芯漏斗，坩埚，坩埚钳，马弗炉，电子天平，烘箱，电化学工作站（CHI660E）等。

2. 试剂

Pluronic P123（简称 P123，分子量为 5800，温度低时呈蜡状，冷冻后取块），正硅酸乙酯（TEOS，AR），氢氧化钠（1mol/L），蔗糖，盐酸（1.6mol/L），硫酸（AR），乙醇（AR），氢氟酸（5%，质量分数），二次蒸馏水。

四、实验步骤

1. 介孔碳材料模板的制备——SBA-15 的制备

35℃下，在 250mL 的三口烧瓶中，将 1.1 g 的 TEOS 加入到 19.0mL 1.6mol/L 的 HCl 和 0.5g 的 P123 中形成混合物，将混合物用磁力搅拌器搅拌直到 TEOS 完全溶解。于 35℃下静置 24 h，将反应物转移到高压水热釜中，置于烘箱中 100℃下水热 24h。取出冷却后用玻璃砂芯漏斗抽滤，水洗至中性，干燥后转移到坩埚中，于马弗炉中 550℃下煅烧 5h。

2. 具有六角结构的有序介孔碳（OMC）的制备

将煅烧后的 SBA-15 取 1 g 浸入含有 0.14 g H_2SO_4、1.25g 蔗糖和 5g 水的混合液中，将其放入烘箱中在 100℃下干燥 6h，然后升至 150℃下干燥 6h，此时样品变为黑褐色或黑色。

若样品中还有部分聚合或炭化的蔗糖，再向样品中加入 0.8g 蔗糖、0.09g H_2SO_4 和 5g 水的混合液，重复以上步骤：100℃下干燥 6h，然后升至 150℃下干燥 6h。

将样品置于坩埚中，在 900℃下于 N_2 保护的马弗炉中炭化。将混合物取出，在 100℃下用 1mol/L 的 NaOH 溶液（混合乙醇与水的体积比为 1:1）洗 2 次或室温下用 5%HF 除去硅模板，然后过滤，并用乙醇洗涤，于 120℃下干燥即得到产物。

3. 有序介孔碳的表征

用扫描电子显微镜观察有序介孔碳的形态和孔大小，用透射电子显微镜观察孔分布。用 N_2 的吸脱附实验获得比表面积、孔体积等孔的表面结构信息。用 X 射线衍射表明其内部结构。

图 50-1 为有序介孔碳的透射电镜图，这种介孔碳是使用蔗糖作为碳源，以介孔硅材料 SBA-15 作为模板合成的。在用氢氟酸溶液完全除去硅模板后，用 JEM-4000 EX 在 400 kV 下获得介孔碳的透射电镜图像。

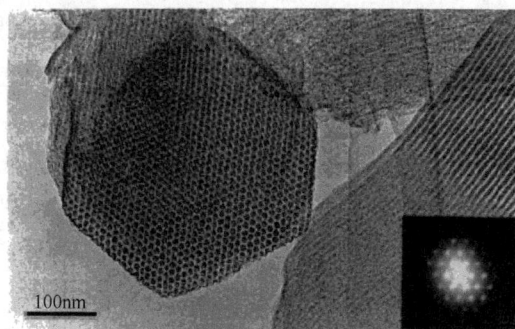

图 50-1　有序介孔碳 CMK-3 的透射电镜图像

图 50-2 为有序介孔碳材料的 X 射线衍射图谱。图中的（100）、（110）、（200）峰归属于二维六角空间群，这与 SBA-15 相似。

图 50-3 是有序介孔碳的 N_2 吸附脱附图。图中的两条曲线分别是 SBA-15 与 CMK-3 的吸附平衡等温线：根据 IUPAC 的定义，共有 6 种类型。而适用于多孔材料的情况只有 4 种类型（Ⅰ、Ⅱ、Ⅲ、Ⅳ）。

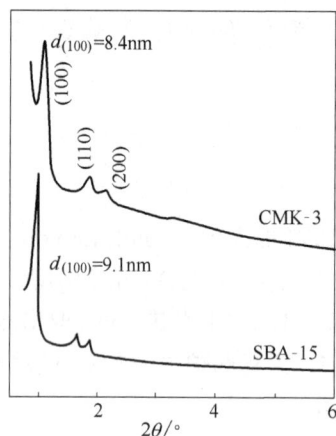

图 50-2　有序介孔碳 CMK-3 和模版介孔硅材料 SBA-15 的 X 射线衍射图谱［这些图谱是使用 Rigaku D/MAX-Ⅲ（3kW）获得的］

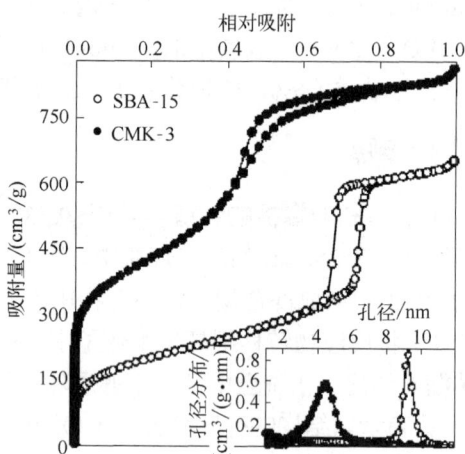

图 50-3　有序介孔碳 CMK-3 和介孔硅材料 SBA-15 在 77 K 下的 N_2 吸附脱附图

4. 有序介孔碳功能化改性及应用

将有序介孔碳功能化以提高对药物分子、生物大分子等的吸附和催化性能。目前，国内外将有序介孔碳改性以及功能化用于化学修饰电极的研究尚处于起步阶段，但已取得了很好的成果，值得进一步深入研究。

本实验主要探索以下几个方面：

① 将有序介孔碳重氮功能化，以提高对生物大分子的吸附和催化性能，用来进行血红素的测定，以期比现有测定方法具有更好的灵敏度和选择性。

② 将有序介孔碳负载金属纳米粒子，比如 Pt、Co、Au 纳米粒子等，增强传递电子的能力，增强其生物相容性，构筑新型生物传感器或酶传感器。银胶或金胶纳米粒子在材料

科学中引起人们的关注，原因是它们具有分子标记、诊断成像、催化等特殊功能，用它们与有序介孔碳组装成主客体结构，用于修饰电极的材料，将会有潜在应用。

③ 将有序介孔碳材料表面用十二烷基磺酸钠功能化后，用于测多巴胺，并试图与抗坏血酸同时测定，排除二者测定时的相互干扰。

④ 有序介孔碳修饰电极在测定医药中的成分中也会有很大的潜在应用。其可测具有电活性的麻醉性止痛药，比如盐酸哌替啶；用聚合物改性后测定秋水仙碱等药物；也可以进行烟草中有害成分的测定，具有电活性的如尼古丁、多酚类等。

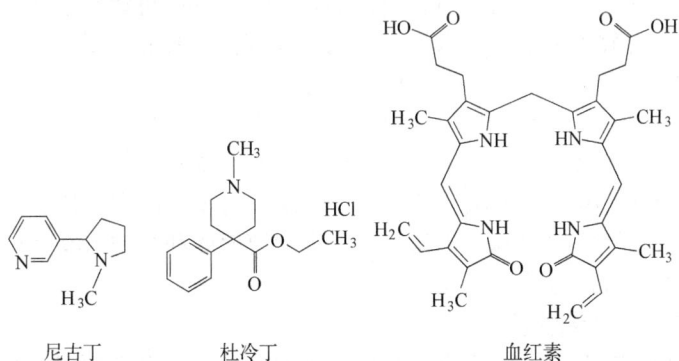

尼古丁　　　　杜冷丁　　　　　　　血红素

⑤ 将聚合物与有序介孔碳做成复合材料后，用于金属离子的富集和测定，聚合物能提高电极材料的导电性和稳定性，增强对金属离子的敏感性。

五、实验注意事项

1. 实验中要用到马弗炉，实验前先熟悉仪器操作与维护。
2. 合成时间较长，应合理安排实验进度。

六、思考题

1. 介孔碳材料的形貌结构是什么样的？前驱体 SBA-15 与有序介孔碳在形貌、孔径和孔体积上有何异同？怎样调节介孔材料的孔径？
2. 介孔碳材料的一般合成方法有哪些？简述最近有关的合成进展。
3. 在 N_2 的吸脱附实验中怎样计算比表面积、孔容量和孔体积？介孔材料的 N_2 的吸脱附图如何读取？

实验五十一

自动电位滴定法测定水果中的可滴定酸

一、实验目的

1. 了解自动电位滴定法的测试原理以及基本操作。
2. 学习标准滴定溶液的标定方法。
3. 掌握水果的前处理方法，获取易于测试的果汁溶液。
4. 学习水果中总酸度的计算。

5. 学会利用回收率实验来检测测试方法的可行性。

二、实验原理

水果是人类不可或缺的食品之一，这是因为果汁内含有人体所需的多种矿物质、维生素、有机酸、糖、蛋白质等成分，堪称营养丰富的佳品。其中适量的有机酸可维持人体内酸碱平衡，刺激胃肠道消化液分泌，促进食欲，帮助消化，益于健康。随着生活水平与健康意识的提高，人们除了看重水果的外部质量（颜色、大小和外观形状等），也越来越重视其内在品质（如氨基酸、可滴定酸、可溶性糖含量等），其中可滴定酸含量是水果重要的品质之一。研究可滴定酸含量不仅对水果果实风味及其他相关品质研究具有重要的参考价值，也可用于判断果实的不同成熟期，确定其采摘时期。

水果中解离和未解离的有机酸可以用碱溶液滴定法计算总酸的含量，称为可滴定酸，用质量分数来表示。水果中的可滴定酸含量是水果的重要营养指标之一，常用的测定方法有指示剂滴定法和自动电位滴定法。自动电位滴定仪与手动滴定相比，具有准确度高、终点判断不受样品溶液颜色的影响、自动控制滴定加液速度和数据自动处理等优点，给分析测试带来了准确简便的新途径。

1. 酸碱自动电位滴定原理

在酸碱自动电位滴定中，随着滴定剂的不断加入，体系发生酸碱中和反应，被测离子浓度不断变化，指示电极的电位也相应地发生变化，并在化学计量点附近产生电位突跃。滴定过程中，指示电极（本实验配置 pH 玻璃复合电极）把溶液中氢离子浓度的变化转化为电位的变化来指示滴定终点。

本实验选用动态滴定模式（DET）进行测定，电位滴定的终点采用 $\Delta E/\Delta V\text{-}V$ 微分曲线法来确定，即以一阶微商值 $\Delta E/\Delta V$ 对 V 作图，根据 $\Delta E/\Delta V\text{-}V$ 曲线峰值确定滴定的终点（详见实验十三）。

2. 水果中总酸度的计算

水果中含有各种有机酸，主要有苹果酸、柠檬酸、酒石酸、草酸等。水果种类不同，含有机酸的种类和含量也不同。果汁的酸性取决于游离态的酸或酸式盐存在的含量，这些酸都是有机弱酸，所以在测定时，用氢氧化钠标准溶液滴定即能测出酸度。这样测得的数据是总酸度，包含了未解离酸和已解离酸的浓度。用下式计算总酸度（%）：

$$总酸度 = \frac{V_{样}}{W_{样}} \times \frac{V_{NaOH} \times C_{NaOH} \times K}{V_{取样}} \times 100$$

式中，$V_{样}$ 为样品稀释总体积，mL；$V_{取样}$ 为滴定时的取样体积，mL；V_{NaOH} 为滴定时用去的 NaOH 标准溶液的体积，mL；C_{NaOH} 为 NaOH 标准溶液的浓度，moL/L；$W_{样}$ 为样品质量，g；K 为折算系数，即不同有机酸的摩尔质量，g/mmol。

食品中的总酸度往往根据所含酸的不同，而取其中某种主要有机酸计算。食品中常见的有机酸及其折算系数见附录 5。

三、实验仪器与试剂

1. 仪器

自动电位滴定仪（809Titrado），水果榨汁机（MJ-35JM03A），电子分析天平（AB104-

N），容量瓶（100mL、250mL），移液管（5mL），烧杯（50mL、300mL），玻璃棒，药匙，高纯氮气钢瓶等。

2. 试剂

氢氧化钠，邻苯二甲酸氢钾，苹果酸，柠檬酸，酒石酸等。所用试剂均为分析纯，实验用水为高纯水。

四、实验步骤

1. 水果的前处理

将苹果和柠檬去皮，按四分法取对角可食部分，葡萄则直接去皮去籽即可，于滴定塑胶杯中称重，再于榨汁机中处理，用塑胶杯接取果汁部分，并用高纯水把黏附在榨汁机上的果浆不断洗入杯中，最后一起转移定容到 250mL 的容量瓶中，待测。

2. 标准滴定溶液和回收率溶液的配制与标定

滴定剂是标准溶液，即含确定量反应剂的溶液。一般碱用邻苯二甲酸氢钾标定，酸用三羟甲基氨基甲烷。

（1）0.1mol/L NaOH 标准溶液的配制

称取约 4.4 g NaOH 颗粒置于烧杯中，加入少量高纯水，稍微涡旋搅拌一下以便溶解表面的 Na_2CO_3，倒掉这些少量的溶液。剩余的 NaOH 用无 CO_2 高纯水溶解后，转移到 1000mL 容量瓶中，定容，混匀。将高纯水煮沸，或通氮气可以去除高纯水中的二氧化碳。

（2）0.1mol/L NaOH 标准溶液的标定

将邻苯二甲酸氢钾放入 105℃ 的烘箱中烘干过夜，然后置于干燥器中冷却至少 1h。精密称取约 200 mg 邻苯二甲酸氢钾（精确到 0.1 mg）到滴定杯中，加入约 50mL 无 CO_2 高纯水溶解，立即用配好的 NaOH 溶液滴定到出现第一个终点。注意滴定必须在恒定温度下进行。一般平行测定三次，取平均值。

（3）NaOH 标准溶液浓度的计算

1mL 0.1mol/L 的 NaOH 溶液相当于 20.423 mg 邻苯二甲酸氢钾。所以，滴定剂 NaOH 的浓度为：

$$c(\text{NaOH}) = \frac{m_0 \times 1\text{mL} \times 0.1\text{mol/L}}{20.423\text{mg} \times V(\text{EP}_1)}$$

式中，m_0 为邻苯二甲酸氢钾的质量，mg；$V(\text{EP}_1)$ 为滴定终点时所消耗 NaOH 的体积，mL。

（4）回收率溶液的配制

分别称取 0.6679g 苹果酸、0.6981g 柠檬酸和 0.7472g 酒石酸溶于高纯水中，于 100mL 容量瓶中定容；每次移取 5mL 配制溶液至滴定杯中，用氢氧化钠标准溶液标定。平行测定 3 次，取平均值作为三种酸溶液的标准浓度，在回收率实验中作为标样添加。

3. 水果中总酸浓度的测定

分别移取三种水果的定容液 10mL、20mL 和 30mL 于塑胶杯中，进行自动电位滴定，其中苹果取中间清液测定，柠檬汁和葡萄汁液比较澄清，可以直接移取。

4. 水果定容液样品的加标回收测定

对三类不同酸转换系数的样品进行加标回收测定，苹果样品加标苹果酸，柠檬样品加标柠檬酸，葡萄样品加标酒石酸，按以下公式计算回收率（%）：

$$回收率 = \frac{测定值 - 本底值}{加标量}$$

具体方法为：各移取 10mL 水果样品和标准样品于同一测试杯中，滴定时编辑公式：'DET pH{x}.VOL*CV.NaOH/10（x 为滴定终点数）。

五、实验数据记录与处理

根据三种水果定容液样品的滴定数据，使用 Origin 软件作出滴定曲线，标出滴定终点 pH 值以及所消耗的氢氧化钠的体积，并计算出三种水果的总酸度。需要的数据见表 51-1、表 51-2、表 51-3、表 51-4。

表 51-1 三种水果中的总酸浓度测定

样品名称	浓度测定值/（mol/L）			浓度平均值/（mol/L）	相对标准偏差/%
	1	2	3		
苹果					
柠檬					
葡萄					

表 51-2 回收率溶液的浓度测定

名称	浓度测定值/（mol/L）			浓度平均值/（mol/L）
	1	2	3	
苹果酸				
柠檬酸				
酒石酸				

表 51-3 三种水果定容液样品的加标回收测定

样品名称	本底值/（mol/L）	加标量/（mol/L）	测定值/（mol/L）	回收率/%
苹果				
柠檬				
葡萄				

表 51-4 三种水果样品总酸度计算

样品名称	总酸度/%	样品名称	总酸度/%
苹果		葡萄	
柠檬			

六、思考题

1. 酸碱滴定剂的标定试剂分别是什么？
2. 实验中涉及的有机酸都是多元酸，但为什么只能得到一个滴定终点？
3. 对其他含有机酸的蔬菜和水果进行实验，试比较它们的总酸度。

实验五十二

物理吸附法分析材料比表面积

一、实验目的

1. 学习物理吸附法测定材料比表面积的实验原理。
2. 了解比表面分析仪的基本结构并初步掌握仪器操作技术。
3. 学习正确分析比表面积测试结果。

二、实验原理

1. 基本原理

比表面积通常指的是固体材料的比表面积，例如粉末、纤维、颗粒、片状、块状等材料。它是指单位质量物料所具有的总面积，单位通常是 m^2/g。对不规则形状的样品进行比表面积测量和分析需要借助特定的仪器，创造相应的条件并实现一系列复杂计算。物理吸附仪通过测量样品在不同压力下对氮气的吸附量来计算比表面积和孔结构等参数，是常用的比表面积和孔径分析仪器。

物理吸附法分析材料比表面积的基本原理是采用气体等温吸附法，根据气体物理吸附的特点，以已知分子截面积的气体分子作为探针，创造一定条件，使气体分子覆盖于被测样品的整个表面，通过被吸附的分子数目乘以分子截面积，得到的总面积即认为是样品的表面积，用样品的表面积除以样品质量，得到样品的比表面积。比表面积的测量包括气体能够到达的全部表面，无论外部还是内部。如图 52-1 所示的不规则形状材料中，闭孔是气体到达不了的空间，除此之外，交联孔、通孔、盲孔都是可以测量的部分。

在物理吸附过程中被吸附的气体称为吸附质，发生气体吸附的固体被称为吸附剂。物理吸附一般是弱的可逆吸附，因为多数气体和固体之间相互作

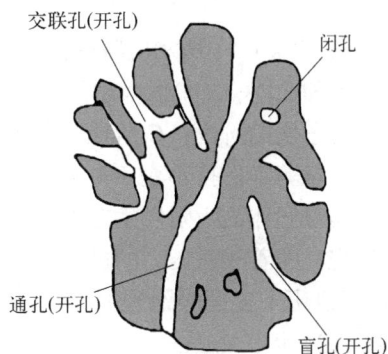

图 52-1　不规则材料的孔

用力微弱，为使其发生相当的吸附，使其吸附量足以覆盖整个表面，固体必须被冷却到气体的沸点温度，例如：测氮气吸附脱附等温线时需要将样品冷却到液氮温度下。

物理吸附与化学吸附具有本质的不同，两者的主要特征对比分析见表 52-1。

表 52-1　物理吸附与化学吸附的特征对比

性质	物理吸附	化学吸附
吸附力	范德华力	化学键力
吸附热	较小，与液化热相似	较大，与反应热相似
吸附速率	较快，不受温度影响，一般不需要活化能	较慢，随温度升高速率加快，需要活化能
吸附层	单分子层或多分子层	单分子层
吸附温度	沸点以下或低于临界温度	无限制
吸附稳定性	不稳定，常可完全脱附	比较稳定，脱附时常伴有化学反应
选择性	无选择	有选择

2. 气体物理吸附过程

固体颗粒表面的气体吸附，随着气体压力的提高，表面吸附量会以一种非线性方式增加，如图52-2（b）所示。当气体以一个原子厚度全部覆盖表面后，形成单分子层吸附；之后对气体的吸附并没有停止，随着相对压力的提高，超量的气体被吸附从而构成"多分子层"；达到一定压力后，可能进一步液化而填满整个孔道，即发生了毛细管凝聚；最后吸附量不再增加，达到了吸附饱和。

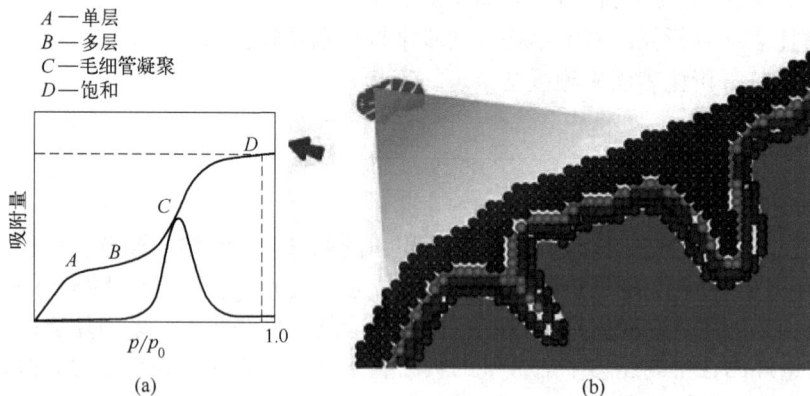

图 52-2　气体物理吸附过程

图 52-2（a）所示的吸附曲线是典型的介孔材料吸附。当到达图 52-2 中 A 点时，达到单层饱和吸附；B 阶段吸附量呈线性缓慢增加，对应多分子层吸附过程，也是 BET 多层吸附理论适用的阶段；C 阶段吸附量快速增加，此时发生了孔道中的毛细管凝聚现象；D 阶段吸附量基本保持不变，说明达到了饱和吸附。对于微孔材料，由于孔壁间的势能相互叠加，其对气体的吸附发生在相对压力极低的情况下，通常微孔在 $p/p_0 < 0.01$ 时即完成了吸附过程。随着相对压力的进一步增加，逐步发生介孔和大孔的单层吸附。

3. BET 多层吸附理论

1938 年，Brunauer、Emmett 和 Teller 三人共同开创性提出了多分子层气体吸附理论，此理论将单层 Langmuir 吸附型拓展到了多层物理吸附范畴。该理论考虑气体吸附过程的热力学和动力学过程，提出气体吸附量随气体分压（p/p_0）的 BET 方程为

$$\frac{p}{V(p_0 - p)} = \frac{1}{V_m C} + \frac{(C-1)p}{V_m C p_0} \tag{52-1}$$

式中，V 为气体平衡压力为 p 时的饱和多层吸附量；V_m 为单分子层饱和吸附量；p_0 为在吸附温度时吸附质气体的饱和蒸气压；C 为与吸附热有关的常数。

根据测定结果，以 $\dfrac{p}{V(p_0 - p)}$ 对 p/p_0 作图，可得一条直线，如图52-3所示。由该直线的斜率和截距可求出 V_m 和 C。

若 V_m 以标准状态下的体积（mL）度量，则比表面积为

$$S = \frac{V_m N_A \sigma}{22400 W} \tag{52-2}$$

式中，N_A 为阿伏伽德罗常数；σ 为吸附质气体分子截面积；W 为吸附剂质量。

C 值是与材料吸附能力有关的常数，C 值越大说明吸附剂材料与吸附质气体的吸附作

用能力越强。C 值一定为正值，且 C 值在 50~300 之间，BET 结果才可靠。C 值的大小能反映达到单层饱和吸附量 V_m 时的相对压力 p/p_0 的大小（表 52-2）。C 值越大，达到单层饱和吸附量时的相对压力越小。C 值的大小也与等温吸附曲线的线形相关（图 52-4）。

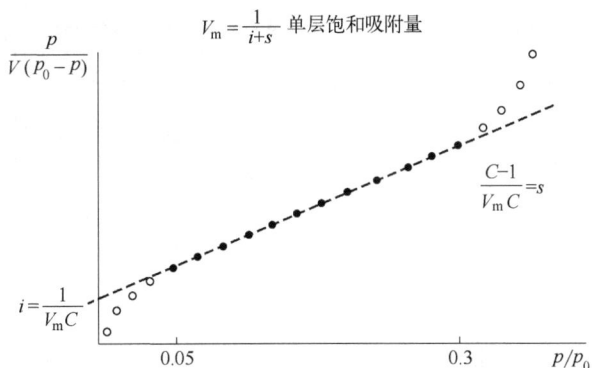

图 52-3 BET 线性转换

表 52-2 C 值与达到单层饱和吸附量时的相对压力的关系

C	0.05	0.5	1	2	3	10	100	1000
p/p_0	0.817	0.585	0.500	0.414	0.366	0.240	0.0909	0.0306

在通过 BET 方程计算比表面积时，通常选择 p/p_0=0.05~0.35 范围，这只是经验值，并不适用所有样品。BET 分析计算结果的准确可靠，要遵循以下四原则：① 线性化 BET 方程中的 C 值在 50~300 之间，结果才可靠；② 以 n（1-p/p_0）为因变量对 p/p_0 作图得到 Rouquerol 转换图（简称 R-图），当我们选择 p/p_0 的范围进行比表面计算时，R-图中 p/p_0 的范围所对应的 n（1-p/p_0）值必须递增，不能有递减的情况出现（图 52-5）；③ 通过 BET 方程计算得到的单层饱和吸附量 V_m 所对应的 p/p_0 值必须落在用于 BET 分析时所选 p/p_0 的

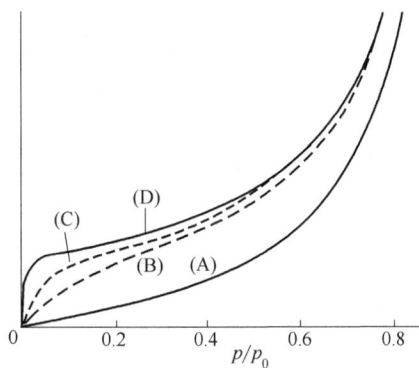

图 52-4 C 值与等温吸附曲线线形的关系
（A）C=1；（B）C=11；（C）C=100；（D）C=10000

范围内；④ 吸附等温线上原始数据按照 BET 方程进行线性拟合后的相关系数（R^2）要至少大于 0.995，甚至 0.999 以上。

4. 仪器结构与功能

物理吸附法测定样品比表面积可以分为动态容量法和静态容量法两种，本实验采用静态容量法。静态容量法物理吸附分析仪多种多样，不同的应用目的设计有不同的特点，但都包含真空泵、气源、歧管、低温杜瓦瓶、样品管、饱和压力（p_0）测定管、压力传感器，见图 52-6。样品管用于盛放测试样品；杜瓦瓶用于盛放冷却剂，为分析过程提供低温环境；真空泵为整个测试系统提供高真空度；压力传感器和温度传感器用于准确测定系统中的压力和温度；歧管是连接进气端口、真空泵、压力传感器和样品管等的多支路管路系统，歧管体积是计算物理吸附初始进气量的依据；p_0测定管用于连续测量饱和蒸气压；多个气源用于提供吸附气体或死体积测定气体（He）；多个电磁控制阀用于控制系统中抽真空或气体充放的阀门开关。

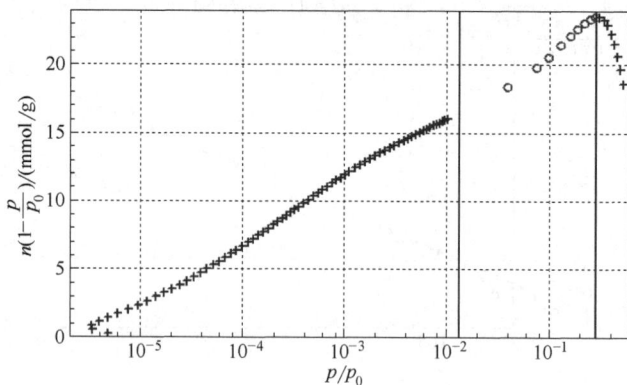

图 52-5　Rouquerol 转换图

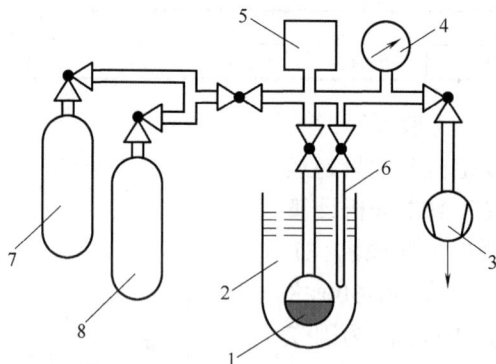

图 52-6　静态容量法物理吸附分析仪结构示意图

1—样品；2—低温杜瓦瓶；3—真空泵；4—压力传感器、温度传感器；5—歧管；6—p_0测定管；7,8—气源

三、实验仪器与试剂

1. 仪器

比表面积分析仪（型号 ASAP 2460，美国麦克仪器公司），脱气装置（配机械真空泵抽真空，最高加热温度为 400℃），氮气钢瓶、氦气钢瓶（气体纯度＞99.999%），分析天平（2 台，称量精度 0.1mg），杜瓦瓶（2 个），液氮罐，样品管（6 个），O 型圈（若干）等。

2. 试剂

硅铝颗粒样品，液氮。

四、实验步骤

（1）实验条件

① 样品量：100~200mg。

② 脱气处理：350℃，脱气 4h，脱气结束后回填氮气。

③ 分析条件：液氮温度下，相对压力 p/p_0 范围为 0.05~0.35，间隔 0.03，设置 10 个检测点。

（2）开机

打开气源（氦气和氮气），调整减压阀的输出压力为 0.1~0.15 MPa，打开外围设备，包括泵、电脑、打印机等，打开主机电源，双击打开应用软件，手动抽真空数小时后进行分析。

（3）做样操作步骤

① 取样和称量：必要时先将样品烘干，称量空样品管质量 A，将适量的样品加入样品管中，称量样品管加样品的总质量 B，计算脱气前样品质量。

② 样品脱气处理：将样品管安装到脱气站上，抽真空，设定脱气温度和时间，对样品进行脱气处理。

③ 脱气结束后，称量脱气后样品管加样品的总质量 C，计算脱气后样品质量。

④ 将样品管安装到检测位上，并检查等温夹套、保护罩、保温盖、杜瓦瓶、液氮等是否安装或充装到位，准备开始实验。

⑤ ASAP 2460 分析软件操作：建立样品文件"file-open-sample information file"，编辑文件信息，设置分析参数，输入样品质量（脱气后样品实际质量），并保存；点击"unit-sample analysis"进行分析，点击"Browse"选择测试样品文件，确认无误后点击"Start"，启动测试分析过程。

⑥ 结束后，选择"report-start report"，打开文件报告，分析数据，保存数据。

⑦ 拆卸并清洗样品管，在下一次使用前确保样品管干燥。

（4）关机

与开机顺序相反，先退出软件，再关闭主机电源，关闭分子涡轮泵和机械泵，最后关闭气源总阀（注意：仪器如果短时间不用，不用关机，保持内部管路的真空度）。

五、实验数据分析与处理

1. 在 ASAP 2460 软件上处理测试数据，遵循四原则选择合适的 p/p_0 范围，对 BET 结果进行分析，并保存分析数据。

2. 根据测定结果，使用 Origin 软件，以 $\dfrac{p}{V(p_0-p)}$ 对 p/p_0 作图，并根据截距和斜率计算 C、V_m 和比表面积。

3. 已知样品的比表面积测试结果应在（195±6）m^2/g 范围内，计算分析结果误差。

六、实验注意事项

1. 液氮及杜瓦瓶使用注意事项

液氮温度为-196℃，如若直接接触皮肤会造成冻伤，使用时要穿戴好防护手套、防护面具、防护靴等防护装备，使用过程中要动作轻缓，防止液氮飞溅；杜瓦瓶的内胆材料保温性能好，但价格昂贵且易碎，使用时要轻拿轻放、避免碰撞，如若因操作不当造成杜瓦瓶损坏，则需要赔偿。

2. 样品管称量

比表面分析所需样品量一般很小，称量误差的引入对分析结果有较大的影响，因此务必确保称量准确。首先保证分析天平调平，其次采用差减称量法以减少称量误差，最后称量过程中要保证样品管垂直放置并减少对实验台的扰动，称量 5 次取平均值。

3. 安全措施

分析过程启动前要再次检查并确保"三件套"（等温夹套、保温盖、保护罩）安全保护措施是否安装到位。

七、思考题

1. 如何选择样品的脱气温度？
2. 为什么要称量样品质量？称样量应为多少？
3. 用氮气作为吸附质气体分析样品比表面积时，通常要用液氮，不用可以吗？为什么？

实验五十三

有机催化手性氮杂多醇的合成研究

一、研究目的

1. 了解不对称有机催化的概念、研究进展及应用。
2. 了解不对称有机催化羟醛缩合反应的进展。
3. 初步掌握不对称催化反应的研究思路。
4. 学会用手性高效液相色谱技术测定对映体过量。
5. 掌握有机化学检索工具的使用。

二、实验原理

氮杂多醇化合物在结构上与糖类似，只是环上的氧原子为氮原子所取代。因此在生物体内，这类化合物可以模拟糖与糖苷酶或者糖基转移酶结合的过程。与糖不同的是，这一类化合物不容易被生物体内的代谢酶所分解，为数不少的这类化合物显示出与糖苷酶和糖基转移酶有较强的结合能力。这类化合物被广泛用于抗病毒、抗肿瘤和治疗糖尿病方面。如用于治疗 2 型糖尿病的米格列醇（miglitol），其结构与葡萄糖相似，能够可逆地竞争性抑制假单糖 α-葡糖苷酶，从而减少对糖类的吸收。多醇化合物 **1** 对 α-糖苷酶显示出很强的抑制作用。对这一类化合物生理活性的深入研究很有必要，因此高效合成这一类化合物成为一个很大的挑战。

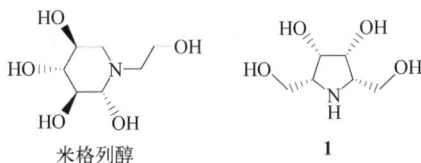

米格列醇   **1**

根据以往文献的报道，这类氮杂多醇通常以相应的单糖或者酒石酸为手性源制备，在酒石酸或者糖骨架上引入氨基，通过还原胺化形成哌啶环或者吡咯环。这些方法步骤长，产率低，同时产物构型受手性源限制。对于这些问题，本实验设计用不对称催化的方法予以解决。合成氮杂多醇的关键有三步：氨基的引入、片段的连接、还原胺化成环。以有机不对称催化实现前两步，即在醛的 α 位或者 β 位引入氮原子和发生羟醛缩合反应。

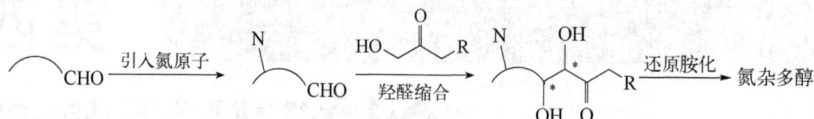

最近十年，有机催化取得了很大的发展，已经被成功应用于许多类型反应中，其中包括在脂肪醛的 α 位或者 β 位引入杂原子的反应。羟胺衍生物在手性二级胺催化下对 α,β-不饱和醛加成可以高选择性地得到 β-氨基脂肪醛。以偶氮二甲酸酯为亲电试剂，脂肪醛与手性二级胺形成的烯胺对其进行加成则可以在醛的 α 位引入氮原子。使用这两种方法，选择合适的催化剂，就可以得到 α-氨基和 β-氨基的脂肪醛。以此为羟醛缩合反应的受体，与羟基丙酮及其类似物在手性催化剂作用下反应，即可得到氮杂多醇的前体。

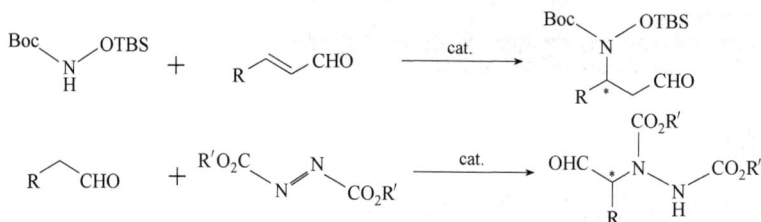

不对称有机催化的羟基丙酮与醛的羟醛缩合反应在过去数年是一个研究热门，有多个课题组对此进行了研究，使用脯氨酸、苏氨酸及其衍生物为催化剂，高选择性地得到羟醛缩合加成产物。但是，这些文献报道中，通常是以活性较高的芳香醛为受体，而活性较低的脂肪醛鲜有报道，而且需要用大量的催化剂。最近，有文献报道了苏氨酸衍生物催化的羟基丙酮对脂肪醛的加成反应，以摩尔分数为 2% 的催化剂用量，即可以高产率得到高对映选择性的加成产物。同时，对于一些复杂的底物脂肪醛，也取得很好的结果。

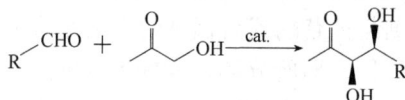

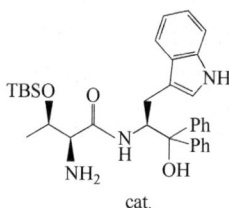

本实验在这一工作基础上，以 α-氨基和 β-氨基取代脂肪醛为受体，羟基丙酮及其类似物为羟醛缩合反应的给体，对催化体系进行较为系统的研究，得到氮杂多醇的前体，进而制备一系列的氮杂多醇化合物。

三、实验仪器与试剂

1. 仪器

有机反应常用玻璃仪器，旋转蒸发仪，核磁共振波谱仪（Brucker AMX-300），红外光谱仪（Perkin-Elmer 983G），质谱仪（HP-5989A），元素分析仪（Carlo-ERBA1106），旋光仪

（Perkin Elmer Polarimeter 341），高效液相色谱（Waters Alliance HPLC，手性柱：Daicel Chiralpak AS-H、AD-H 或 OD-H），紫外灯。

2. 试剂

正丙醛，正丁醛，正戊醛，丙烯醛，巴豆醛，肉桂醛，α,β-不饱和己醛，盐酸羟胺，叔丁基二甲基氯硅烷，咪唑，二叔丁基二碳酸酯，氯甲酸苄酯，氯甲酸乙酯，偶氮二甲酸乙酯，偶氮二甲酸甲酯，偶氮二甲酸叔丁酯，羟基丙酮，1,3-二羟基丙酮，L-脯氨酸，苄溴，苏氨酸，色氨酸，苯苷氨酸，碘甲烷，溴苯，3,5-二(三氟甲基)溴苯，Pd/C 催化剂，氢气，N,N-二甲基甲酰胺，甲醇，二氯甲烷，乙酸乙酯，石油醚，乙醚，四氢呋喃，正己烷，三乙胺，丙酮，甲苯，邻二甲苯，无水碳酸钾，无水硫酸钠，无水硫酸镁，碳酸钠，碳酸氢钠，硅藻土，钠，镁屑，碘，氯化铵，氯化钠，氢氧化钾，浓盐酸，高锰酸钾，磷钼酸，氢化钙，分子筛（4Å），硅胶（300~400 目），高效薄层色谱硅胶板（GF254）。以上试剂均为分析纯。

四、实验步骤（提示）

1. 催化剂的制备：通过 SciFinder 和 Belstein 检索工具检索下列催化剂的合成方法，参照其实验步骤予以制备。

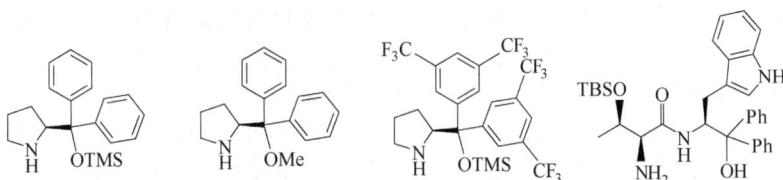

2. 以步骤 1 中制备的脯氨酸衍生的氨基醇或者脯氨酸为催化剂，制备氨基取代的脂肪醛。

3. 以羟基丙酮或者 1,3-二羟基丙酮和步骤 2 中制备的一系列醛为反应底物，使用步骤 1 中制备的苏氨酸衍生物为催化剂，对反应条件进行摸索优化。

4. 对步骤 3 中的一系列产物进行适当的官能团转化（可通过 SciFinder 和 Belstein 检索工具检索各种可能转化方法），再对分子内还原胺化反应进行研究。

5. 对产物进行表征：用核磁共振氢谱、碳谱和质谱等手段确定每步产物的结构；测定产物的比旋光度；用手性高效液相色谱（HPLC）测定对映选择性。

五、实验注意事项

1. 原料中的各种脂肪醛易氧化，使用前要进行蒸馏纯化；实验中涉及的无水溶剂，要通过相应的干燥剂进行处理。

2. 因文献及实验内容较多，可根据教学时间选择部分来进行实验。

六、思考题

1. 综合实验中遇到的具体问题，分析影响反应产率及选择性的重要因素。
2. 查阅文献了解实验步骤 2 涉及的各种底物制备的反应机理。
3. 确定产物绝对构型有哪些方法？对已知物可采用什么方法来确定其绝对构型？
4. 获得对映纯化合物的方法有哪些？

实验五十四

氧化钨基复合纳米材料的制备及其可见光光催化降解有机染料性能的研究

一、实验目的

1. 了解纳米材料的制备和分离方法。
2. 巩固用 X 射线衍射、红外光谱等数据表征产物的结构。
3. 掌握利用透射电子显微镜、扫描电子显微镜等分析产物微观形貌的方法。
4. 熟练使用光化学反应仪、分光光度计、管式炉、马弗炉等实验设备。
5. 学会用 JADE、Origin 等软件对 XRD 数据进行分析及作图。

二、实验原理

纳米结构材料因其独特的物理性质和化学性质而引起人们的重视。现在，环境保护已经成为人们的共识，大量污水、废气的净化对于有些生产部门（如印染厂）已成为亟待解决的重大难题。光催化技术因能够快速、彻底氧化降解有机污染物，已成为诸领域的研究热点。在光催化有机染料过程中，半导体催化剂在一定波长的光照射下产生电子-空穴对，进而产生羟基自由基进攻染料分子，促进染料分子降解，最终产物为水、CO_2 等。氧化钨的带隙能量为 2.5eV，在波长小于 500nm 的可见光内有潜在的光催化能力，掺杂一些贵金属或更廉价的过渡金属对氧化钨进行改性，调整其价带结构，从而拓展其光谱吸收，对于研究其在可见光下的光催化性能具有较强的理论意义和实用意义。

纳米氧化钨的制备方法有固相法、气相法、液相法，其中液相法包括沉淀法、溶胶-凝胶法、微乳液法、水热/溶剂热法等。

催化剂活性测试与分析：目前，用于评价催化剂活性的指标主要有两类，一是效果指标，包括降解率、矿化率和褪色率（主要对有机染料来说）；二是效率指标，包括反应起始物的转化反应的速率常数和反应生成物（无机小分子）的生成反应的速率常数。但是对于降解率的定义不一，有人将起始有机物浓度的减小率（对应的染料的褪色率）定义为降解率，也有人将降解率定义为有机碳转化为无机碳的比例，还有人将 TOC 的转化率定义为降解率。本实验中降解率是指起始有机物的转化率（%），一般用下式表示。

$$\eta = (A_0 - A)/A_0$$

三、实验仪器与试剂

1. 仪器

磁力搅拌器，电子分析天平，烘箱，管式炉，马弗炉，电热套，玛瑙研钵，高速离心机，水热反应釜，超声波清洗器，多功能光化学反应仪，分光光度计，紫外-可见分光光度计，比表面仪，红外光谱（IR）仪，荧光分光光度计，X 射线衍射仪，透射电子显微镜，扫描电子显微镜等。

2. 试剂

钨酸钠，硝酸，无水乙醇（≥99.7%），非离子表面活性剂，罗丹明 B，亚甲基蓝，甲基橙，氯金酸，聚乙烯吡咯烷酮（PVP），阳离子交换树脂，柠檬酸钠，硫代乙醇酸，氧化钨粉体，金溶胶，巯基乙酸，氮气。以上试剂均为分析纯。

四、实验步骤

1. 纳米氧化钨的合成

用浓硝酸浸泡阳离子交换树脂一夜，然后用去离子水冲洗至中性，备用。准确称取 3.5g Na_2WO_4 溶于 20mL 去离子水，将 Na_2WO_4 溶液装入预先用 HNO_3 浸泡过的阳离子交换树脂柱中，用烧杯收集流出液并放上搅拌子搅拌，控制流速。交换完毕，量取 30mL 去离子水冲洗离子交换柱，一并收集到烧杯中，得黄色溶胶。将得到的溶胶转入水热反应釜中，180℃恒温 24 h 后，自然冷却至室温，依次用去离子水和无水乙醇洗涤几次。置于烘箱中 80℃烘干，得黄白色粉末，待表征。

2. 金溶胶的合成

称取氯金酸 0.0240g 溶于 100mL 去离子水，再加入 PVP 0.1877g，超声 10min，电热套内煮沸超声好的氯金酸溶液。称取柠檬酸钠 0.1060g，溶于 10mL 去离子水中，超声 10min，快速搅动下将柠檬酸钠溶液加入煮沸的氯金酸溶液中，溶液颜色变化为"黄色—浅黄色—紫红色"，继续煮沸 15min。加入巯基乙酸 100μL，自然冷却后，恢复至原液体积，待表征。

3. 光催化剂的制备

浸渍掺杂法：取计算量的氯金酸溶液和氧化钨粉体混合，搅拌或研磨 0.5h，于红外灯蒸发干燥后，转入坩埚在马弗炉中 500℃活化 1h 或转入瓷舟置于管式炉中通氮气 500℃焙烧 1h。

表面修饰法：取计算量的金溶胶、氧化钨粉体和巯基乙酸混合研磨 0.5h，红外灯蒸发干燥，转入坩埚在马弗炉中 500℃活化 1h 或转入瓷舟置于管式炉中通氮气 500℃焙烧 1h。

4. 产物的表征

解析 XRD、红外光谱，将 XRD 数据与标准谱图比较，确定产物的结构和纯度；通过 TEM 和 SEM 图直观地观察产物的微观形貌；用 X 射线衍射图谱确定产物是否为单晶；用 EDS 能谱确定产物的元素组成，必要时用 HRTEM 确定晶体的生长方向；用比表面仪测定产物光催化剂的比表面积。

5. 紫外-可见吸收光谱（UV-Vis）分析

采用日本岛津 SHIMADZU UV-2501PC 紫外-可见分光光度计，测试范围为 200~800nm，采用双光束方式，对催化剂粉体进行紫外-可见吸收波长的测试。纳米粉体的吸收阈值 λ（nm）与带隙能量 E_g（eV）具有如下关系：

$$\lambda / \mathrm{nm} = \frac{1240}{E_g / \mathrm{eV}}$$

6. 模拟污染物吸收标准工作曲线的绘制

模拟污染物为有机染料，即亚甲基蓝（MB）、罗丹明 B、甲基橙等。以 MB 为例：

配制亚甲基蓝标准溶液，浓度（c）为 0mg/L、0.5 mg/L、2.5 mg/L、5 mg/L、10 mg/L、15 mg/L、20mg/L，在 200~800nm 的波长范围内进行紫外-可见光谱扫描，如图 54-1。选定亚甲基蓝的最大吸收波长作为测定波长，将各标准溶液在最大吸收波长处的吸光度值与响应的浓度值列于表 54-1 中。

表 54-1　亚甲基蓝溶液的浓度 c 与吸光度值 A 的关系

c/（mg/L）	0	0.5	2.5	5	10	15	20
A/（a.u.）							

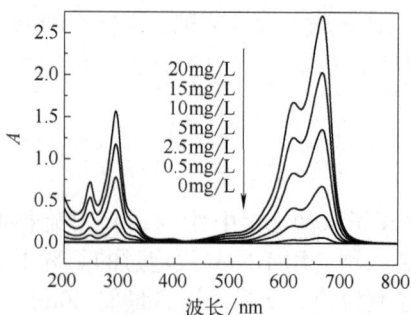

图 54-1　MB 的 UV-Vis 光谱图

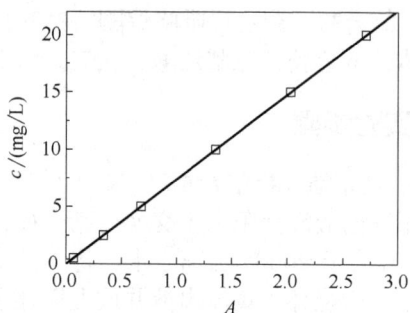

图 54-2　亚甲基蓝标准（拟合）曲线

以吸光度 A 为横坐标，亚甲基蓝溶液的浓度 c 为纵坐标，根据表 54-1 作亚甲基蓝的标准工作曲线，如图 54-2 所示。MB 溶液浓度 c 与吸光度 A 在 0~20mg/L 的范围内呈线性关系，线性拟合得标准曲线方程为

$$c=aA+b，相关系数 R=\underline{\qquad}\qquad（54-1）$$

7. 光催化性能测试

配制 5mg/L 的罗丹明 B 溶液或 10mg/L 的亚甲基蓝溶液。量取 250mL 染料溶液于 250mL 反应瓶中，加入 0.1~0.5g 的光催化材料，搅拌下，暗反应 30min。取样 5mL，离心后，取上层清液，测得吸光度 A_0，转换为初始浓度 c_0。设置反应时间及取样间隔时间，开启循环水，选择汞灯或氙灯，开启光化学反应仪，进行光催化反应 2h。间隔取样，离心后，取上层清液，测得吸光度 A_i，转换为浓度 c_i。整理数据，评价材料的光催化性能。

五、实验注意事项

1. 涉及高温、高压、紫外等设备时要注意安全，比如水热合成的反应釜的耐温性能较低，一般反应温度要低于 220℃，以防仪器损坏或爆炸；高温炉炉腔温度较高，取物品时要使用坩埚钳，不能直接用手取，以免烫伤。

2. 开启光化学反应仪前必须先打开循环水。汞灯发射的是 254nm 紫外线，要注意关好屏蔽门装置，取样时最好戴上护目镜避免紫外照射。

六、思考题

1. 合适的光催化剂需具备哪些条件？常见的半导体光催化剂有哪些？
2. 提高光催化活性的途径有哪些？
3. 影响光催化性能的因素有哪些？
4. 举例说明光催化剂降解有机染料的机理。

实验五十五

三唑类配体构筑的铜（Ⅰ）配位聚合物的合成

一、实验目的

1. 掌握用水（溶剂）热原位合成三氮唑配体，同时在反应体系中引入氰化亚铜或硫氰化亚铜的方法，合成一系列具有新颖结构的配位聚合物，并进行结构表征和性能测定。

2. 研究水（溶剂）热合成条件下影响产物结构的因素。

3. 探讨 CuCN 和 CuSCN 与不同含氮杂环配体的配位情况，以及配位环境对氰基和硫氰基配位方式的影响。

二、实验原理

含氮杂环唑类配体，是一类具有芳香性的环状体系。在这个封闭的环状体系中，其环电子数符合 $4n+2$ 规则。与典型的芳香活性分子相比，唑环的共振杂化体中，离子共振结构占有相当重要的分量，因此大大增加了它们的化学反应性。它们不但能与各种亲电试剂反应，而且能与亲核试剂乃至游离基试剂反应；不但能在环碳原子上发生取代反应合成许多含氮杂环唑类衍生物，而且环上的氮原子，由于有孤对电子，易与过渡金属结合形成配位化合物。这些化合物具有较好的物理和化学性能，是潜在的功能材料。三氮唑（abpt）及其衍生物结合了吡唑和咪唑的配位特点，其作为桥联配体的配位形式比较多样化，许多三氮唑配合物还呈现出新颖的拓扑结构。目前，三氮唑类配合物的研究十分活跃，如由三氮唑类配体合成有限多核分子聚集体、一维链状聚合物、二维层状聚合物等。

过渡金属氰化物（硫氰化物）网络或者框架结构的构筑，长期以来一直受到人们关注，这主要是因为它们有着非常有趣的物理和化学性质，在分子磁体、离子交换、催化以及分子筛等领域有着潜在的应用价值。在这些化合物中，包含 CuCN 或 CuSCN 的化合物在光致发光、超导以及磁性等方面的应用更是引人注意。在结构方面，铜（Ⅰ）离子一般可以采取 2、3、4、5 配位的方式参与配位，而氰基和硫氰基本身又是一类非常灵活的配体，它们既可以作为单齿配体来使用，也可以作为桥联配体来使用。特别是当它们作为桥联配体联结金属原子的时候，起到了重要的骨架模型作用，可以形成一维链状、二维网状、三维骨架聚合物。利用这类具有较强配位能力的阴离子构筑拓扑网络结构，能有效地使阴离子成为一种重要的网络骨架元素，最终产生不需负载平衡离子的网络通道。将铜（Ⅰ）离子配位的灵活性与氰基或硫氰基良好的配位能力相结合，可以合成出各种结构类型的 CuCN 或 CuSCN 亚结构的配位聚合物。

在本实验中，共合成 9 种新型的 Cu（Ⅰ）配位聚合物。为了全面研究水（溶剂）热反应过程中反应条件对配位聚合物结构的影响，本实验通过改变如反应温度、金属和配体的比例、反应物种类等条件，尝试了一系列的合成反应。为了探讨 CuCN 和 CuSCN 与三氮唑类配体的配位情况，以及配位环境对氰基和硫氰基配位方式的影响，本实验选择性地合成一系列结构多样的含氮杂环配体。

三、实验仪器与试剂

1. 仪器

高温高压反应釜（带聚四氟乙烯内衬），过滤装置，油浴（自制），元素分析仪（elementar UNICUBE），红外光谱仪（A370 FTIR），同步热分析仪（STA 449F5），荧光分光光度计（RF-5301），X 射线衍射仪（Bruker Smart Apex Ⅱ CCD）。

2. 试剂

硝酸铜，氯化铜，碱式碳酸铜，硫氰化亚铜，铁氰化钾，氨水（25%），水合肼（85%），硫酸锌，无水乙醇，乙腈。以上均为国产分析纯和化学纯试剂。

氰化亚铜，3-氰基吡啶，4-氰基吡啶，2,6-二氨基吡啶，二甲酰肼，间苯三甲酸。以上均为 Aldrich 公司进口试剂。

四、实验步骤（提示）

1. 配体的制备

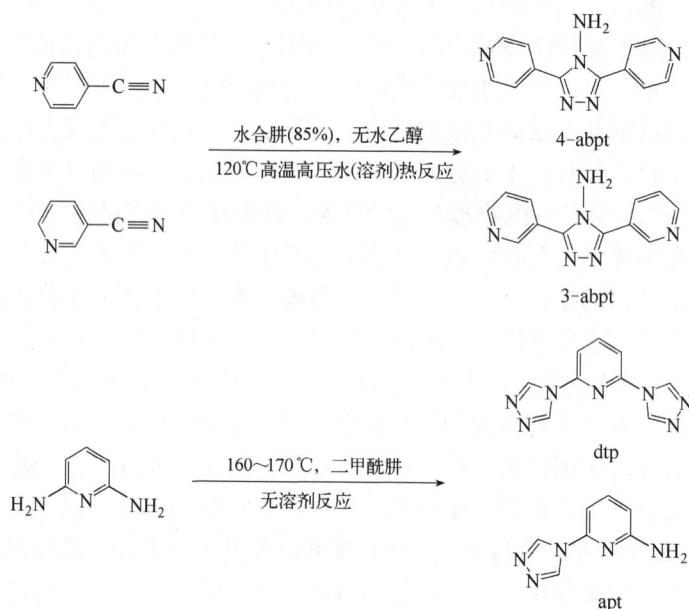

2. 配合物的制备

① 溶剂、反应温度、反应物的配比对最终产物的影响。

② 金属盐和阴离子对最终产物的影响。制备 $[Cu_3(CN)_2(4\text{-pytz})]_n$、$[Cu_2(CN)(4\text{-pytz})]_n$、$[Cu_2(CN)(3\text{-pytz})]_n$、$[Cu_3(CN)_3(4\text{-abpt})_2]_n$、$[Cu_3(CN)_3(dtp)]_n$、$[Cu_7(CN)_7(apt)_2]_n$、$[Cu_5(SCN)_5(3\text{-abpt})_2]_n$、$[Cu_2(SCN)_2(apt)]_n$、$[Zn_{1.5}(dtp)(btc)(H_2O)]_n \cdot 2nH_2O$。

3. 配合物晶体结构表征与分析

4. 配合物的红外光谱测定与解析

5. 配合物的荧光性质测定与热稳定性的研究

五、实验注意事项

1. 使用反应釜时，注意螺钉要上紧，防止泄漏；打开时，要先缓慢降温（10℃/h），然后放气，再缓缓打开反应釜。

2. 制备配体所用有机试剂毒性较大，需在通风橱内并戴防护手套操作。

六、思考题

水（溶剂）热一锅法合成配合物有什么特点？该方法对产物结构的影响因素有哪些？举例说明。

实验五十六

银/聚电解质复合纳滤膜的制备和表征

一、实验目的

1. 进一步了解层层自组装（layer by layer，LbL）技术的概念、特点和组装过程。
2. 掌握银/聚电解质复合纳滤膜的制备方法。
3. 研究实验操作方法和制备条件对复合膜结构和性能的影响。

二、实验原理

膜科学技术是一门多学科交叉的新兴技术，目前已成为化学及化学工程学科发展的新增长点，亦是当代高新技术发展的重点。纳滤膜（nanofiltration membrane）是近二十几年来发展起来的一种新型膜技术，它最早是在 20 世纪 80 年代初期由美国 Film Tec 的科学家研制的一种表面孔径处于纳米级，能去除尺寸约 1nm 的分子的薄层复合膜（NF-40、NF-50、NF-70）。此后，纳滤膜得到了飞速发展，针对不同的应用领域相继开发了一批分离性能独特的纳滤膜，并已实现商品化。纳滤膜主要的分离特点可以总结如下：

① 截留分子量（MWCO）在 200~2000 之间。适宜于分离分子量在 200 以上的低分子有机物和多价盐（相当于分子尺寸为 1nm 左右的溶解组分）。

② 操作压力低。纳滤的操作压力一般在 0.4~2.0MPa，所以它也被称为低压反渗透或疏松型反渗透。较低操作压力意味着对分离系统的动力设备要求较低，因而设备投资和运转成本都比反渗透低。

③ 对不同价态离子的截留效果不同。对单价离子的截留率低，对二价和高价离子的截留率高。如离子的价电子数相同，则离子半径越大，膜对该离子的截留率越大。

使用纳滤膜的纳滤技术具有很多优点，如处理过程不产生副产物；处理单元小，易于自动化控制；广泛的 pH 值适用范围；有效去除病毒、细菌、寄生虫；对城市供水消毒副产物前体有较好的去除效果；对水中分子量为几百的有机小分子具有分离性能，对色度和异味均有很好的去除能力；能够有效脱除水中的硫酸和碳酸的钙、镁盐，降低水硬度；产水水质稳定，操作压力低，水通量大；等等。目前纳滤膜在生活用水的净化、工业污水处理、海水淡化预处理、食品工业及生化和制药工业等工业的分离与富集过程中的应用前景十分广阔。

银是一种广谱性杀菌材料，杀菌能力很强，对各种致病细菌（如大肠杆菌、金黄色葡萄球菌等）都有强烈的杀灭效果，而且所需浓度极低，一般用量为 10^{-6}（质量分数）即可灭菌。银离子还可以杀灭乙型肝炎病毒、白癣菌和黄曲霉等真菌。本实验主要研究具有抗菌性能的银/聚电解质复合纳滤膜的制备方法、实验操作方法和制备条件对复合膜结构和性能的影响，制备出一种抗菌性能良好、离子截留率高、通量大、性能稳定的复合纳滤膜。

三、实验仪器与试剂

1. 仪器

电子分析天平（AB104-N），真空干燥箱（YLD-6000），层层自组装实验装置（自制），

pH 计（Delta 320），电导率仪（330i），超声波清洗器（CQ-250），激光粒度仪（Zetasizer 3000HS），紫外-可见分光光度计（UV-2501PC），扫描电子显微镜（JSM-6700F），EDS 元素分析仪（INCA）。

2. 试剂

聚烯丙基氯化铵（PAH，M_w=9600，Aldrich 公司），聚二烯丙基二甲基氯化铵（PDADMAC，M_w=100000~200000，Aldrich 公司），聚苯乙烯磺酸钠（PSS，M_w=70000，Aldrich 公司），聚丙烯酸钠（PAS，M_w=30000000，国药集团化学试剂有限公司），氯化钠，硝酸银，氯化锰，氢氧化钠，盐酸，巯基乙酸，碘化钾，聚醚砜（PES）多孔基膜（MWCO 为 $3×10^4$~$5×10^4$）。以上试剂均为化学纯或分析纯。

四、实验步骤（提示）

1. 银/聚电解质复合纳滤膜的制备
（1）聚电解质溶液的配制
（2）基膜的前处理
（3）聚电解质初生层的制备

2. 制备含银复合膜

分别配制 AgI 溶胶、Ag 溶胶、PAH-AgCl 络合物溶胶、PAH-Ag 络合物溶胶，将步骤 1（3）中制备的聚电解质初生层的膜分别用四种溶胶处理，得到四种方法制得的银/聚电解质复合纳滤膜。

3. 银/聚电解质复合纳滤膜的表征

（1）扫描电子显微镜分析

膜用超纯水清洗后，在室温下置于真空干燥箱中真空干燥 24h，以脱除膜内残存的水。用氮气吹去基膜表面吸附的微尘等污染物。将膜裁剪成 0.5cm×0.5cm 的膜片，在 20kV 的电子束加速电压下对膜样品进行金离子溅射处理，然后用扫描电子显微镜观察膜的表面形貌。

（2）SEM-EDS 联用分析

膜用超纯水清洗后，在室温下置于真空干燥箱中真空干燥 24h，以脱除膜内残存的水。用氮气吹去基膜表面吸附的微尘等污染物。将膜裁剪成 0.5 cm×0.5 cm 的膜片，在 20kV 的电子束加速电压下对膜样品进行金离子溅射处理，然后用扫描电镜同能谱联用对膜进行元素分析。

（3）紫外-可见光谱（UV-Vis）分析

石英玻璃预处理：将浓硫酸和 30% H_2O_2 按体积比 7∶3 配成溶液，混合过程需不断搅拌；将石英玻璃放入配好的溶液中，加热，直至不再有气泡冒出，取出用超纯水冲洗干净；处理好的石英玻璃干燥后备用。

在处理好的石英玻璃上，按照步骤 2 的四种方法组装银/聚电解质复合纳滤膜，然后在室温下置于真空干燥箱中真空干燥 24h，以脱除膜内残存的水。用氮气吹去基膜表面吸附的微尘等污染物。用紫外-可见分光光度计表征膜中银的存在。

五、思考题

1. 结合实验及文献简述层层自组装技术的概念、特点和组装过程。

2. 结合实验结果讨论实验操作方法和制备条件对复合膜结构和性能的影响。

实验五十七

有机催化下 α, β-不饱和醛与砷叶立德的不对称环丙烷化反应的研究

一、实验目的

1. 了解不对称有机催化的概念、研究进展及应用。
2. 了解不对称有机胺催化环丙烷化反应的进展。
3. 掌握不对称催化反应的研究思路。
4. 学会用手性高效液相色谱技术分离不对称产物，并学会计算非对映体过量和对映体过量值。
5. 掌握利用核磁共振氢谱确定非对映体过量的方法。

二、实验原理

某些具有环丙烷结构的化合物是重要的生物代谢中间体，广泛存在于许多植物霉菌和细菌等微生物体内（图 57-1），并且是一种具有很好生物活性的结构单元，通过对环丙烷的改造可以合成许多非常有用的有机化合物，因此环丙烷及其衍生物的合成一直是一个有机化学工作者十分关注的研究方向。

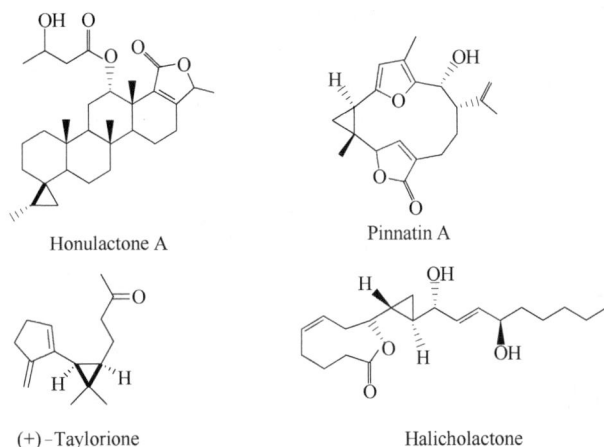

Honulactone A

Pinnatin A

(+)-Taylorione

Halicholactone

图 57-1　具有环丙烷结构的化合物

合成环丙烷的传统方法比较复杂，而且立体选择性不好。金属催化合成环丙烷使得反应立体选择性与对映选择性都有很大的提高，但反应条件苛刻，而且对环境有一定的污染。近年来，有机小分子催化研究的迅速发展，也促进了有机催化三元环的不对称合成。Gaunt 利用金鸡钠碱及其衍生物通过氮叶立德途径首次实现了有机催化不对称合成环丙烷；随后 MacMillan 以二氢吲哚羧酸（**3a**）为催化剂，成功实现了硫叶立德与 α,β-不饱和醛的不对称环丙烷化；Arvidsson 课题组也报道了硫叶立德与 α,β-不饱和醛在二氢吲哚四唑（**3b**）和新

型芳基磺酰胺（**3c**）的催化下高非对映选择性和对映选择性地环丙烷化，见图 57-2（a）。Córdova 和 Wang 等课题组最近也发现了 2-卤代-*β*-酮酸酯能在脯氨酸衍生物催化下与 *α*, *β*-不饱和醛高立体选择性地形成三元环，为合成三元环开辟了一条新的路径，见图 57-2（b）。

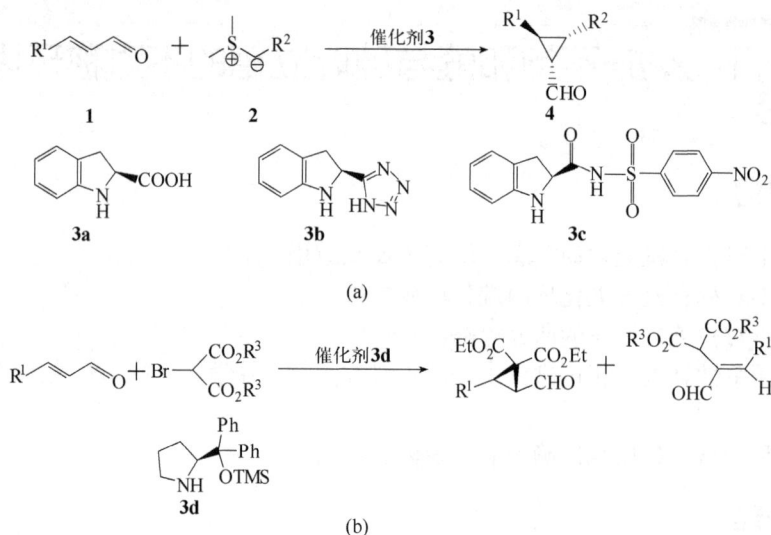

(a)

(b)

图 57-2　三元环的不对称合成

由于砷叶立德具有很强的亲核性，容易与缺电子烯烃环化形成三元环；而亚胺正离子具有比相应的羰基更强的亲电性，且能够诱导手性，本设计实验拟通过对溶剂、碱、催化剂用量对反应产率、产物不对称性等方面影响的研究，尝试用砷叶立德与缺电子烯烃合成高非对映选择性和对映选择性的环丙烷（图 57-3）。

图 57-3　实验涉及的反应

三、实验仪器与试剂

1. 仪器
由学生根据设计方案自列。

2. 试剂
由学生根据设计方案自列。

四、实验步骤（提示）

1. 催化剂二苯基脯氨醇硅醚的制备
2. 钟盐的制备
3. 反应条件的优化
选择一个模板反应如钟盐与肉桂醛的反应，研究溶剂、碱、催化剂用量和砷叶立德用量等因素对反应产率、对映体过量（ee%）和非对映体过量（de%）的影响，选出一个最优化条件。

4. 催化剂的普适性

采用不同的 α,β-不饱和醛作为受体和不同的锍盐作为给体以考察二苯基脯氨醇硅醚对此反应的普适性。

5. 对产物进行表征

用核磁共振氢谱、碳谱及质谱等手段确定化合物结构；测定化合物的比旋光度。已知物只测氢谱与比旋光度，并与文献比较以确定产物结构和构型。

6. 反应机理的推测

根据步骤 4 中的反应结果，推测反应机理。

五、实验注意事项

1. 因产物为醛，易氧化，故测定其 de%、ee% 时，需先用硼氢化钠将产物还原后，再用手性高效液相色谱柱分离所得到的醇。

2. 因文献及实验内容较多，可根据教学时间选择部分来进行实验。

3. 4A 分子筛需高温除水后在真空干燥箱中降温，并于密封后置于干燥器中。

4. 催化剂的制备与环丙烷化要在无水、无氧条件下进行。

六、思考题

1. 分析影响反应的重要因素，并从理论上解释砷叶立德种类对反应的影响。

2. 确定产物绝对构型有哪些方法？对已知物可采用什么方法来确定其绝对构型？

3. 获得对映纯化合物的方法有哪些？

实验五十八

碘促进的 Baylis-Hillman 加成物合成对称烯丙基醚的反应

一、实验目的

1. 掌握 Baylis-Hillman 加成物的一般制备方法，并了解其在有机合成中的应用。

2. 掌握应用 Baylis-Hillman 加成物合成对称烯丙基醚的方法。

3. 研究比较碘催化剂用量、溶剂、反应温度等因素对反应的影响。

二、实验原理

Baylis-Hillman 反应于 1972 年被发现，是一类新型的构建碳-碳键的三组分加成反应。除了最重要的胺催化 Baylis-Hillman 反应之外，还有膦催化、路易斯酸催化和过渡金属配合物的催化等类型的反应被报道。鉴于此类反应为多组分一锅法合成反应，具有良好的原子经济性，符合绿色化学的发展要求，因此对 Baylis-Hillman 反应的研究与应用已成为当前的一个研究热点。

R=芳基,烷基,杂芳基
R′=H,COOR,烷基
X=O,NCOOR,NTs,NSO₂Ph
EWG(吸电子基)=COR,CHO,CN,COOR,PO(OEt)₂,SO₂Ph,SO₃Ph,SOPh

以叔胺即三乙烯二胺（DABCO）催化的 Baylis-Hillman 反应为例，从图 58-1 中可以看到，利用该反应可合成具有多官能团的加成产物。产物具有的多官能团化特点，使 Baylis-Hillman 加成物在有机合成中具有极为广泛的用途。比如：Claisen 重排、Friedel-Crafts 反应、亲核加成反应、环化反应、交叉偶联反应、光化学反应、构建杂环类化合物的反应等。

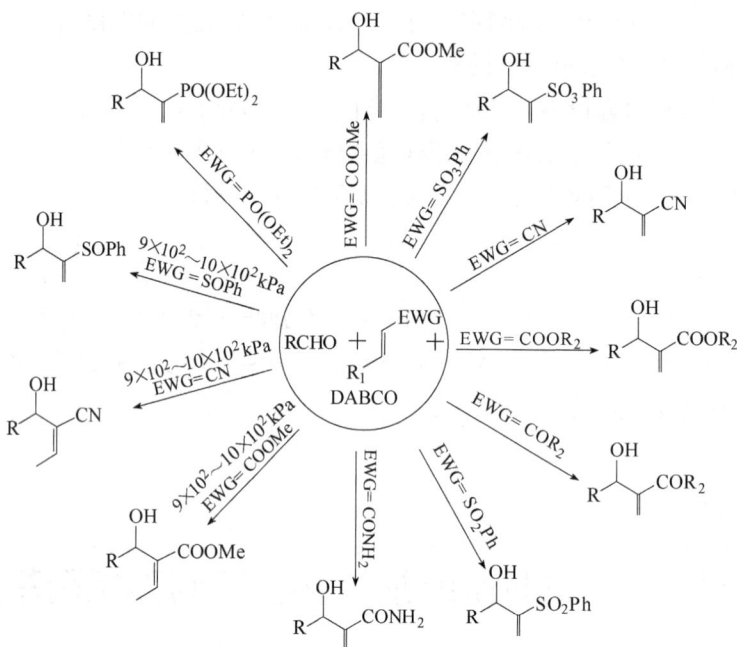

图 58-1　Baylis-Hillman 加成物在有机合成中的应用

烯丙基醚结构广泛存在于许多具有重要药理、生理活性的药物、天然产物以及农药中，因此此类化合物的构建方法报道很多。利用 Baylis-Hillman 加成物作为底物合成烯丙基醚结构，是合成此类化合物的一个新途径。当前已经报道的绝大部分方法都受到苛刻条件的限制，如高压、低产率（部分原因是 Baylis-Hillman 加成物反应活性低），因此，发展一种更加有效、实际的合成烯丙基醚的方法就变得非常迫切。因作为 Lewis 酸的碘可用于催化醇之间脱水成醚的反应，本实验拟以碘为催化剂，研究醛的 Baylis-Hillman 加成物脱水成醚的反应，并对如溶剂、反应温度、催化剂用量、反应物结构等因素对反应的影响做了比较和研究。

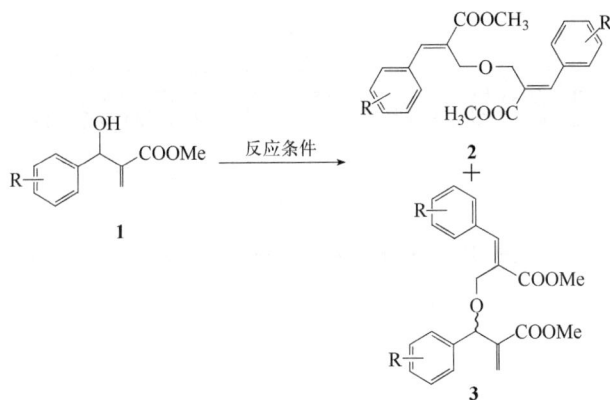

三、实验仪器与试剂

1. 仪器（由学生根据设计方案自列）

有机化学反应装置，Schlenk 装置，紫外灯，旋转蒸发仪，数字熔点仪（WRS-1 型），红外光谱仪（Perkin-Elmer 683 型或 Nicolet 560 型，固体样品采用溴化钾压片，液体样品用液膜法），核磁共振波谱仪（Bruker AC-500，500 MHz，四氯化碳、氘代氯仿或氘代二甲基亚砜作溶剂，四甲基硅烷为内标），质谱仪（HP 5989B），元素分析仪（Carlo Erba 1106 或 Carlo Erba EA 1110）。

2. 试剂（由学生根据设计方案自列）

醛（苯甲醛、4-甲基苯甲醛、4-硝基苯甲醛、4-叔丁基苯甲醛、4-氯苯甲醛、3-氯苯甲醛、2-氯苯甲醛、4-甲氧基苯甲醛），丙烯酸甲酯，三乙烯二胺（DABCO），乙醚，盐酸，石油醚，乙酸乙酯，氯化钠，无水硫酸钠，碘，硝基甲烷，乙腈，丙酮，二甲基亚砜。以上试剂均为分析纯。薄层色谱制备板（GF254 硅胶涂层）。

四、实验步骤（提示）

1. 制备 Baylis-Hillman 加成物。

2. 以苯甲醛的 Baylis-Hillman 加成物为底物进行生成对称烯丙基醚的反应条件的优化。设置反应温度为 80℃，考察溶剂、催化剂用量对反应的影响，并与室温时的反应情况进行比较。

3. 考察 Baylis-Hillman 加成物中芳环上取代基的性质和取代位置对反应的影响。

4. 对所有产物的结构进行表征。用红外光谱（IR）、核磁共振氢谱（^{1}H NMR）、核磁共振碳谱（^{13}C NMR）、质谱（MS）、高分辨质谱（HRMS）等对产物进行表征。

五、实验注意事项

1. 用薄层色谱制备板进行分离时，注意用 0.5mm 直径的点样管上样，使点带尽可能细，并注意上样量的控制。

2. 因所得产物多数情况下为混合物，故用薄层色谱（TLC）跟踪反应时，建议用高效板。

3. 反应在无水条件下进行。

六、思考题

根据反应结果分析影响反应产率的因素。

实验五十九

柱芳烃与双吡啶盐构筑准（聚）轮烷配合物的合成研究

一、实验目的

1. 了解柱芳烃这一类新型超分子主体化合物的结构特点及当前的研究进展。
2. 初步掌握有机超分子化学研究的一般方法。

二、实验原理

杯芳烃是由苯酚单元通过亚甲基在酚羟基邻位连接而组成的一类环状低聚物，它的历史可以追溯到 1872 年德国化学家 Baeyer 对苯酚与甲醛水溶液加热反应的研究，在该反应中他得到一种难以纯化的树脂状物质，但当时受到实验手段的限制，产物结构没有最终确定。三十年后，比利时化学家 Backeland 重新对苯酚和甲醛水溶液反应进行详细的研究，制备了酚醛树脂，并将其产品化且取得专利，这种树脂塑料被取名为 Bakelite，从此开创了高分子合成的新纪元。由于酚醛树脂固化之后是不溶和不熔性的高分子，对它的结构和固化过程的研究均很困难。20 世纪 40 年代，奥地利化学家 Zinke 在前人工作的基础上，设想如果用对位取代的酚代替苯酚与甲醛反应，则可使原来交联状的树脂变为线型的树脂塑料。他研究了对叔丁基苯酚与甲醛水溶液在氢氧化钠存在下的反应，在此过程中分离得到一种高熔点的晶状化合物，经鉴定其为环状的四聚体结构。这就是杯芳烃发现的渊源。

在此后的数十年中，对这类化合物虽有一些研究，如 Kämmerer 和 Happel 采用片段合成法制备了一系列具有 4~7 个苯环单元的环状类似物，但这类化合物的潜在用途并没有引起广泛的兴趣。直到 20 世纪 70 年代末，随着冠醚、环糊精等大环化合物研究工作的深入，特别是它们作为模拟酶的可能性，这类新型的大环化合物吸引了美国化学家 Gutsche 的极大兴趣，他在其合成与性能研究方面开展了系统且深入的工作，至此这类大环化合物得到化学家们的广泛关注。由于其环四聚体的 CPK 分子模型在形状上与称作 "calix crater" 的希腊式酒杯相似，因此 Gutsche 将这类化合物命名为 "杯芳烃"（calixarene）。

杯芳烃被看作是第三代超分子主体分子，基于杯芳烃及其类似物的分子识别和自组装研究已经成为一个重要的分支研究领域，对超分子化学的发展起到了极大的推动作用。为了进一步提高杯芳烃的性能和功能化，科学家们合成了一系列与之结构类似的合成受体，如杯吡咯、杯吡啶、杯呋喃以及杂原子桥联杯芳烃等。然而，杯芳烃及其类似物一般具有典型的 "篮子" 形状，下缘（小口端）直径很小，线性客体分子很难穿过。因此，杯芳烃适合于组装分子胶囊结构，而利用杯芳烃制备轮烷、索烃以及准（聚）轮烷等超分子结构的研究较少。

最近，Ogoshi 等报道了一种新型的杯芳烃类似物并将其命名为柱［5］芳烃。柱［5］芳烃是对苯二酚单元通过亚甲基在 2、5 位相连接而形成的五元环状化合物。不同于典型杯芳烃的 "篮子" 形状，柱［5］芳烃拥有对称的柱状结构，它的上下两个端口相同，两端各有多个羟基，易于衍生化。柱［5］芳烃的这一结构特点使得它比传统杯芳烃更适合于构筑超分子轮烷、准（聚）轮烷和管道状组装体。

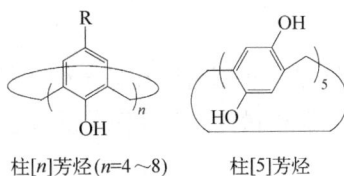

柱[n]芳烃(n=4~8)　　　柱[5]芳烃

　　本实验选择一系列双吡啶盐衍生物作为线性客体分子，利用核磁共振谱、ESI-质谱和紫外光谱等方法来研究这类客体与柱芳烃的主客体键合行为和形成准轮烷配合物的键合模式、强度和规律，并筛选出最适合于柱芳烃轮状分子的轴客体分子。

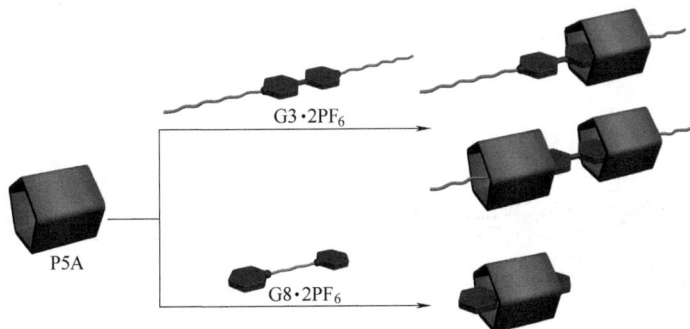

三、实验仪器与试剂

1. 仪器

　　磁力搅拌器，变压器，油浴（自制），调压器，高纯氮气瓶，真空油泵，循环水泵，旋转蒸发仪，精密电子天平，核磁共振波谱仪，紫外-可见分光光度计等。

2. 试剂

　　对二甲氧基苯，多聚甲醛，三氟化硼乙醚，3-溴丙炔，吡啶，4-甲基吡啶，4,4′-联吡啶，1,2-二溴乙烷，1,3-二溴丙烷，1,4-二溴丁烷，1,5-二溴戊烷，1,6-二溴己烷，对二溴苄，六氟磷酸铵，N,N-二甲基甲酰胺，乙腈，石油醚（60~90℃），乙酸乙酯，硅胶（300~400 目）。以上试剂均为分析纯。

四、实验步骤（提示）

　　1. 按照下面反应式合成本实验所需要的线性客体分子。

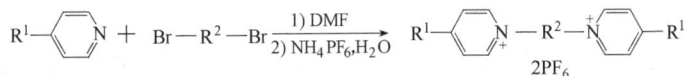

　　2. 利用 ^{1}H NMR、紫外光谱和 ESI-质谱来研究主客体分子间的驱动力、键合模式和键合能力。

　　3. 用不同长度碳链的双吡啶盐与柱芳烃键合，研究苯环上取代基位置或性质对反应的影响。

　　4. 用不同取代基的双吡啶盐与柱芳烃键合，研究吡啶环上取代基电子效应对主客体键合的影响。

五、实验注意事项

1. 吡啶及其衍生物有恶臭气味，使用时要在通风橱中操作。

2. ^{1}H NMR 光谱和紫外光谱实验称量样品时要使用精确电子天平，实验要重复 2~3 次，以保证实验数据的准确。

六、思考题

1. 简述与柱芳烃键合后，客体分子核磁共振信号的变化与主客体键合模式的关系。

2. 讨论连接双吡啶盐的碳链长度和取代基电子效应对准轮烷形成的影响。

3. 归纳主客体键合研究的一般思路。

实验六十

Biginelli 反应的设计与实践——"一锅法"合成具有二氢嘧啶酮骨架的化合物

一、实验目的

1. 了解多组分反应（MCR）的概念、研究进展及应用。

2. 了解 Biginelli 反应的进展。

3. 初步掌握多组分反应（MCR）的研究思路。

4. 学会使用更好的催化剂或其他方法如微波等提高反应的产率。

5. 学会使用高效液相色谱、柱色谱、重结晶等方法分离产物。

6. 学会利用核磁共振、红外光谱、质谱确认目标化合物的结构。

二、实验原理

由于二氢嘧啶二酮衍生物（DHPMs）良好的药理活性（如可用作抗病毒剂、钙拮抗剂、降压剂、α_{1A}-拮抗物等），激起了人们对 3,4-二氢嘧啶-2-酮类化合物的研究兴趣，并广泛开展了深入的合成和生物活性研究，目前 DHPMs 已成为有机杂环化合物的研究热点之一。从海洋生物中提取的含有二氢嘧啶单元的生物碱（Batzelladine A、Batzelladine B、Batzelladine E、Fromiamycalin、Neofolitispates 2 等），已证实在抗病毒（HSV-1，HIV-1）、抗真菌和抗癌等方面具有良好的生物活性。

1893 年，Biginelli 首次报道了由乙酰乙酸乙酯、芳香醛、尿素在浓盐酸催化下缩合得到 3,4-二氢嘧啶-2-酮衍生物的合成方法，命名为 Biginelli 反应。

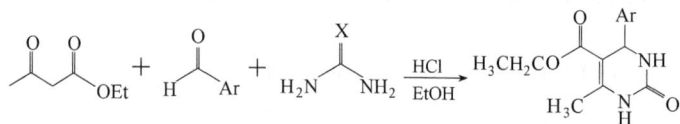

由于二氢嘧啶二酮良好的药理活性，合理官能团修饰的 DHPMs 化合物已被应用到临床，用于多种疾病的治疗。近年来，为进一步合成并筛选合适的先导化合物用作临床治疗药物，人们使用经典的 Biginelli 合成方法（浓 HCl 催化，无水乙醇为溶剂）合成具有二氢

嘧啶二酮骨架的化合物分子库，以此来筛选具有更高潜在生理活性的药物前体。但是经典的 Biginelli 合成方法产率较低，只有 20%~50%，因此人们通过改进各种合成方法使产率显著提高，部分可达 90%以上。如使用 Lewis 酸催化、离子液体催化、固相合成技术、微波反应，以及使用硼类化合物、三甲基氯硅烷、蒙脱土催化、离子交换树脂等催化方法。与此同时，人们也对底物进行相应的改造，由一般使用的开链 β-二羰基化合物扩展到环状的 β-二酮、β-二酰胺和 α-酮酸等。

根据以上文献报道，确定合成 Biginelli 反应目标产物的类型，自行设计相应的实验方案并研究其反应机理。

三、实验仪器与试剂

1. 仪器（由学生根据设计方案自列）

有机反应常用玻璃仪器，旋转蒸发仪，核磁共振波谱仪（Brucker AMX-300），红外光谱仪（Perkin-Elmer 983G），质谱仪（HP-5989A），元素分析仪（Carlo-Erba 1106），旋光仪（Perkin Elmer 341），高效液相色谱仪（Waters Alliance HPLC，手性柱：Daicel Chiralpak AS-H、AD-H 或 OD-H），紫外灯，熔点测定仪（WRS-1B）。

2. 试剂（由学生根据设计方案自列）

肉桂醛或芳香醛，β-二羰基化合物，脲，氯化铵，乙酸乙酯，石油醚，环己烷，无水乙醇，四氢呋喃，甲苯，苯，甲醇，分子筛（4Å），硅胶（300~400 目），高效薄层色谱硅胶板（GF254）。

四、实验步骤（提示）

1. 筛选催化剂。
2. 筛选溶剂。
3. 筛选反应物投料比。选择一个模板反应研究以上因素对反应产物及产率的影响，选出一个最优化条件。
4. 对产物进行表征。用核磁共振氢谱、碳谱及质谱等手段确定化合物结构。已知物只测氢谱，并与文献比较以确定产物结构。
5. 根据反应结果，推测反应机理。

五、思考题

1. 分析影响反应的重要因素，并从理论上解释不同底物及条件对反应的影响。
2. 如何筛选催化剂和合成技术？

实验六十一

不同形貌及性能的纳米氧化物制备的研究

一、实验目的

1. 了解纳米材料的制备方法。
2. 了解不同形貌的纳米材料对其性能的影响。

3. 通过本实验掌握几种纳米氧化物的化学合成及分离方法。

4. 了解纳米材料结构和形貌的表征手段。

5. 学会利用 XRD/SEM/TEM/IR/UV-Vis 等图谱表征合成产物的结构和形貌。

6. 了解纳米材料的一些性能和应用，学会气敏测试仪和光催化测试仪的操作方法并对所制备的纳米氧化物进行气敏性能测试和光催化降解有机染料性能测试。

二、实验原理

纳米材料是指组成材料的结构单元的特征维度尺寸在纳米量级（一般是 1~100 nm）的固体材料。现在广义地将纳米材料定义为在三维空间中至少有一维处于纳米尺寸范围或由它们作为基本单元构成的材料。根据其基本单元维度的不同，纳米材料通常分为三类：①零维纳米材料，是指空间三维尺度均在纳米尺度的材料，如纳米颗粒、团簇等；②一维纳米材料，是指在三维空间尺度上有两维处于纳米尺度的材料，如纳米丝、纳米棒、纳米管等；③二维纳米材料，是指在三维空间中只有一维处于纳米尺度的材料，如超薄膜、多层膜等。当粒子的尺寸进入纳米量级，其本身和由它构成的纳米固体便产生一些不同常规材料的物理效应，如小尺寸效应、表面与界面效应、量子尺寸效应、宏观量子隧道效应等。制备工艺和方法对所制备出的纳米材料和性能有很大的影响，因此，纳米微粒的制备在纳米材料研究中占有重要的地位。目前，纳米材料的制备方法很多，制备方法的分类也各不相同，徐如人教授等将纳米材料的制备方法按原始物质的状态(气、固、液）进行分类。

① 气相法。包括真空蒸发法、等离子体法、化学气相沉积法、激光气相合成法。

② 固相法。包括低温粉碎法、超声波粉碎法、高能球磨法、爆炸法、固相热分解法。

③ 液相法。主要包括沉淀法、溶胶-凝胶法、水热和溶剂热法、微乳液法、水解法、喷雾热解法、冷冻干燥法、化学和电化学还原法、射线辐照法、模板合成法等。

三、实验仪器与试剂

1. 仪器（由学生根据设计方案自列）

双向磁力搅拌器，高速离心机，电子天平，超声波清洗器，烧杯，量筒，离心管，滴管，微型水热釜，烘箱，研钵，烧结炉，烘箱，滴定管，锥形瓶，搅拌装置，回流装置（包括控温电炉加热器，温度计等），分光光度计，综合热分析仪。

2. 试剂（由学生根据设计方案自列）

各种金属盐（AR）[如：ZnAc$_2$·2H$_2$O、Zn(NO$_3$)$_2$、SnCl$_4$]，NaOH（AR），无水乙醇（AR），聚乙二醇 400（PEG 400，AR），十六烷基三甲基溴化铵（CTAB，AR），乙二胺（AR），壬基酚聚氧乙烯醚（OP-10），浓盐酸肉桂醛，α,β-不饱和丁醛，α,β-不饱和己醛，三苯胂，ω-溴代苯乙酮，溴乙腈，α-溴代乙酸乙酯，甲醇，L-脯氨酸，无水碳酸钾，碳酸锂，吡啶，六甲基三乙胺（DABCO），氯甲酸乙酯，二氯甲烷，无水硫酸钠，碳酸钠，硅藻土，四氢呋喃，钠，镁屑，碘，溴苯，正己烷，三乙胺，溴化三甲基硅烷，丙酮，氯化铵，氢氧化钾，甲苯，乙醚，乙酸乙酯，浓盐酸，碳酸氢钠，高锰酸钾，无水硫酸镁，氯化钠，石油醚。以上试剂均为分析纯。分子筛（4Å），硅胶（300~400 目），TLC 用板（GF254 高效薄层色谱硅胶板）。

四、实验步骤（提示）

1. 按照学生选择的不同方法给予提示。

2. 对产物进行表征：主要用 X 射线衍射仪（XRD）对产物结构进行分析表征；透射电子显微镜、扫描电镜对产物形貌进行分析表征，综合热分析仪对前驱物进行失重和能量等分析；红外光谱、紫外-可见光谱、荧光谱、比表面测试仪等作为辅助分析表征手段。

3. 将产物制作成气敏元件，测试其对 NO_2、Cl_2 等氧化性气体或乙醇、丙酮等还原性气体的敏感性。

4. 将产物分散于有机染料中，在紫外光或模拟可见光照射下，测试其光催化降解染料的性能。

五、实验注意事项

1. 纳米材料的制备方法很多，选择合成方法时要考虑实际条件并应考虑环保、绿色等因素。

2. 涉及高温、高压、紫外等设备时要注意安全，比如水热合成的反应釜的耐温性能较低，一般反应温度要低于 220℃，以防仪器损坏或爆炸；高温炉炉腔温度较高，取物品时要使用坩埚钳，不能直接用手取，以免烫伤。

六、思考题

1. 纳米材料的合成方法与一般无机材料的合成方法有何区别？

2. 查文献，归纳对一维纳米材料形貌控制合成的主要方法。

3. 制备一维纳米材料、核壳结构纳米材料等通常会使用表面活性剂等作为形貌控制剂，举例说明形貌控制剂对纳米材料形貌合成的影响及其机理。

实验六十二

铜/配体催化的乌尔曼反应的研究

一、实验目的

1. 了解铜/配体催化的乌尔曼反应的特点及当前的研究进展。

2. 初步掌握有机化学方法学研究的一般方法。

二、实验原理

芳基碳-碳键、芳基碳-杂键的结构单元广泛存在于许多具有重要生理活性的天然产物、药物、农药以及具有特殊电子性能的材料中，因此芳基碳-碳键、芳基碳-杂键的构建方法，对合成含有这些结构单元的天然产物、药物、农药、材料等非常重要，一直是有机化学家重点研究的课题之一。

乌尔曼反应是铜催化的芳基卤化物或类似物与亲核试剂反应形成芳基碳-碳键、碳-杂键的重要方法，其优点是所用催化剂价廉易得、反应一步完成、有应用在工业上大规模生产的重要意义。但是传统的乌尔曼反应常需要在超过 150℃的高温条件下进行，而且多数反应经常离不开强碱的存在，因此能在此条件下进行反应的底物十分有限，同时所用铜催化剂一般需定量或过量，导致反应后处理困难，并对环境有污染。另外产物产率不高的缺点，也造成乌尔曼反应在很长一段时期内，应用与研究都处在停滞阶段。

20 世纪 90 年代末发现适当配体的加入，可促进铜催化的乌尔曼反应在较低温度下进行，产物的产率也有了明显的提高，通过此类新型乌尔曼反应来构建芳基碳-碳键、芳基碳-杂键的研究已成为当前有机化学领域的研究热点。

在研究芳基卤化物与氨基酸在铜试剂催化下发生偶联反应时，有机化学家发现氨基酸能够显著降低反应温度，由此发现了一个能够实现在较低温度下以乌尔曼反应构建芳基碳-碳键、碳-杂键的重要方法。氨基酸作配体有以下优点：①氨基酸价廉易得，无毒，使用安全；②氨基酸及其盐高度易溶于水，便于将产物从反应体系中分离出来；③废弃的氨基酸不会污染环境，这对环境保护、提倡绿色化学有重要意义；④氨基酸制备方法成熟、种类很多，便于进行配体筛选，且因有手性，有经过进一步的研究后催化生成手性产物的潜力。

本实验用铜试剂/氨基酸体系催化芳基溴化物与脂肪胺的偶联反应，经过反应条件筛选后，用所得到最优化条件合成 5~7 个偶联产物。

三、实验仪器与试剂

1. 仪器

磁力搅拌器，变压器，油浴（自制），Schlenk 反应管（定制），高纯氮气瓶，真空油泵，循环水泵，旋转蒸发仪，三通管件，色谱柱，加压球，缓冲球。

2. 试剂

N-甲基甘氨酸，*N,N*-二甲基甘氨酸，L-脯氨酸，*N*-苄基甘氨酸，3-甲氨基丙酸，3-二甲氨基丙酸，*N,N*-二苄基甘氨酸，甲苯，1,4-二氧己环，四氢呋喃，异丙醇，二甲基亚砜，氧化铜，*N,N*-二甲基甲酰胺，碳酸钾，磷酸钾，碳酸铯，碘化亚铜，硫酸铜，氧化亚铜，醋酸铜，醋酸亚铜，溴代苯的衍生物，正己胺，二乙基胺，环己胺，乙醇胺，苄胺，四氢吡咯，哌啶，石油醚（30~60℃），乙酸乙酯。以上试剂均为分析纯。硅胶（300~400 目）。

四、实验步骤（提示）

$$R\!\!-\!\!\text{Ph}\!-\!\text{Br} + \text{HN} \begin{smallmatrix} R' \\ R'' \end{smallmatrix} \longrightarrow R\!\!-\!\!\text{Ph}\!-\!\text{NR}'R''$$

R' = H，烷基

1. 溶剂的无水处理与碘化亚铜的预处理。

2. 最优化反应条件的筛选。按照影响反应的因素如溶剂、温度、碱种类、催化剂种类、配体种类、催化剂与配体比例等，固定其他因素变量，只改变一个，筛出最优化反应条件（要求反应温度最低、产物产率最高、催化剂体系成本最低、后处理简便。筛选可参照正交实验设计）。

3. 用不同的溴代苯的衍生物与某种胺反应，研究苯环上取代基位置或性质对反应的影响。

4. 用不同结构的胺与某种溴苯衍生物反应，研究胺的结构对反应的影响。

五、实验注意事项

1. 挥发性较大的试剂应置于封管中反应，封管口应紧闭，避免反应过程中出现炸裂事故。
2. 反应需在通风橱中并于氮气保护下进行。

六、思考题

1. 金属钯/膦配体体系与铜试剂/氨基酸体系催化的乌尔曼反应相比较，后者有何优势？
2. 讨论底物的结构与性质对反应的影响。
3. 归纳有机化学方法学研究的一般思路。

附录

附录1 无水无氧操作

在化学实验中，经常会遇到一些对水蒸气或空气（其中含氧气和水蒸气）敏感的化合物或体系。在这种情况下，需要在无水无氧条件下进行实验。根据具体要求，实验室一般通过以下途径来达到目的。

① 直接向反应体系中通入气体保护。对于对空气和水汽不是很敏感的一般化学体系，这是最常见且最方便的保护方式。保护气体可以是普通 N_2，也可以是稍贵的高纯 N_2 或 Ar 气。使保护气体通过一装有浓 H_2SO_4 的洗气瓶或装有合适干燥剂的干燥塔后使用效果会更好。

② 手套箱。对于需要经过称量、研磨、转移、过滤等较复杂操作的体系，在一充满保护气体的手套箱中操作是方便的，一般情况下用一有机玻璃黏合的手套箱（见图1），在其中放入干燥剂即可进行无水操作，通入惰性气体置换其中的空气后则可进行无氧操作。但由于其结构不耐压，不能通过抽气置换其中的空气，从而导致置换不完全和惰性气体的大量浪费。

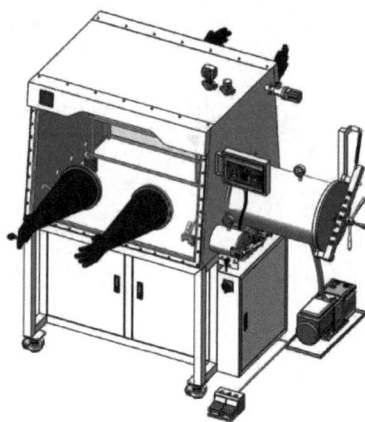

图1 简单手套箱

严格无水无氧的手套箱是用金属制成的。操作室带有惰性气体进出口管、一双气密性好的氯丁橡胶手套及气密性极好的玻璃窗。通过抽真空和充放惰性气体，反复3次，可保证操作箱中的空气完全为惰性气体所置换。

③ Schlenk 技术。对于无水无氧条件下的回流、蒸馏和过滤等操作，应用 Schlenk 仪器比较方便。所谓 Schlenk 仪器是为便于抽真空、充惰性气体而设计的带活塞支管的普通玻璃仪器或装置，如图2中各个瓶子都属于 Schlenk 仪器，瓶上的活塞支管用来抽真空或充惰性气体，保证反应体系能达到无水无氧状态。

在许多时候，市售的惰性气体达不到实验所需的要求。在这种情况下，需对惰性气体进一步处理以脱水除氧。实验室多采用图3所示的装置来提供高纯度的惰性气体。其中柱

3 的活性铜用以除氧，柱外需缠绕电阻丝或加热带，在 180~200℃下使用。柱 7 的钠-钾合金可进一步将惰性气体中的 O_2 降至 1mg/L 以下，同时可除去水分。柱 8 的 4A 分子筛、柱 4 的钯-A 分子筛用以除水。在对无水无氧要求不是极高的情况下，系统中的 4、5、7 装置可以省去。双路管 9 上的数个支管与反应体系相连，支管上的三通旋塞可使反应体系分别与真空系统或惰性气体系统相连，转动旋塞可切换抽真空或充放惰性气体。

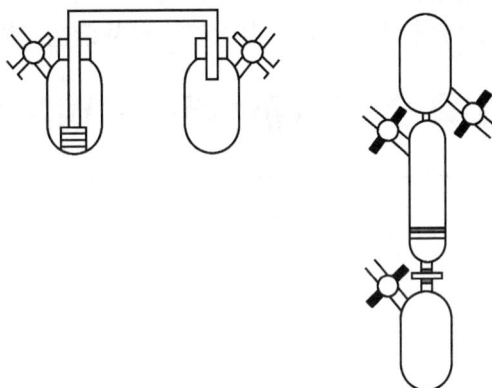

图 2　Schlenk 仪器

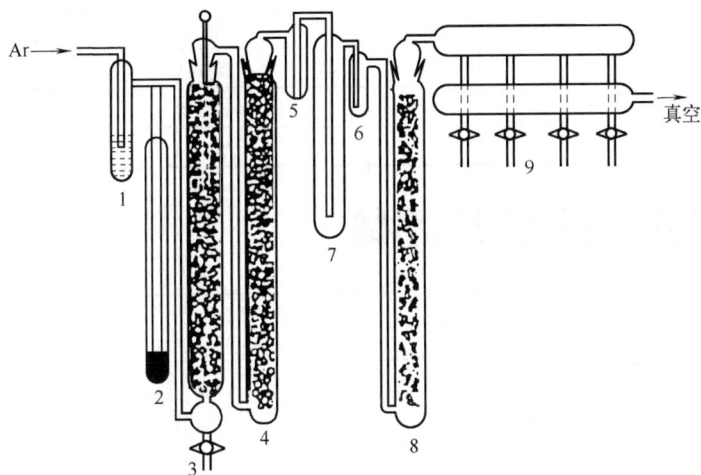

图 3　惰性气体提纯和使用装置

1—起泡器；2—汞安全瓶；3—活性铜；4—钯-A 分子筛；5,6—安全瓶；

7—钠-钾合金；8—4A 分子筛；9—双路管

无水无氧条件下的实验操作：

① 反应。反应器可选用 Schlenk 仪器或接有活塞的普通耐压仪器，搅拌宜选用电磁搅拌器，以便更好地密封。尽量少用橡胶管，必须用的话以管壁厚的橡胶管为佳。所有仪器使用前需认真干燥好，并且用标准口的翻口胶塞塞住（如无这种胶塞也可用类似瓶塞，如用葡萄糖注射器的瓶塞代替），然后抽真空充 N_2。如此反复 3 次，即可视系统为无水无氧状态。将反应物加入反应瓶或调换仪器时，都应在连续通惰性气体下进行。固体也可在抽真空前加入，但液体尤其是低沸点液体必须在抽真空充 N_2 后用注射器经胶塞隔膜加入，以防液体被抽入真空系统。反应过程中，反应瓶内必须有少量惰性气体通入，气体出口设置液封，防止外界空气进入。

② 过滤。可用图 2 所示装置，用惰性气体压滤或真空抽滤均可。

③ 液体的转移。一般应用双针法的注射技术。在装有胶塞的瓶口，插入一根通 N_2 的

短注射针头至液面以上，再经胶塞插入一支带注射针头的注射器吸取或注入液体。当注入液体使瓶内压力增大时，气体可从惰性气体装置上的液封处排出。

附录2　相图计算中常用的金属化合物及其熔点

化合物名称	熔点/℃	化合物名称	熔点/℃
氯化钠	801	氧化镁	2800
氯化钾	776	氧化亚铁	1369
氯化钙	772	氧化铁	1565
氯化镁	714	四氧化三铁	1597
氟化钠	993	氧化铝	2050
氟化钾	858	硫酸铜	560
氟化钙	1423	硫酸钴	96.8
氟化镁	1248	硫酸锰	700
氧化钙	2572	硝酸铜	560
草酸钙	200	硝酸钴	55
碳酸钙	825	硝酸锰	37
硝酸钙	561	硝酸镍	56.7

附录3　常见材料的导热系数

材料名称	导热系数/[W/(m·K)]	材料名称	导热系数/[W/(m·K)]	材料名称	导热系数/[W/(m·K)]
Si	150	ABS	0.25	空气	0.01~0.04
SiO_2	7.6	PA	0.25	水蒸气	0.023
SiC	490	PC	0.2	水	0.5~0.7
GaAs	46	PMMA	0.14~0.2	硫酸（5%~25%）	0.47~0.5
GaP	77	PP	0.21~0.26	木材（纵向）	0.38
LTCC	2	PP+25%玻璃纤维	0.25	木材（横向）	0.14~0.17
AlN	150	软质PVC	0.14	普通黏土砖	0.7~0.8
Al_2O_3蓝宝石	45	硬质PVC	0.17	耐火砖	1.06
Kovar合金	17.3	PS	0.08	水泥沙	0.9~1.28
钻石	2300	LDPE	0.33	瓷砖	1.99
金	317	HDPE	0.5	石棉	0.15~0.37
银	429	橡胶	0.19~0.26	玄武岩	2.18
纯铝	237	PU	0.05~0.1	花岗岩	2.6~3.6
纯铜	401	纯硅胶	0.35	石蜡	0.12
纯锌	112	中密度硅胶	0.17	石油	0.14
纯钛	14.63	低密度硅胶	0.12	沥青	0.7
纯锡	64	玻璃	0.5~1.0	纸板	0.06~0.14
纯铅	35	玻璃钢	0.4	铸铁	42~90
纯镍	90	泡沫	0.045	不锈钢	17
钢	36~54	FR4	0.2	铸铝	138~147
黄铜	70~183	环氧树脂	0.2~2.2	铝6061	160
青铜	32~153			铝6063	201

附录4　PBS 缓冲溶液的配制

V/mL		pH	V/mL		pH
A 液	B 液		A 液	B 液	
2.5	97.5	5.29	50.0	50.0	6.81
5.0	95.0	5.59	60.0	40.0	6.98
10.0	90.0	5.91	70.0	30.0	7.17
20.0	80.0	6.24	80.0	20.0	7.38
30.0	70.0	6.47	90.0	10.0	7.73
40.0	60.0	6.64	95.0	5.0	8.04

数据来源：张国旺. 水溶性 CdTe 纳米粒子的制备及其荧光性能［D］.上海：上海大学，2008.

注：1. A 液：0.0667mol/L 磷酸氢二钠（Na_2HPO_4）溶液。

2. B 液：0.0667mol/L 磷酸二氢钾（KH_2PO_4）溶液。

附录5　食品中常见的有机酸及其折算系数

有机酸	折算系数/（g/mmol）	相关食品
苹果酸	0.067	苹果、梨、桃、杏、李子、番茄、莴苣
醋酸	0.060	酒类、调味品、蔬菜罐头
酒石酸	0.075	葡萄及其制品
柠檬酸	0.070	柑橘类果实及其制品
乳酸	0.090	乳品、肉类、水产品及其制品

数据来源：徐培珍. 化学实验与社会生活［M］. 南京：南京大学出版社，2008.

附录6　原子吸收光谱各元素常用的分析线

元素符号	元素名称	分析线/nm	元素符号	元素名称	分析线/nm
Ag	银	328.07，338.29	Gd	钆	368.41，407.87
Al	铝	309.27，308.22	Ge	锗	265.16，275.46
As	砷	193.64，197.20	Hf	铪	307.29，286.64
Au	金	242.80，267.60	Hg	汞	253.65
B	硼	249.68，249.77	Ho	钬	410.38，405.39
Ba	钡	553.55，455.40	In	铟	303.94，325.61
Be	铍	234.86	Ir	铱	209.26，208.88
Bi	铋	223.06，222.83	K	钾	766.49，769.90
Ca	钙	422.67，239.86	La	镧	550.13，418.73
Cd	镉	228.80，326.11	Li	锂	670.78，323.26
Ce	铈	520.0，369.7	Lu	镥	335.96，328.17
Co	钴	240.71，242.49	Mg	镁	285.21，279.55
Cr	铬	357.87，359.35	Mn	锰	279.48，403.68
Cs	铯	852.11，455.54	Mo	钼	313.26，317.04
Cu	铜	324.75，327.40	Na	钠	589.00，330.30
Dy	镝	421.17，404.60	Nb	铌	334.37，358.03
Er	铒	400.80，415.11	Nd	钕	463.42，471.90
Eu	铕	459.40，462.72	Ni	镍	232.00，341.48
Fe	铁	248.33，352.29	Os	锇	290.91，305.87
Ga	镓	287.42，294.42	Pb	铅	216.70，283.31

元素符号	元素名称	分析线/nm	元素符号	元素名称	分析线/nm
Pd	钯	247.64，244.79	Ta	钽	271.47，277.59
Pr	镨	495.14，513.34	Tb	铽	432.65，431.89
Pt	铂	265.95，306.47	Te	碲	214.28，225.90
Rb	铷	780.02，794.76	Th	钍	371.9，380.3
Re	铼	346.05，346.47	Ti	钛	364.27，337.15
Rh	铑	343.49，339.69	Tl	铊	276.79，377.58
Ru	钌	349.89，372.80	Tm	铥	409.4
Sb	锑	217.58，206.83	U	铀	351.46，358.49
Sc	钪	391.18，402.04	V	钒	318.40，385.58
Se	硒	196.09，203.99	W	钨	255.14，294.74
Si	硅	251.61，250.69	Y	钇	410.24，412.83
Sm	钐	429.67，520.06	Yb	镱	398.80，346.44
Sn	锡	224.61，286.33	Zn	锌	213.86，307.59
Sr	锶	460.73，407.77	Zr	锆	360.12，301.18

数据来源：邓勃，何华焜.原子吸收光谱分析［M］.北京：化学工业出版社，2004.

参 考 文 献

［1］ 王辉, 丁益民, 赵永梅, 等. 邻菲罗啉铜配合物的综合化学实验设计与教学分析［J］. 实验室研究与探索, 2023, 42（2）: 196-199.

［2］ 陆昌伟, 奚同庚. 热分析质谱法［M］. 上海: 上海科学技术文献出版社, 2002.

［3］ 王尊本. 综合化学实验［M］. 北京: 科学出版社, 2003.

［4］ 王琛. 不同形貌四氧化三钴纳米材料的制备及其超级电容器性能研究［D］. 兰州: 兰州理工大学, 2019.

［5］ 王玉芹, 张雅萍, 韩靖. 大型贵重仪器设备的实验教学实践与探索——以液相色谱-质谱联用仪为例［J］. 应用化工, 2022, 51（增刊1）: 247-250.

［6］ 吴滋灵, 姚晓庆, 沈应涛, 等. 液态乳中8种阴离子残留量的同时检测［J］. 食品与机械, 2023, 39（10）: 56-61, 68.

［7］ 朱明华, 胡坪. 仪器分析［M］. 4版. 北京: 高等教育出版社, 2008.

［8］ 武汉大学. 分析化学［M］. 5版. 北京: 高等教育出版社, 2007.

［9］ 李晓陆, 王永梅, 孟继本, 等. 固态有机反应新进展［J］. 有机化学, 1998, 18: 20-28.

［10］ 黄培海, 高景星. 绿色合成: 一个逐步形成的学科前沿［J］. 化学进展, 1998, 10（3）: 265-272.

［11］ 耿丽君, 李记太, 王书香. 研磨法在固相有机合成中的应用［J］. 有机化学, 2005, 25（5）: 608-613.

［12］ 耿丽君, 王书香, 李记太, 等. 研磨法制备5-芳叉巴比妥酸［J］. 有机化学, 2002, 22（12）: 1047-1049.

［13］ 孙为银. 配位化学［M］. 2版. 北京: 化学工业出版社, 2010.

［14］ 杜志强. 综合化学实验［M］. 北京: 科学出版社, 2005.

［15］ 赵永梅, 丁益民, 郭盈, 等. 多功能变色材料紫精化合物的合成与可视变色传感［J］. 大学化学, 2022, 37（5）: 2110057.

［16］ Schöllkopf U. Recent applications of α-metalated isocyanides in organic synthesis［J］. Angewandte Chemie-International Edition, 1977, 16: 339-348.

［17］ Halazy S, Magnus P. Studies on the antitumor agent CC-1065: 1-phenylsulfonyl-1,3-butadiene. An electrophilic equivalent to 1,3-butadiene for the synthesis of 3,31-bipyrroles［J］. Tetrahedron Letters, 1984, 25: 1421-1424.

［18］ Barton D H R, Kervagoret J, Zard S Z. A useful synthesis of pyrroles from nitroolefins［J］. Tetrahedron, 1990, 46: 7587-7598.

［19］ 陈海春, 余萍, 王颖, 等. 饮料中防腐剂苯甲酸钠和山梨酸钾的同时测定［J］. 沈阳工业学院学报, 2002, 21（2）: 98-100.

［20］ Sakai T, Uehara I, Ishikawa H. R&D on metal hydride materials and Ni–MH batteries in Japan［J］. Journal of Alloys and Compounds, 1999, 293-295: 762-769.

［21］ 庄继华, 全幼铭, 傅伟康. 线性电位扫描法测定镍的钝化行为［J］. 大学化学, 2004, 19（3）: 52-54.

［22］ 刘正浩. 复合相变材料制备及储能单元相变性能研究［D］. 南京: 东南大学, 2020.

［23］ 曹战民, 宋晓燕, 乔芝郁. 热力学模拟软件FactSage及其应用［J］. 稀有金属, 2008, 32（2）: 216-219.

［24］ 兰州大学. 有机化学实验［M］. 4版. 北京: 高等教育出版社, 2017.

［25］ 刘婉君, 王玉芹, 曹志源, 等. 全自动旋光仪的实验教学探索与实践［J］. 实验室研究与探索, 2013, 32（11）: 371-373, 475.

［26］ 谢玉珊, 姚红. 葡萄酒中金属元素及其检测方法［J］. 现代测量与实验室管理, 2009（4）: 6-7.

［27］ Guo W, Zhang K, Liang Z, et al. Electrochemical nitrogen fixation and utilization: Theories, advanced catalyst materials and system design［J］. Chemical Society Reviews, 2019, 48（24）: 5658-5716.

［28］ Bao D, Zhang Q, Meng F L, et al. Electrochemical reduction of N_2 under ambient conditions for artificial N_2 fixation and renewable energy storage using N_2/NH_3 cycle［J］. Advanced Materials, 2017, 29（3）: 1604799.

［29］ 王玉芹, 丁益民, 曹志源, 等. 酸度对叶酸荧光强度影响的设计实验［J］. 大学化学, 2013, 28（1）: 40-43.

［30］ Jun F H, Wei L, Ke L G. Determination of alkaloids in lycoris radiata with microwave-assisted extraction coupled with high performance liquid chromatography［J］. Journal of Instrumental Analysis, 2006, 25（3）: 27-30.

［31］ 胡平，徐甲强，刘艳丽. 纳米材料 SnO_2 的室温固相合成及其气敏特性［J］. 传感器技术，2001，20（9）：13-15.

［32］ 李娜，向群，程知萱，等. 多孔 SnO_2 空心球材料的合成及甲醛气敏性能研究［J］. 郑州大学学报（工学版），2019，40（6）：27-31.

［33］ 张立德，牟季美. 纳米材料和纳米结构［M］. 北京：科学出版社，2001.

［34］ 秦立鹏，董晓雯，徐甲强. 氧化锡一维纳米材料的合成及其气敏性能研究［D］. 上海：上海大学，2008.

［35］ 梁胜文，李明星. 铜（Ⅰ）配位聚合物的设计合成、结构及荧光性质研究［D］. 上海：上海大学，2007.

［36］ Jennette K W, Lippard S J, Vassiliades G A, et al. Metallointercalation reagents. 2-hydroxyethanethiolato(2,2',2'-terpyridine)- platinum（Ⅱ）monocation binds strongly to DNA by intercalation［J］. Proceedings of the National Academy of Sciences of the United States of America, 1974, 71：3839-3843.

［37］ Millard J T, Weidner M F, Raucher S, et al. Determination of the DNA cross-linking sequence specificity of reductively activated Mitomycin C at single-nucleotide resolution deoxyguanosine resides at CpG are cross-linked preferentially［J］. Journal of the American Chemical Society, 1990, 112（9）：3637-3641.

［38］ 王镜岩，朱圣庚，徐长法. 生物化学［M］. 3 版. 北京：高等教育出版社，2002.

［39］ 曹志源，方建慧，丁益民，等. 聚电解质复合纳米滤膜的设计性实验［J］. 实验室研究与探索，2010，29（7）：127-128，142.

［40］ 王玉芹，丁益民，张慧，等. 一个研究型综合化学实验的设计［J］. 实验室研究与探索，2010，29（5）：43-44，70.

［41］ 张慧，曹卫国，童玮琦，等. 研究型综合化学新实验-反式-2,3-二氢呋喃的立体选择性合成及其表征［J］. 实验技术与管理，2009，26（6）：124-128.

［42］ 赵景瑞，贾学顺，翟宏斌. 二碘化钐在有机合成中的应用研究［J］. 有机化学，2003，23（6）：499-512.

［43］ 巩洪举，贾学顺，翟宏斌. 二碘化钐在有机合成中的应用新进展［J］. 有机化学，2010，30（7）：939-950.

［44］ 于鸳，余明新，张永敏. 二碘化钐在分子内环化反应中的应用［J］. 化学试剂，2005，27（10）：597-600.

［45］ Kagan H B. Twenty-five years of organic chemistry with diiodosamarium：An overview［J］. Tetrahedron, 2003, 59：10351-10372.

［46］ 赵景瑞，贾学顺，翟宏斌. 二碘化钐在有机合成中的应用研究［J］. 有机化学，2003，23（6）：499-512.

［47］ McMurry J E, Felming M P. New method for the reductive coupling of carbonyls to olefins. Synthesis of beta-carotene［J］. Journal of the American Chemical Society, 1974, 96（14）：4708-4709.

［48］ Li J, Li S, Jia X. Direct one-pot synthesis of 2,3-diarylbuta-1,3-diene via self-coupling of acetophenones［J］. Synlett, 2008, 10：1529-1531.

［49］ Arduini A, Pochini A, Reverberi S, et al. p-t-Butyl-calix［4］arene tetracarboxylic acid. A water soluble calixarene in a cone structure［J］. Journal of the Chemical Society Chemical Communications, 1984, 15：981-982.

［50］ Shinkai S, Araki K, Tsubaki T, et al. New syntheses of calixarene-p-sulphonates and p-nitrocalixarenes［J］. Journal of the Chemical Society Perkin Transactions, 1987, 1：2297-2299.

［51］ Shahgaldian P, Silva E D, Coleman A W. A first approach to the study of calixarene solid lipid nanoparticle（SLN）toxicity［J］. Journal of Inclusion Phenomena & Macrocyclic Chemistry, 2003, 46（3-4）：175-177.

［52］ Silva E D, Shahgaldian P, Coleman A W. Haemolytic properties of some water-soluble para-sulphonato-calix-［n］-arenes［J］. International Journal of Pharmaceutics, 2004, 273（1-2）：57-62.

［53］ Ventura C A, Puglisi G, Zappala M, et al. A physico-chemical study on the interaction between papaverine and natural and modified β-cyclodextrins［J］. International Journal of Pharmaceutics, 1998, 160（2）：163-172.

［54］ 王玉芹，许斌，丁益民，等. 创新训练成果转化为实验项目的实践分析［J］. 实验室研究与探索，2016，35（4）：223-227.

［55］ 陈美，赵伟，张德，等. WO_3 基的掺杂改性研究现状［J］. 中国钨业，2008，23（5）：34-37.

［56］ 梁胜文，李明星. 铜（Ⅰ）配位聚合物的设计合成、结构及荧光性质研究［D］. 上海：上海大学，2007.

［57］ 方建慧，曹志源，赖特明，等. 银/聚电解质复合纳滤膜的制备及表征［J］. 功能高分子学报，2008，21（2）：218-222.